JN024780

電験三種

機械

集中ゼミ

石原　昭 監修　相崎正寿 著

DENKEN

東京電機大学出版局

まえがき

本書は，電気主任技術者第三種（電験三種）の国家試験を受験しようとする方のために，短期間で国家試験の「機械」の科目に合格できることを目指してまとめたものです．

しかし，国家試験に出題される問題の範囲は広く，単なる暗記で全部の問題を解答できるようになるには，なかなかたいへんです．そこで本書は，電験三種に必要な要点を分かりやすくまとめて，しかも出題された問題を理解しやすいように項目別にまとめました．また，国家試験問題を解答するために必要な用語や公式は，チェックボックスによって理解度を確認できるようにしました．

これらのツールを活用して学習すれば，短期間で国家試験に合格する実力を付けることができます．

電験三種の国家試験問題の出題範囲は，工業高校の電気科で学習する内容なので，積分などの難しい数学を使う問題はありません．ですから，電気を一通り学習した方には簡単なはずです．

電験三種は難しくありません．

しかし，国家試験の合格率は非常に低く難関の資格といわれています．その理由の一つに既出問題がそのまま出題されないことが挙げられます．

そこで，単なる既出問題の解答を暗記しただけではだめで，問題の内容を十分に理解して解答しなければなりません．また，試験時間が短いので，短時間に問題を解答するテクニック（読解力や計算力）も重要です．

問題を解くテクニックや選択肢を絞るテクニックは，本書のマスコットキャラクターが解説します．

本書のマスコットキャラクターと楽しく学習して，国家試験の「機械」の科目に合格しましょう．

2022年3月

著者しるす

目　次

合格のための本書の使い方 …… vi

第1章 直流機

1·1 直流発電機の原理および構造 …… 2
1·1·1 直流発電機の原理（フレミングの右手の法則）…… 2
1·1·2 直流機の構造 …… 3
1·1·3 電機子巻線 …… 4
1·1·4 励磁方式 …… 4
1·2 直流発電機の電気的特性 …… 6
1·2·1 電機子反作用 …… 6
1·2·2 発電機の端子電圧と出力 …… 6
1·2·3 電気的特性 …… 7
国家試験問題 …… 9
1·3 直流電動機の原理および電気的特性 …… 15
1·3·1 逆起電力 …… 15
1·3·2 回転速度と始動 …… 15
1·3·3 速度制御 …… 17
1·3·4 トルクと機械出力（動力）…… 18
1·3·5 電気的特性 …… 19
1·3·6 損失と効率 …… 20
国家試験問題 …… 20

第2章 変圧器

2·1 変圧器の原理と損失 …… 28
2·1·1 誘導起電力 E_1・E_2 および巻数比 a …… 28
2·1·2 等価回路（二次側を一次側，一次側を二次側に変換）…… 29
2·1·3 変圧器の電気的特性 …… 31
2·1·4 損失 …… 31

2・2 変圧器の並行運転……33
2・2・1 効率……33
2・2・2 変圧器の極性および並行運転および負荷分担……33
2・2・3 三相結線……36
2・3 単巻変圧器の原理等……40
2・3・1 単巻変圧器……40
2・3・2 計器用変成器……40
国家試験問題……41

第3章 誘導機

3・1 誘導機の原理……52
3・1・1 アラゴの円板(誘導電動機の原理)……52
3・1・2 同期速度(回転磁界と滑り)……53
3・1・3 簡易等価回路……53
3・1・4 トルクと二次入力……55
3・1・5 始動方法と速度制御……57
3・1・6 誘導電動機の一次入力と損失……59
国家試験問題……60
3・2 特殊かご形誘導電動機……69
3・2・1 特殊かご形誘導電動機……69
3・2・2 単相電動機……69
国家試験問題……69

第4章 同期機

4・1 同期発電機の原理と構造……74
4・1・1 同期発電機の構造と種類……74
4・1・2 三相同期発電機の誘導起電力と出力……74
4・1・3 電機子反作用……75
4・1・4 等価回路(一相分)およびベクトル図……75
4・1・5 発電機の出力……76
4・2 同期発電機の電気的特性……78
4・2・1 三相同期発電機の特性……78
4・2・2 三相同期発電機の並行運転……79
国家試験問題……80

4·3 三相同期電動機の原理と構造……88
4·3·1 三相同期電動機の原理……88
4·3·2 等価回路……88
4·3·3 電機子反作用……89
4·3·4 入・出力とトルク……89
4·4 三相同期電動機の始動法……90
4·4·1 同期電動機の始動法……90
4·4·2 同期電動機の位相特性曲線（V曲線）……90
国家試験問題……92

第5章 パワーエレクトロニクス

5·1 パワーエレクトロニクスの概要……100
5·1·1 半導体バルブデバイス……100
5·2 電力変換装置……101
5·2·1 整流回路……101
5·2·2 電力変換装置……102
国家試験問題……104

第6章 情報・自動制御

6·1 数値変換と論理回路……116
6·1·1 ハードウェア……116
6·1·2 論理回路……117
6·1·3 ソフトウェア……122
国家試験問題……124
6·2 自動制御……136
6·2·1 フィードバック制御……136
6·2·2 ブロック線図と伝達関数……137
6·2·3 シーケンス制御……141
国家試験問題……143

第7章 照明・電気加熱

7·1 照明の概論……150

7·1·1　可視光線と放射 …… 150
7·1·2　熱放射とルミネセンス …… 150
7·1·3　白熱電球と蛍光灯 …… 151
7·1·4　光源の配光 …… 152
7·1·5　測光量 …… 152
国家試験問題 …… 153

7·2　照明の計算 …… 159
7·2·1　点光源による照度計算 …… 159
国家試験問題 …… 160

7·3　電気加熱 …… 164
7·3·1　電熱の概要 …… 164
国家試験問題 …… 166

第8章　電動機応用・電気化学

8·1　電動機応用の概要 …… 174
8·1·1　揚水ポンプおよび送風機の所要出力 …… 174
8·1·2　荷役用電動機の所要出力 …… 174
国家試験問題 …… 175

8·2　電気分解 …… 180
8·2·1　電気分解 …… 180
8·2·2　電解質とイオン伝導 …… 181
8·2·3　化学電解と界面電解 …… 181
国家試験問題 …… 183

8·3　電池 …… 186
8·3·1　化学電池 …… 186
国家試験問題 …… 189

索　引 …… 194

合格のための本書の使い方

電験三種の国家試験の出題の形式は，多肢選択式の試験問題です．学習の方法も問題形式に合わせて対応していかなければなりません．

国家試験問題を解くのに，特に注意が必要なことを挙げますと，

1　どのような範囲から出題されるかを知る．
2　問題のうちどこがポイントかを知る．
3　問題文をよく読んで問題の構成を知る．
4　計算問題は，必要な公式を覚える．あわせて単位も覚えると公式が作れる．
5　分かりにくい問題は繰り返し学習する．
6　試験問題は選択式なので，選択肢の選び方に注意する．

本書は，これらのポイントに基づいて，効率よく学習できるように構成されています．

練習問題は，過去10年間の国家試験の既出問題をセレクトし各項目別にまとめて，各問題を解説してあります．10年以前の問題でもこれから出題されそうな問題は≪基本問題≫として取り入れてあります．

国家試験に合格するためには，これまでの試験問題を解けるようにすることと，新しい問題に対応できる力を付けることが重要です．

短期間で国家試験に合格するためには，コツコツ実力を付けるなんて無意味です．試験問題を解答するためのテクニックをマスターしてください．

試験問題を解答する時間は1問当たり数分です．短時間で解答を見つけることができるように，解説についても計算方法などを工夫して，短時間で解答できるような内容としました．

問題の選択肢から解答を見つけ出すには，解答を絞り出す技術も必要です．選択肢は五つありますが，二つに絞ることができれば，1/2の確率で正答に近づけます．各問題の選択肢の絞り方は「テクニック」で解説します．

また，解説の内容も必要ないことは省いて簡潔にまとめました．

数分で答えを見つけなればいけないのに，解説を読むのに10分以上もかかっては意味ないよね．

傾向と対策

試験問題の形式と合格点

形　式	選択肢	問題数	配　点	満　点
A形式	5肢択一式	14	1問5点	70点
B形式	5肢択一式	4(3問解答)	1問10点	30点

B形式問題は，(1)と(2)の二つの問題で構成されています．各5点なので1問は10点の配点です．4問のうち2問から1問を選択する問題があるのでB形式問題は3問解答します．

試験時間は90分です．答案はマークシートに記入します．

本書の問題は，国家試験の既出問題で構成されていますので，問題を学習するうちに問題の形式に慣れることができます．

試験問題は，A形式の問題を14問と，A形式の2問分の内容があるB形式の問題を3問解答しなければなりません．B形式の問題を2問分とすれば，全問で20問となりますから，試験時間の90分間で解答するには，1問当たり4分30秒となります．

直ぐに分かる問題もあるので，少し時間がかかる問題があってもいいけど，10分以内には答えを見つけないとだめだよ．

そこで，短時間で解答できるようなテクニックが重要です．本書では各問題に解き方を解説してあります．国家試験問題は，同じ問題が出るわけではありませんが，解答するテクニックは同じ方法で，試験問題の答えを見つけることができます．

試験問題は多肢選択式です．つまり，その中に必ず答えがあります．そこで，テクニックでは答えの探し方を説明していますが，いくつかの穴あきがある問題を解くときには，選択肢の字句が正しいか誤っているのかによって，選択肢を絞って答えを追いながら解くことが重要です．問題によっては，全部の穴あきが分からなくても選択肢の組合せで答えが見つかることがあります．また，解答する時間の短縮にもなります．

国家試験では，√キーのある電卓を使用するころができますので，本書の問題を解くときも電卓を使用して，短時間で計算できるように練習してください．ただし，関数電卓は使用できません．指数や$\log_{10}$の計算は筆算でできるようにしてください．

✓各項目ごとの問題数

効率よく合格するには，どの項目から何問出題されるかを把握しておき，確実に合格ライン（60%）に到達できるように学習しなければなりません．

各試験科目で出題される項目と各項目の標準的な問題数を次表に示します．各項目の問題数は試験期によって，それぞれ1～2問程度増減することがありますが，合計の問題数は変わりません．B形式の問題は年度により出題項目が変わるので幅広く対策を取る必要があります。

機　械	
項　目	問題数
直流機	2
変圧器	2
誘導機	2～4
同期機	2～4
パワーエレクトロニクス	2～4
情報	1～3
自動制御	1
照明・電気加熱 電動力応用，電気化学	2～4
合　計	18

チェックボックスの使い方

1 重要知識

① 国家試験問題を解答するために必要な知識をまとめてあります．

② 各節の ● 出題項目 ● CHECK! には，各節から出題される項目があげてありますで，学習のはじめに国家試験に出題されるポイントを確認することができます．また，試験直前に，出題項目をチェックして，学習した項目を確認するときに利用してください．

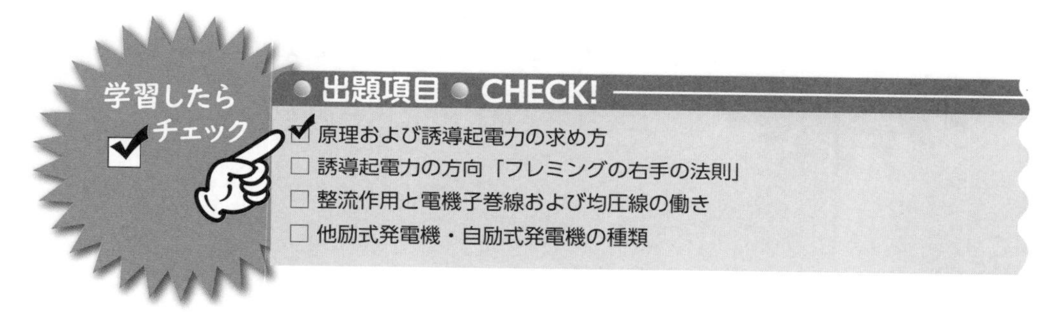

③ 太字の部分は，国家試験問題を解答するときのポイントになる部分です．特に注意して学習してください．

④ 「Point」は，国家試験問題を解くために必要な用語や公式などについてまとめてあります．

⑤ 「数学の計算」は，本文を理解するために必要な数学の計算方法を説明してあります．

2 国家試験問題

① おおむね過去10年間に出題された問題を項目ごとにまとめてあります．

② 国家試験では，全く同じ問題が出題されることはほぼありません．計算の数値や求める量が変わったり，正解以外の選択肢の内容が変わって出題されますので，まどわされないように注意してください．

③ 各問題の解説のうち，計算問題については，計算の解き方を解説してあります．公式を覚えることは重要ですが，それだけでは答えが出せませんので，計算の解き方をよく確かめて計算方法に慣れてください．また，いくつかの用語のうちから一つを答える問題では，そのほかの用語も示してありますので，それらも合わせて学習してください．

④ 各節の ●試験の直前●CHECK! には，国家試験問題を解くために必要な用語や公式などをあげてあります．学習したらチェックしたり，試験の直前に覚えにくい内容のチェックに利用してください．

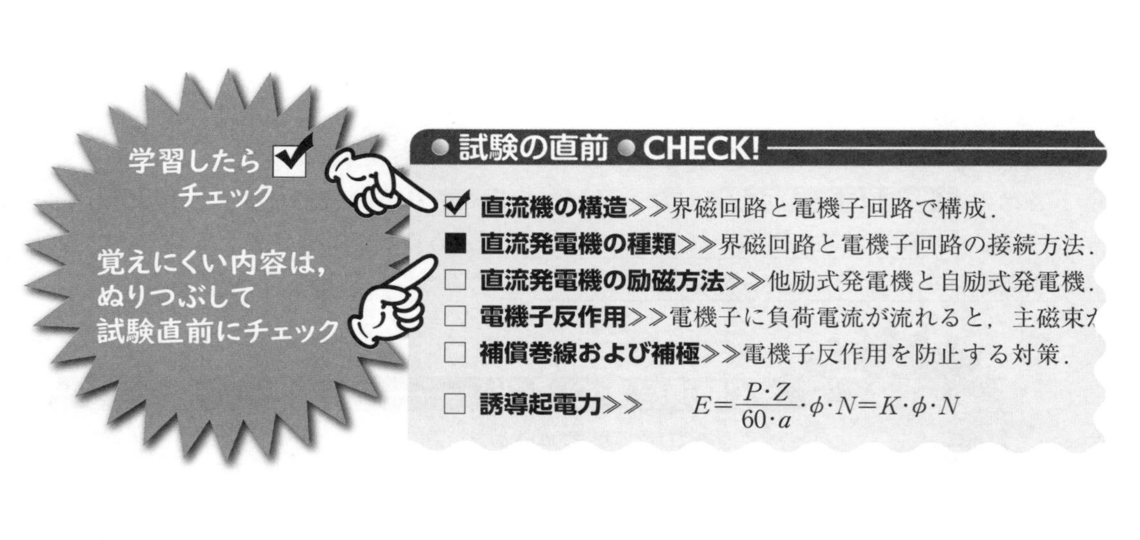

解答のテクニックだよ．

ここを見てね．

第1章　直流機

1·1　直流発電機の原理および構造……………2

1·2　直流発電機の電気的特性…………………6

1·3　直流電動機の原理および電気的特性…15

1・1 直流発電機の原理および構造

重要知識

出題項目 CHECK!

- □ 原理および誘導起電力の求め方
- □ 誘導起電力の方向「フレミングの右手の法則」
- □ 整流作用と電機子巻線および均圧線の働き
- □ 他励式発電機・自励式発電機の種類

1・1・1 直流発電機の原理（フレミングの右手の法則）

直流機（発電機と電動機）の構造は，磁束を作る界磁回路（**界磁**）と，発生する直流電圧を取り出す電機子回路（**電機子**）から構成されます（図1.1）．

電機子鉄心にコイルを複数回巻くことで大きな電圧を取り出すことができます．

導体が磁束を切る（導体は絶えず磁束密度に対して直角方向の成分）と起電力が発生するよ．

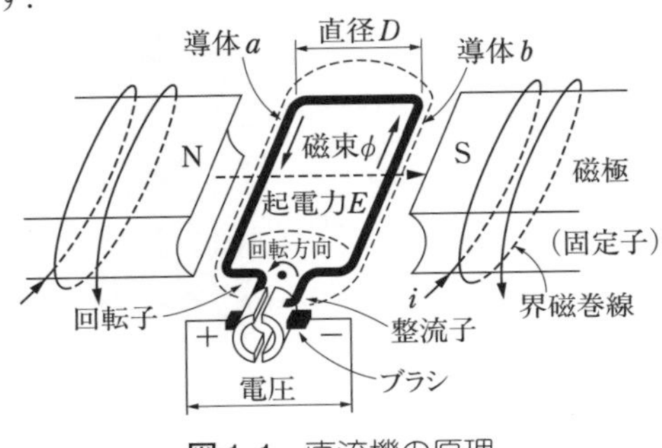

図1.1　直流機の原理

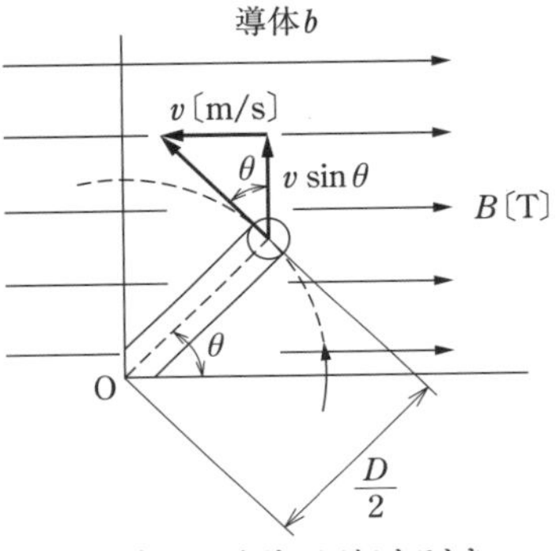

図1.2　直流発電機の原理

磁極内では磁束密度 B〔T〕が一定で，**誘導起電力** E〔V〕の大きさは周速度 v〔m/s〕の $\sin\theta$ に比例します（図1.2）．

磁束は磁束密度と磁極の断面積の積で求まるよ．

なお，導体に誘導される起電力は1回転すると正弦波交流電圧（図1.3）が出力されます．その誘導起電力を直流電圧に変換するために**ブラシ**と**整流子片**を取り付け，そのブラシと整流子片によって交流電圧を直流電圧に変換する働き（**整流作用**）があります．

誘導起電力を求めるには，

$$E = B \cdot l \cdot v \cdot \sin\theta \text{〔V〕} \quad \cdots\cdots (1.1)$$

B：磁束密度〔T〕

l：導体の長さ〔m〕

v：電機子の周速度〔m/s〕

磁束密度と導体の長さおよび周速度は互いに直角の関係だよ．

図1.4の誘導起電力 E は，脈動（振幅の変動が大きい電圧または電流）が大きいことから電機子巻線を円周上に配置して，より滑らかな電圧（図1.5）が得られます．

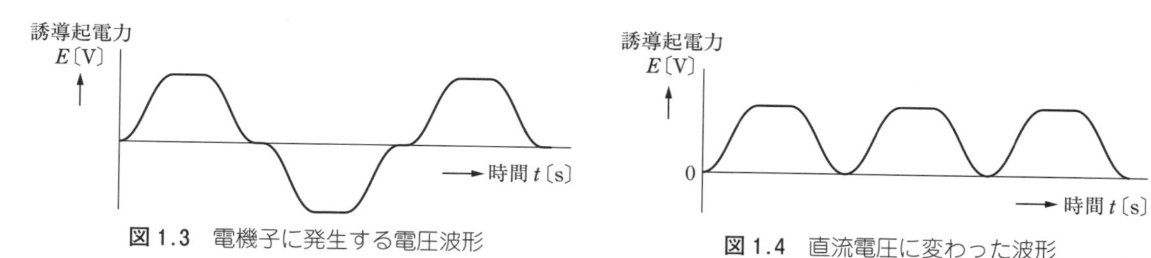

図 1.3　電機子に発生する電圧波形

図 1.4　直流電圧に変わった波形

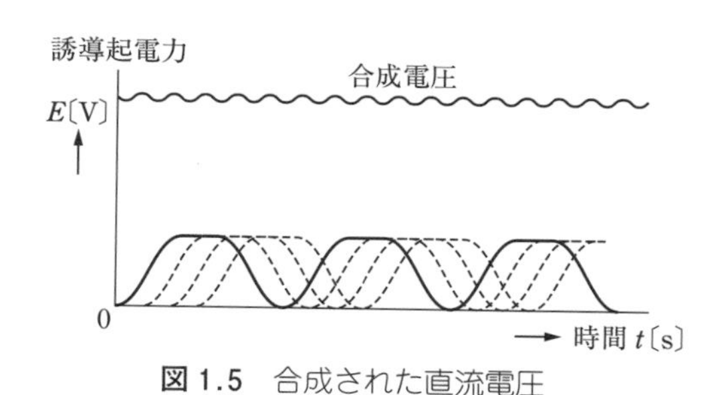

図 1.5　合成された直流電圧

誘導された起電力の方向は，**フレミングの右手の法則**で求めることができます．また，誘導起電力の大きさを求める式(1.1)を変形すると，

電機子の直径 D と回転速度 N の関数から，周速度 v と磁束 ϕ は次式となる．

周速度 $v=2\cdot r\cdot \pi\cdot\dfrac{N}{60}=D\cdot \pi\cdot\dfrac{N}{60}$〔m/s〕

磁束 $\phi=B\cdot S=B\cdot 2\pi rl=B\cdot D\pi l$〔Wb〕

$$E=\frac{P\cdot Z}{60\cdot a}\cdot\phi\cdot N=K\cdot\phi\cdot N\text{〔V〕} \quad\cdots\cdots (1.2)$$

ここで，$K=\dfrac{P\cdot Z}{60\cdot a}$ とします．

D：電機子の直径〔m〕，r：電機子の半径〔m〕，S：断面積〔m^2〕

P：磁極数(N 極・S 極の組数で偶数)

Z：全導体数，a：並列回路数(重ね巻 $a=P$，波巻 $a=2$)

ϕ：1 極当たりの平均磁束〔Wb〕，N：回転速度〔min^{-1}〕

起電力は周速度の直角成分に比例(磁束が一定)するよ．

ϕ はギリシャ文字でファイだよ．

図の点線は磁束の経路を表すよ．

1·1·2　直流機の構造

直流機は界磁と電機子から構成されます．界磁は，界磁鉄心(厚さ 0.8～1.6 mm の軟鉄心を積層)と界磁巻線(導体は角または丸形銅線)と継鉄(外枠)からできています．電機子は，電機子鉄心(厚さ 0.35～0.70 のけい素鋼帯等)と電機子巻線で構成されます．

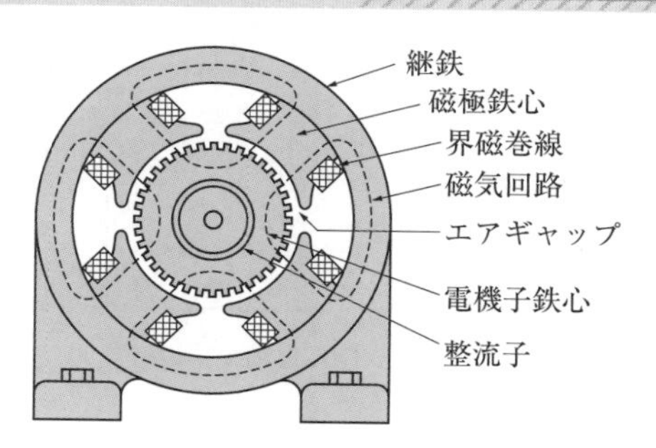

図 1.6　直流機の構造

1·1·3　電機子巻線

巻線の接続方法によって並列回路数は変わるよ.

電機子巻線の巻き方には，重ね巻と波巻の2種類があり，前者は並列回路が多いことから低電圧・大電流に適し，後者は並列回路が2回路で高電圧・小電流に適します.

① 並列回路数：重ね巻　$a=P$　(回路数は磁極数に等しい)
　　　　　　　波巻　　$a=2$　(回路数は2(定数)です)

② 均圧結線：重ね巻では並列回路数が多く，各回路間で誘導起電力に差ができる場合があり，ブラシと整流子間で火花が発生するために均圧巻線を施すことで防ぎます.

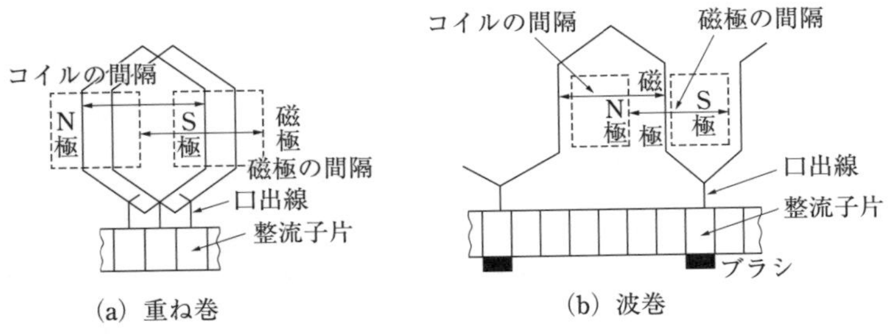

図1.7　電機子巻線

1·1·4　励磁方式

巻線のつなぎ方の違いだよ.

(1) 励磁方式による分類

発電機の磁束 ϕ の作り方の違いだよ.

励磁とは界磁回路で磁束(主磁束ともいう)を作るために，励磁方式には**他励式発電機**(外部電源により励磁する方式)と**自励式発電機**(鉄心内にある残留磁気で発生する誘導起電力を用いて励磁する方式)があります．なお，比較的容量が小さい発電機または電動機では界磁回路として永久磁石を用いるものがあります.

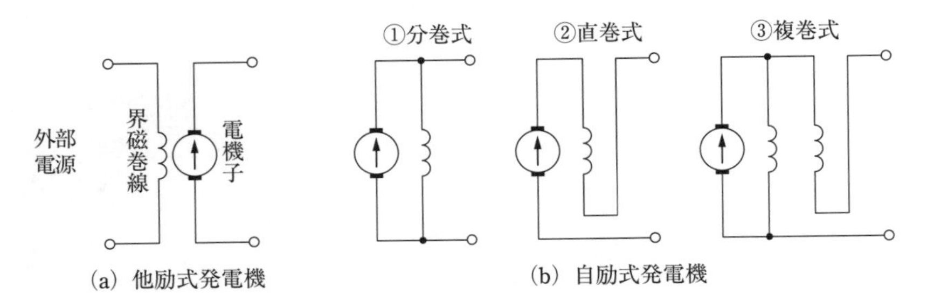

図1.8　直流発電機の種類

ⓘは定電流源を表し，図によって，G(発電機)およびM(電動機)で表すよ.

(2) 直流発電機の種類

(a) 他励式発電機

界磁回路に外部直流電源を接続して発電する方式であり，励磁電流を調整するために界磁抵抗器(可変抵抗器)を直列に接続し，**励磁電流**(**界磁電流**ともいいます)に比例して(磁束も変わる)変わることで誘導起電力が変わります．

(b) 自励式発電機

① **分巻発電機**：界磁回路と電機子回路を並列に接続して発電する方式で，残留磁気によって作られる磁束でわずかな誘導起電力が発生します．その起電力によって励磁電流が増加し，電流に比例して増加を繰り返します．最終的には無負荷飽和曲線と界磁抵抗器の抵抗値との交点で安定します．これを電圧の確立といいます．なお，界磁回路と電機子回路の接続方法で決まり，回転方向は変えないで界磁巻線と残留磁気を打ち消すため誘導起電力が発生しません．また，結線は変えないで，回転方向を変えても同様に発生しません．両方とも変えた時は電圧は発生します．

分巻発電機は自励式発電機ともいうよ．

② **直巻発電機**：界磁回路と電機子回路を直列に接続する発電方式で，この方式では負荷電流(負荷を接続する必要がある)が流れないと発電しません．

③ **複巻発電機**：複巻発電機は，分巻方式と直巻方式を組み合わせた発電方式です．分巻巻線の作る磁束に直巻巻線に流れる負荷電流(電機子電流)で作られる磁束が足されたものが**和動複巻発電機**といい，差になるように接続したものが**差動複巻発電機**です．和動複巻発電機では，負荷の変動により端子電圧の変化が小さくなることから**平複巻発電機**ともいいます．

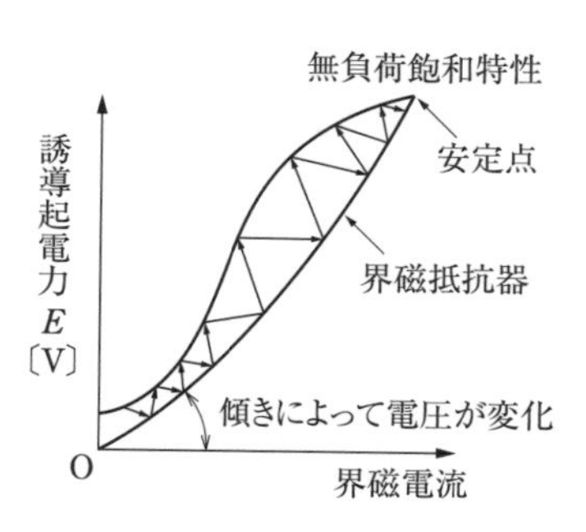

図 1.9　電圧の確立

1・2 直流発電機の電気的特性

重要知識

出題項目 CHECK!

- □ 電機子反作用
- □ 端子電圧および巻線抵抗による電圧降下の求め方
- □ 電気的特性(無負荷飽和特性・外部負荷特性)

1・2・1 電機子反作用

電機子巻線に負荷電流が流れると，その電流によって作られる磁束と磁極で作られた主磁束とが合成されます．その結果，磁束の分布が一様でなくなり(主磁束が電機子電流によって作られる磁束によってねじれる)，その結果，電気的中性軸(ブラシの位置)が本来の位置から移動する現象や主磁束が減少する現象を**電機子反作用**といいます(図1.10)．

電機子に負荷電流が流れることで起こるよ．

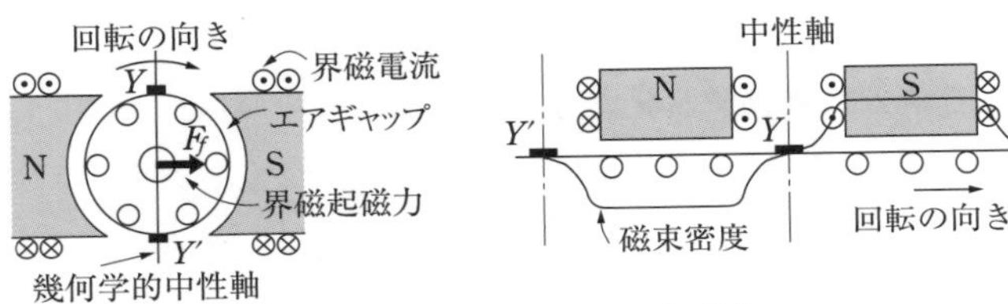

(a) 界磁電流のみによる起磁力

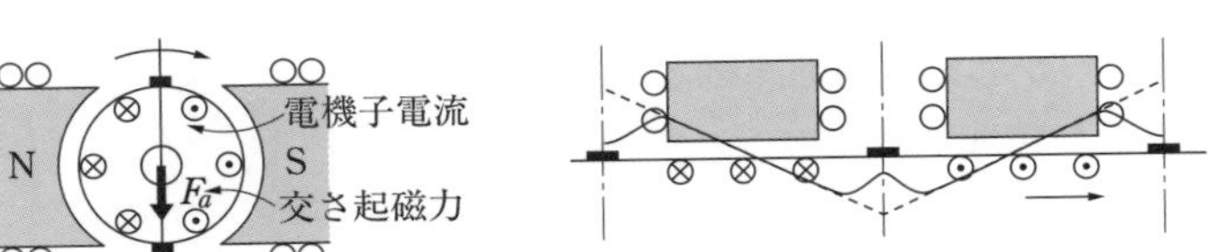

(b) 電機子電流のみによる起磁力(交さ磁化作用)

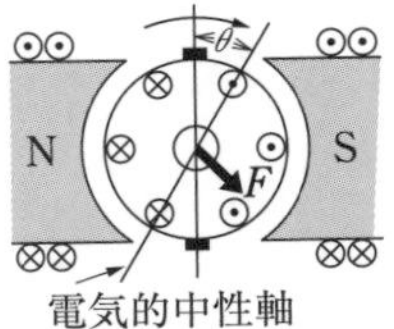

(c) 負荷状態での合成起磁力(偏磁作用)

図1.10　電機子反作用

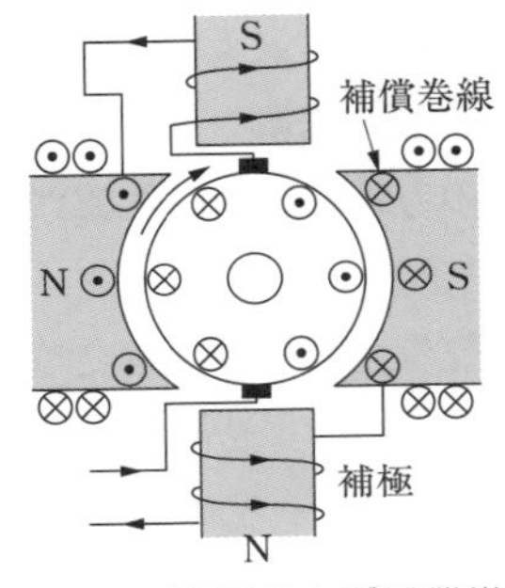

図1.11　補極および補償巻線

幾何学的中性軸 $Y-Y'$ の位置では磁束密度は0になるよ．その位置は磁極間の中間で，無負荷のときは同じ位置だよ．

この現象の改善方法として，負荷電流によって作られる磁束を打ち消すために補償巻線や補極を設けます．なお，小形機の場合は補極のみで対策することが多いです(図1.11)．

1・2・2 発電機の端子電圧と出力

図1.12は，直流分巻発電機の等価回路を表し，発電機の電圧(端子電圧)は，

次式のように表します．

(1)　電機子電流 I_a と負荷電流 I の関係

界磁電流　$I_f = \dfrac{V}{r_f}$〔A〕

他励式発電機では　$I_a = I$〔A〕で，分巻発電機では　$I_a = I_f + I$〔A〕です．
また，　直巻発電機では　$I_a = I_f = I$〔A〕となります．

(2)　端子電圧 V（直流分巻発電機の場合）

$$V = E - I_a \cdot r_a - V_a - V_b \fallingdotseq E - I_a \cdot r_a \text{〔V〕} \quad \cdots\cdots (1.3)$$

なお，V_a および V_b は小さいことから考えません．

r_a〔Ω〕：電機子回路の巻線抵抗
E〔V〕：誘導起電力
V_a〔V〕：電機子反作用による電圧降下
V_b〔V〕：ブラシ・整流子片による電圧降下
r_f〔Ω〕：界磁抵抗器
I_f〔A〕：界磁電流
I_a〔A〕：電機子電流
I〔A〕：負荷電流

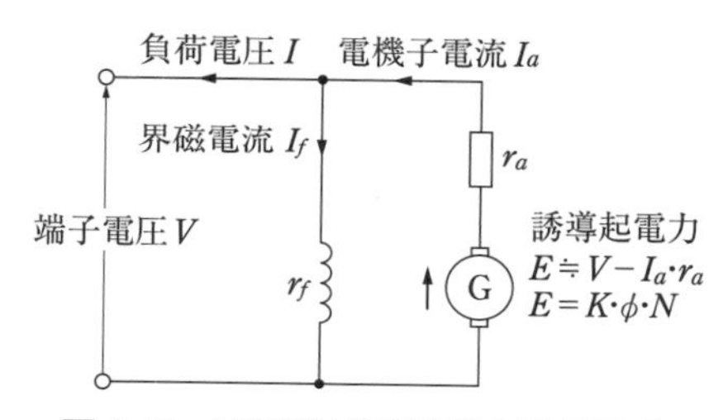

図 1.12　直流分巻発電機の等価回路

(3)　出力（直流分巻発電機の場合）

直流分巻発電機の出力 P は，

$$P = V \cdot I_a \text{〔W〕} \quad \cdots\cdots (1.4)$$

1・2・3　電気的特性

(1)　無負荷飽和特性曲線

直流分巻発電機を無負荷で，回転速度を一定速度で運転したとき，界磁電流と誘導起電力（端子電圧）の関係を表したものを**無負荷飽和特性曲線**といいます（図 1.12(a)）．グラフから界磁電流を増加すると端子電圧は途中まで比例し，さらに増加すると端子電圧は比例しなくなります．その比例しない原因は，界磁鉄心の**磁気飽和現象**により電圧が比例しなくなるからです．次に，界磁電流を上昇位置から 0〔A〕まで減少させると**ヒステリシス現象**（履歴現象）により図のように，上昇時とはずれて変化します．

(2)　外部負荷特性曲線

直流分巻発電機を定格速度で運転し，電機子回路に負荷抵抗を接続して，その抵抗値を変化させます．回転速度を一定にしたとき，負荷電流と端子電圧の関係を表したものを**外部負荷特性曲線**（外部特性）といいます（図 1.13

(b))．特性は，他励式および自励式発電機とも負荷が増加すると端子電圧は減少します．

減少する原因は，電機子巻線抵抗による電圧降下やブラシによる電圧降下および電機子反作用による電圧降下があります．

他励式より自励式発電機の方が大きく低下するのは，後者の負荷電流が増加すると端子電圧が低下し，同時に界磁電流も減少するからです．直流直巻発電機では，無負荷飽和特性曲線から電機子巻線抵抗と直巻界磁巻線抵抗による電圧降下を引いたものとなります．

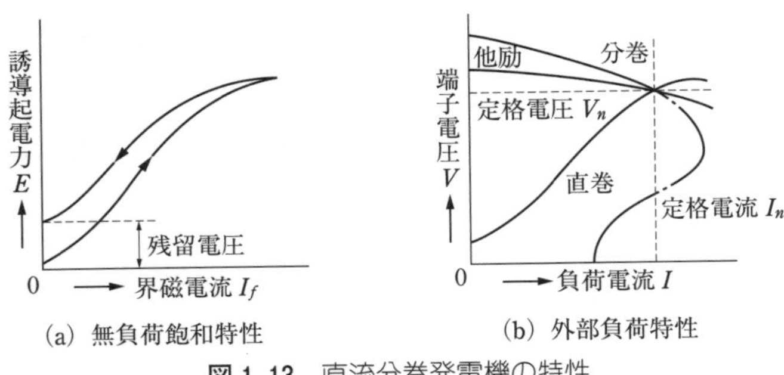

図 1.13　直流分巻発電機の特性

(3) 電圧変動率 ε

ε はギリシャ文字でイプシロンだよ．

発電機に可変負荷抵抗器(負荷)を接続し，定格回転速度で運転したときに発生する電圧を**定格電圧** V_n といいます．それに対して，無負荷で運転したときの電圧を**無負荷電圧** V_0 といい，その値と定格電圧との差を定格電圧で割ったものを**電圧変動率** ε といいます．負荷の変動により電圧がどの程度変化するか示したものです．

$$\varepsilon=\frac{V_0-V_n}{V_n}\times 100\,〔\%〕 \qquad (1.5)$$

試験の直前 ● CHECK!

- □ **直流機の構造**≫界磁回路と電機子回路で構成．
- □ **直流発電機の種類**≫界磁回路と電機子回路の接続方法．
- □ **直流発電機の励磁方法**≫他励式発電機と自励式発電機．
- □ **電機子反作用**≫電機子に負荷電流が流れると，主磁束が偏る現象．
- □ **補償巻線および補極**≫電機子反作用を防止する対策．
- □ **誘導起電力**≫ $E=\dfrac{P\cdot Z}{60\cdot a}\cdot\phi\cdot N=K\cdot\phi\cdot N$
- □ **端子電圧**≫ $V\fallingdotseq E-I\cdot r_a$
- □ **無負荷飽和特性**≫界磁電流(励磁電流)に対する誘導起電力の関係．
- □ **外部特性**≫負荷電流に対する端子電圧の関係．

国家試験問題

問題 1

長さ l〔m〕の導体を磁束密度 B〔T〕の磁束の方向と直角に置き，速度 v〔m/s〕で導体及び磁束に直角な方向に移動すると，導体にはフレミングの［ア］の法則により，$e=$［イ］〔V〕の誘導起電力が発生する．

1極当たりの磁束が Φ〔Wb〕，磁極数が p，電機子総導体数が Z，巻線の並列回路数が a，電機子の直径が D〔m〕なる直流機が速度 n〔min^{-1}〕で回転しているとき，周辺速度は $v=\dfrac{\pi Dn}{60}$〔m/s〕となり，直流機の正負のブラシ間には［ウ］本の導体が［エ］に接続されるので，電機子の誘導起電力 E は，$E=$［オ］〔V〕となる．

上記の記述中の空白箇所(ア)，(イ)，(ウ)，(エ)及び(オ)に当てはまる語句または式として，正しいものを組み合わせたのは次のうちどれか．

	(ア)	(イ)	(ウ)	(エ)	(オ)
(1)	右手	Blv	$\dfrac{Z}{a}$	直列	$\dfrac{pZ}{60a}\Phi n$
(2)	左手	Blv	Za	直列	$\dfrac{pZa}{60}\Phi n$
(3)	右手	$\dfrac{Bv}{l}$	Za	並列	$\dfrac{pZa}{60}\Phi n$
(4)	右手	Blv	$\dfrac{a}{Z}$	並列	$\dfrac{pZ}{60a}\Phi n$
(5)	左手	$\dfrac{Bv}{l}$	$\dfrac{Z}{a}$	直列	$\dfrac{Z}{60pa}\Phi n$

《H20-1》

解 説

誘導起電力の方向を求めるには，フレミングの右手の法則で求めることができます．また，起電力 E の大きさは，

$E=B\cdot l\cdot v$〔V〕

B：磁束密度〔T〕，l：導体の長さ〔m〕，v：速度〔m/s〕で求められます．

したがって(ア)は右手で，(イ)は Blv となります．

電機子の円周上に導体(コイル)を配置し，その導体が直列に接続され，それぞれの導体に誘導された起電力の和が全電圧となります．したがって，総導体数 Z と，導体の接続方法によって並列回路数 a が決まります．重ね巻きのときの並列回路数は $a=P$ で，波巻のときは $a=2$ となります．

また，起電力 E は，次式で求めることができます．

$$E=\frac{P\cdot Z}{60\cdot a}\cdot\Phi\cdot N\text{〔V〕}$$

したがって，(ウ)は $\dfrac{Z}{a}$ で，(エ)は直列に接続し，(オ)は $\dfrac{PZ}{60a}\Phi N$〔V〕となります．

発電機がどのように電気を作り出すかを考えると分かるよ．

問題 2

次の文章は，直流発電機の電機子反作用とその影響に関する記述である．

直流発電機の電機子反作用とは，発電機に負荷を接続したとき［ア］巻線に流れる電流によって作られる磁束が［イ］巻線による磁束に影響を与える作用のことである．電機子反作用はギャップの主磁束を［ウ］させて発電機の端子電圧を低下させたり，ギャップの磁束分布に偏りを生じさせてブラシの位置と電気的中性軸とのずれを生じさせる．このずれがブラシがある位置の導体に［エ］を発生させ，ブラシによる短絡等の障害の要因となる．ブラシの位置と電気的中性軸とのずれを抑制する方法の一つとして，補極を設けギャップの磁束分布の偏りを補正する方法が採用されている．

上記の記述中の空白箇所(ア)，(イ)，(ウ)及び(エ)に当てはまる組合せとして，正しいものを次の(1)～(5)のうちから一つ選べ．

	(ア)	(イ)	(ウ)	(エ)
(1)	界　磁	電機子	減　少	接触抵抗
(2)	電機子	界　磁	増　加	起電力
(3)	界　磁	電機子	減　少	起電力
(4)	電機子	界　磁	減　少	起電力
(5)	界　磁	電機子	増　加	接触抵抗

《H23-1》

解説

電機子反作用に関する問題で，負荷を接続するのは電機子巻線であり，(ア)は電機子です．電機子電流によって作られる磁束が主磁束(界磁巻線によって作られる磁束)に影響を与えるのが電機子反作用です．主磁束を作る巻線は界磁巻線で(イ)は界磁となります．主磁束に負荷電流によって作られた磁束が合成され，主磁束が減少することで誘導起電力が下がります．

したがって，$E=K\cdot\phi\cdot N$〔V〕より回転速度が一定であるとき，誘導起電力Eは磁束ϕに比例します．誘導起電力は主磁束が減少したことで電圧が減少することから(ウ)は減少します．

電気的中性軸上にブラシが配置されているが，電機子反作用によって磁束が偏ることで中性軸上での起電力が0でないことから，(エ)は起電力となります．

直流機の構造は簡単である一方，直流電圧を取り出すために工夫があるよ．

問題 3

直流発電機に負荷が加わると，電機子巻線に負荷電流が流れ電機子に起磁力が発生する．主磁極に生じる界磁起磁力の方向を基準としたとき，この電機子の起磁力の方向(電気角)〔rad〕として，正しいのは次のうちどれか．

ただし，ブラシは幾何学的中性軸に位置し，補極及び補償巻線はないものとする．

(1) 0　　(2) $\dfrac{\pi}{3}$　　(3) $\dfrac{\pi}{2}$　　(4) $\dfrac{2\pi}{3}$　　(5) π

《基本問題》

解 説

主磁極によって作られる起磁力 F_f に対して，電機子電流が流れることで発生する起磁力 F_a は，図のようになります．したがって，F_f に対して $\frac{\pi}{2}$〔rad〕ずれます．

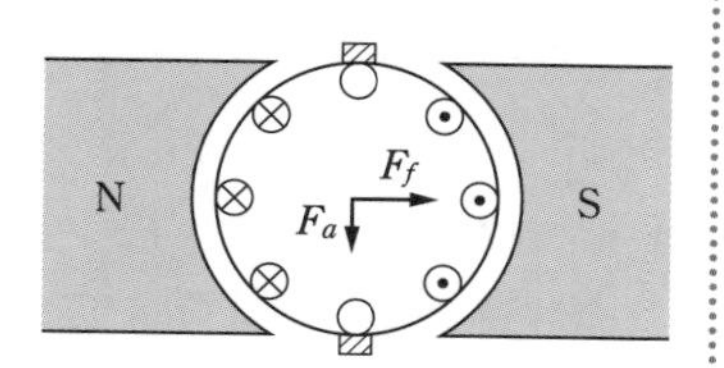

負荷電流によって作られる磁界の直角成分だけが影響するよ．

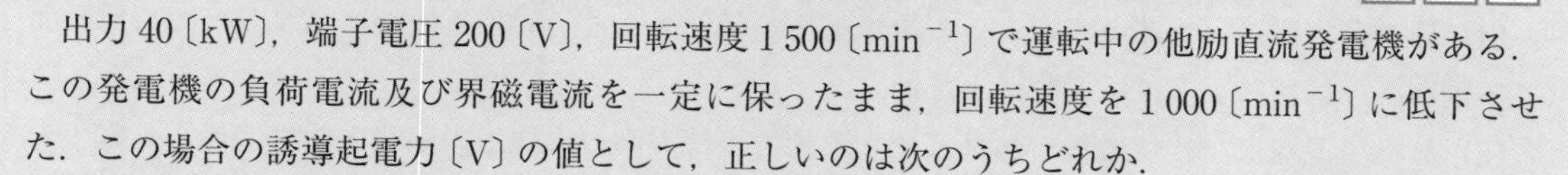

問題 4

出力 40〔kW〕，端子電圧 200〔V〕，回転速度 1 500〔min^{-1}〕で運転中の他励直流発電機がある．この発電機の負荷電流及び界磁電流を一定に保ったまま，回転速度を 1 000〔min^{-1}〕に低下させた．この場合の誘導起電力〔V〕の値として，正しいのは次のうちどれか．

ただし，電機子回路の抵抗は 0.05〔Ω〕とし，電機子反作用は無視できるものとする．

(1) 126　(2) 133　(3) 140　(4) 200　(5) 210

《基本問題》

解 説

問題文のただし書きから，電機子反作用による電圧降下 V_a は無視します．また，ブラシによる電圧降下 V_b は，書いてない場合はないものと考えます．

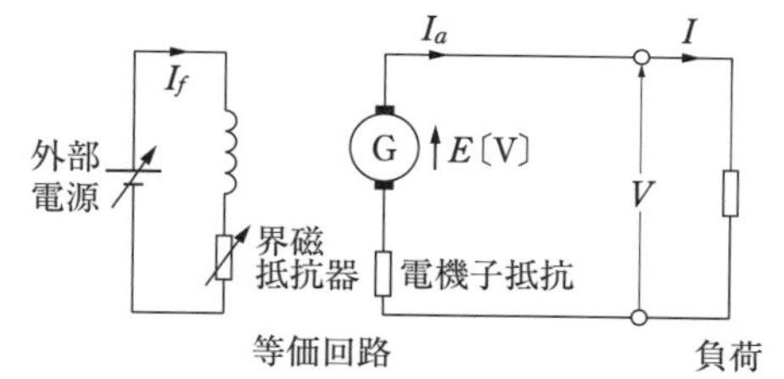

誘導起電力は，界磁電流が一定のとき回転速度に比例するよ．

端子電圧 V の公式　$V=E-I_a \cdot r_a-V_a-V_b$〔V〕から近似式となります．

最初に他励発電機から負荷電流 I と電機子電流 I_a の関係は，図から等しく，

出力 $P_o=40$〔kW〕，端子電圧 $V=200$〔V〕，電機子巻線抵抗 $r_a=0.05$〔Ω〕

$$I_a=I=\frac{P}{V}=\frac{40\,000}{200}=200\text{〔A〕}$$

近似式を変形して誘導起電力 E を求めます．なお，このときの回転速度は毎分 1 500〔min^{-1}〕のときです．

$$E=200+200 \cdot 0.05=210\text{〔V〕}$$

次に，回転速度を 1 000〔min^{-1}〕まで低下させたときの誘導起電力 E' を計算します．題意より発電機は同一で，界磁電流 I_f も一定より，

誘導起電力を求める公式　$E=K \cdot \phi \cdot N$ より，E は N に比例することから

$$210 : 1\,500=E' : 1\,000$$

$$E'=\frac{1\,000}{1\,500} \cdot 210=140\text{〔V〕}$$

（p.9～11 の解答）問題 1 →(1)　問題 2 →(4)　問題 3 →(3)　問題 4 →(3)

問題5

直流発電機に関する記述として，正しいのは次のうちどれか．

(1) 直巻発電機は，負荷を接続しなくても電圧の確立ができる．

(2) 平複巻発電機は，全負荷電圧が無負荷電圧と等しくなるように(電圧変動率が零になるように)直巻巻線の起磁力を調整した発電機である．

(3) 他励発電機は，界磁巻線の接続方向や電機子の回転方向によっては電圧の確立ができない場合がある．

(4) 分巻発電機は，負荷電流によって端子電圧が降下すると，界磁電流が増加するので，他励発電機より負荷による電圧変動が小さい．

(5) 分巻発電機は，残留磁気があれば分巻巻線の接続方向や電機子の回転方向に関係なく電圧の確立ができる．

《H21-1》

解説

(1) 直巻発電機は，界磁電流 I_f と電機子電流 I_a および負荷電流 I が等しく，負荷を接続しないと界磁電流 I_f が流れないことから電圧は発生しないので，これは間違いです．

(2) 平複巻発電機では，負荷電流によって端子電圧がほぼ一定になるよう直巻巻線が作用するので，これが正しいです．

(3) 他励式発電機は，外部電源によって主磁束が作られるために界磁巻線の接続方向や電機子の回転方向にかかわらず電圧が確立されるので，これは間違いです．

(4) 分巻発電機は，界磁巻線と電機子巻線が並列に接続されることから，界磁電流は端子電圧に比例します．したがって端子電圧が下がり，同時に界磁電流も減少することで誘導起電力も下がるので，電圧変動が大きいことから，これは間違いです．

(5) 分巻発電機の誘導起電力は，残留磁気が関係するので発電機の回転方向は変えないで，界磁巻線の接続を逆向きにすると電圧が確立されないので(残留磁気を打ち消す方向に電流が流れるため)，これは間違いです．また接続を変えないで回転方向を変えても同様です．

励磁方式や界磁回路と電機子回路の接続によって変わるよ．

問題6

定格出力 100〔kW〕，定格電圧 220〔V〕の直流分巻発電機がある．この発電機の電機子巻線の抵抗は 0.05〔Ω〕，界磁巻線の抵抗は 57.5〔Ω〕，機械損の合計は 1.8〔kW〕である．この発電機を定格電圧，定格出力で運転しているとき，次の(a)及び(b)に答えよ．

ただし，ブラシによる電圧降下，補極巻線の抵抗，界磁鉄心と電機子鉄心の鉄損及び電機子反作用による電圧降下は無視できるものとする．

(a) この発電機の誘導起電力〔V〕の値として，最も近いのは次のうちどれか．

(1) 232　(2) 239　(3) 243　(4) 252　(5) 265

(b) この発電機の効率〔%〕の値として，最も近いのは次のうちどれか．

(1) 88　(2) 90　(3) 92　(4) 94　(5) 96

《基本問題》

解説

(a) 負荷電流 I は，

$$I=\frac{P}{V}=\frac{100\cdot10^3}{220}$$

$$=454.54\fallingdotseq454.5〔A〕$$

界磁電流 I_f は，

$$I_f=\frac{V}{R_f}=\frac{220}{57.5}\fallingdotseq3.83〔A〕$$

I_f　I　I_a　$R_a=0.5〔\Omega〕$　$P=100〔kW〕$　$V=220〔V〕$　G　E

分巻発電機の電機子に流れる電機子電流 I_a は，

$$I_a=I+I_f=454.5+3.83\fallingdotseq458.3〔A〕$$

したがって，誘導起電力 E は，

$$E=V+I_a\cdot R_a=220+458.3\cdot0.05=242.92\fallingdotseq243〔V〕$$

起電力を求めるには，端子電圧，巻線抵抗の電圧降下およびブラシの電圧降下が関係するよ．

(b) 発電機から取り出せる電気エネルギー P_i' は，

$$P_i'=E\cdot I_a=242.9\times458.3=111,321〔W〕\fallingdotseq111.3〔kW〕$$

発電機内で失った損失は，題意より 1.8〔kW〕あり，発電機が発生する全エネルギーは，

$$P_i=P_i'+1.8$$

負荷抵抗で消費されるエネルギーは，

$$P_o=100〔kW〕=111.3+1.8=113.1〔kW〕$$

$$効率\ \eta=\frac{消費エネルギー P_i}{全エネルギー P_o}\cdot100=\frac{100}{113.1}\times100=88.4\fallingdotseq88〔\%〕$$

入力と出力の比が効率だよ．

問題7

直流発電機の損失は，固定損，直接負荷損，界磁回路損及び漂遊負荷損に分類される．

定格出力 50〔kW〕，定格電圧 200〔V〕の直流分巻発電機がある．この発電機の定格負荷時の効率は 94〔%〕である．このときの発電機の固定損〔kW〕の値として，最も近いのは次のうちどれか．

ただし，ブラシの電圧降下と漂遊負荷損は無視するものとする．また，電機子回路及び界磁回路の抵抗はそれぞれ 0.03〔Ω〕及び 200〔Ω〕とする．

(1) 1.10　(2) 1.12　(3) 1.13　(4) 1.30　(5) 1.32

《H22-2》

(p.12〜p.13 の解答)　問題5→(2)　問題6→(a)−(3)，(b)−(1)

解説

発電機の損失には，固定損 P_m，直接負荷損 P_c，界磁回路損 P_f，ブラシの電圧降下による損失 P_b および漂遊負荷損 P_h があります．なお，直接負荷損は電機子回路損を指します．

全損失　$P_s = P_m + P_c + P_f + P_b + P_h$ より，

題意よりブラシの電圧降下と漂遊負荷損は無視すると，

$$P_s = P_m + P_c + P_f$$

最初に発電機が発生する全電気エネルギー P_i は，負荷に供給される電気エネルギー P_o（出力）と発電機内部で失われる損失 P_s の和になります．また，効率は発電機で発生した全電気エネルギーに対して，出力（有効に使用された電気エネルギー）の比で表します．したがって，出力　$P_o = 50$〔kW〕，効率 $\eta = 94$〔%〕となり，全電気エネルギー P_i は

$$P_i = \frac{P_o}{\eta} = \frac{50}{0.94} = 53.191 \text{〔kW〕}$$

全損失 P_s は，

$$P_s = P_i - P_o = 53.191 - 50 = 3.191 \text{〔kW〕}$$

次に，界磁回路損 P_f と直接負荷損 P_c を求めると，

$$P_f = V \cdot I_f = V \cdot \frac{V}{R_f} = \frac{V^2}{R_f} = \frac{200^2}{200} = 200 \text{〔W〕} = 0.2 \text{〔kW〕}$$

分巻発電機の電機子電流 I_a は，

$$I_a = I + I_f = \frac{P_o}{V} + \frac{V}{R_f} = \frac{50\,000}{200} + \frac{200}{200} = 251 \text{〔A〕}$$

直接負荷損 P_c は，

$$P_c = I_a{}^2 \cdot r_a = 251^2 \cdot 0.03 = 1\,890.03 \fallingdotseq 1\,890 \text{〔W〕} \fallingdotseq 1.89 \text{〔kW〕}$$

したがって，固定損 P_m は，

$$P_m = P_s - P_f - P_c = 3.191 - 0.2 - 1.89 = 1.101 \fallingdotseq 1.10 \text{〔kW〕}$$

発電機や電動機には鉄損，銅損以外に固定損（軸受損，風損，ブラシ損等）があるよ．

（p.13〜14 の解答）　問題7 →(1)

1・3　直流電動機の原理および電気的特性

重要知識

出題項目 CHECK!

- □ 電磁力の方向「フレミングの左手の法則」
- □ 逆起電力と巻線抵抗による電圧降下の求め方
- □ 速度制御と始動法
- □ 出力とトルクの求め方
- □ 逆転と制動方法
- □ 損失と効率の求め方

1・3・1　逆起電力

発電機では，原動機(直流分巻電動機など)によって，電機子を回転させることで誘導起電力が発生する一方，電動機では電機子に外部電源から流れる直流電流(始動電流という)を流すことで大きな電磁力が働き，**トルク**を得られます．

電動機は，このトルクによって回転速度(停止状態から運転状態に移行)が上昇し，負荷トルクとのバランスが取れた位置で運転状態(安定して運転することができる運転位置)になります．その回転速度は，ほぼ一定でその状態を維持できる電流が流れます．始動電流は一時的に大きな電流が流れた後，回転が始まると**逆起電力** E が発生することで電流が減少します．この電流を**負荷電流**といいます．

$$E = V - I_a \cdot r_a - V_a - V_b \fallingdotseq V - I_a \cdot r_a \text{〔V〕} \quad \cdots\cdots (1.6)$$

ただし，停止時では逆起電力 $E=0$〔V〕で，運転時では逆起電力 $E \neq 0$〔V〕となります．

始動とは電動機に電圧を加えた瞬間だよ．
運転とは安定して回転を維持する状態だよ．

電流の流れる向きは，発電機とは反対になるよ．

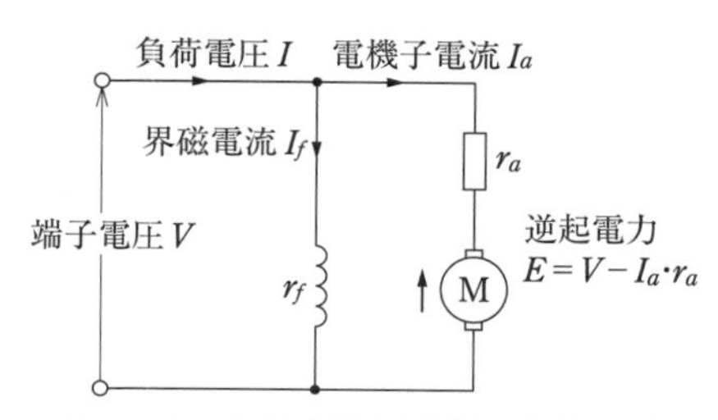

図 1.14　直流分巻電動機の等価回路

1・3・2　回転速度と始動

(1) 回転速度

分巻電動機の回転速度 N〔min^{-1}〕は，

$E = K \cdot \phi \cdot N$ より

$$N = \frac{E}{K \cdot \phi} = \frac{V - I_a \cdot r_a}{K \cdot \phi} \text{〔min}^{-1}\text{〕} \quad \cdots\cdots (1.7)$$

回転速度は，加える電圧と界磁電流の値で決まるよ．

分巻電動機の端子電圧はほぼ一定で，界磁抵抗器を調整することで界磁電流 I_f〔A〕を変化させます．さらに磁束 ϕ〔Wb〕（界磁電流に比例する）も変わることで，回転速度 N〔min^{-1}〕が変わります．界磁抵抗器を調整して電流が増加（または減少）すると，回転速度は遅く（または速く）なることから回転速度は反比例します．その他に，電動機の端子電圧を変化する方法や電機子回路に外部抵抗を直列に接続することで速度を変えることができます．

なお，直流電動機を始動するときは界磁抵抗器を最小値（電流は最大）で始動しないと，いきなり高速回転になるので注意が必要です．また，界磁回路が開放されると，その瞬間に高速回転になることから注意が必要です．

電動機を始動するには始動抵抗器が必要だよ．

(2) 始動抵抗器（始動器）

直流電動機を始動するとき，電機子巻線の抵抗が非常に小さいため，大きな始動電流が流れます．その結果，電機子巻線の焼損に繋がるために巻線と始動抵抗器を直列に接続することで電流を抑えます．始動後は，始動抵抗器の必要がなくなり電気的に短絡（ショート）し，抵抗値を最小値（0 Ω）にします．

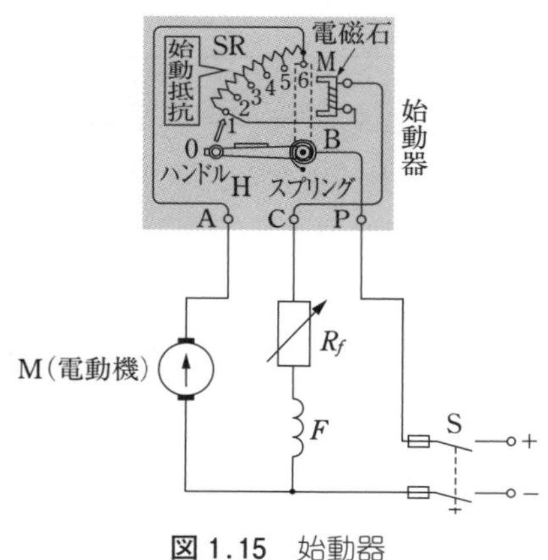

図 1.15　始動器

(3) 逆転

直流電動機の回転方向を変えるには，二つの方法があります．一つは，電機子回路に加わる電圧の極性を変える方法であり，もう一つは界磁回路に流れる電流の向きを変える方法があります．一般的に用いられる方法は前者であり，両方変えると回転方向が変わりません．

また，界磁回路が永久磁石を用いた電動機では，電機子回路に加わる電圧の極性のみを変える方法しかありません．

(4) 制動

直流電動機の電源電圧を切っても電機子の回転はすぐに止まりません．使用される電動機によっては，素早く停止することが要求される場合があります．そこで電機子（回転する部分を回転体といいます）を早く止めるために用いるのが制動装置（ブレーキ）です．制動装置の働きは，回転体の持つ運動エネルギーを取り除くことで止めますが，取り除かれたエネルギーの大半は熱エネルギーとなります．最近は回転体の持つ運動エネルギーを回収して再利用するものが多くあります．

制動の方法には電気式と機械式があり，ここでは機械式の制動装置については国家試験に関係ありませんので省略します．なお，電気式の制動装置には発電式，回生式および逆転式の方法があります．

(a) 発電式

運転中の電動機を電源から切り離して，電源に接続されていた端子に抵抗を接続し，電動機として運転していたものを発電機(他励式発電機)として運転します．この方法では，運動エネルギーを電気エネルギーに変換することで制動を掛けます．なお，電気エネルギーはすべて熱エネルギーとして消費されます(ジュール熱として消費する)．

(b) 回生式

運転中の電動機の界磁電流を変える(増加することで誘導起電力が端子電圧より大きくなる)ことで，電動機として動作していたものを発電機に変えることで制動を掛けます．なお，発生した起電力は電源電圧より少し大きいので，電流の流れる方向に変えることで電源側に電力を供給することが可能となります．

(c) 逆転式(ブラッキング)

電動機として回転していたものを，電流の流れる向きを変えることで，回転制動を掛けるものです．

この方法は電動機に大きな制動が得られる反面，切り替え時に大きな電流が流れるのが，この制動法の特徴です．

1·3·3 速度制御

直流電動機の速度を変える方法には，界磁制御法，電圧制御法および抵抗制御法があります．制御できる速度範囲が広く，細かく制御できるのが直流電動機の特徴です．また，制御装置の構造が簡単です．

電動機の速度を変える方法は三つあるよ．

(1) 界磁制御法

界磁回路の電源を変えることで速度を変化させる方法を界磁制御法といい，この制御法では速度は磁束にほぼ反比例します(界磁電流は磁束に比例します)．

(2) 電圧制御法

電機子に加える電圧(他励式電動機)を変えることで速度を制御する方法を電圧制御法といい，速度は電機子に加えられる電圧に比例します．電機子電圧に加える方式として，外部電源を接続する以外に，ワードレオナード方式やイルグナ方式があります．近年は半導体を用いた静止型ワードレオナード方式を用いられる場合があります．なお，はずみ車を取り付けたものがイルグナ方式です．

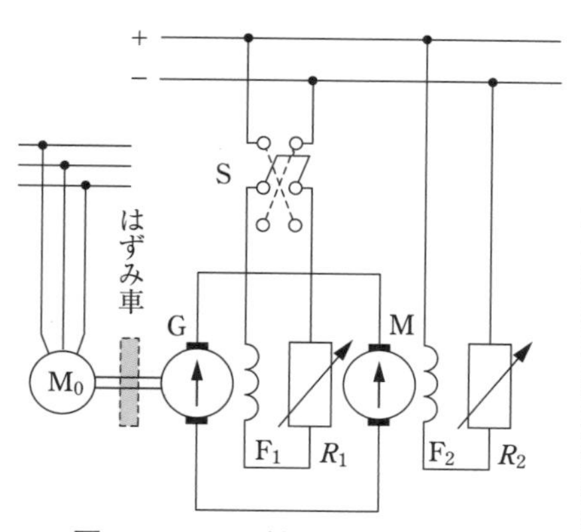

図 1.16 ワードレオナード方式

(3) 抵抗制御法

電機子と直列に外部抵抗を接続し，その抵抗を変化させる制御法を抵抗制御法といいます．この方法は直列に接続した抵抗値に比例することから，直巻電動機に用いられます．

1·3·4　トルクと機械出力(動力)

(1) トルク

磁極の磁束密度 B〔T〕と直交する長さ ℓ〔m〕の電機子導体に，I〔A〕の電流が流れたとき，導体1本あたりに働く力 f〔N〕は

$$f=B\cdot\ell\cdot I\text{〔N〕} \quad \cdots\cdots (1.8)$$

各磁極の磁束 ϕ〔Wb〕としたときの磁束密度 B〔T〕は，

$$B=\frac{\phi'}{S}=\frac{P\cdot\phi}{2\cdot\pi\cdot r\cdot\ell}\text{〔T〕}$$

ϕ'：全磁束〔Wb〕，　S：電機子の表面積〔m^2〕，

r：電機子の半径 r〔m〕　($2\cdot r=D$〔m〕は電機子の直径)

電機子の総導体数 Z とすると，電機子の全電流 I_a'〔A〕は並列回路数に分流することから，各並列回路に流れる電機子電流 I_aは，

$$I_a=\frac{I_a'}{a}\text{〔A〕}$$

となります．全電機子導体に働く力 F は，

$$F=f\cdot Z=B\cdot\ell\cdot I_a\cdot Z=\frac{P\cdot\phi\cdot Z}{2\cdot\pi\cdot r\cdot a}\cdot I_a\text{〔N〕}$$

トルク T は，$T=F\cdot r$〔N·m〕より

$$T=\frac{P\cdot\phi\cdot Z\cdot I_a}{2\cdot\pi\cdot a}=K_2\cdot\phi\cdot I_a\text{〔N·m〕} \quad \cdots\cdots (1.9)$$

分巻電動機では，トルクは電機子電流にほぼ比例します．

(2) 電動機の電気出力(出力)**と機械出力**(動力)

出力 P は逆起電力 E と電機子電流 I_aの積で求まり，さらに電動機の角速度 ω とトルク T の積で求められます．出力と動力が等しい関係が成立しますが，軸受けなどの損失があるために動力の方が小さくなります．

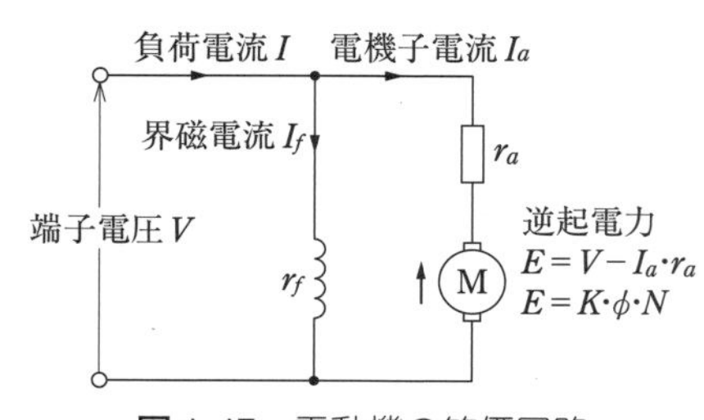

図 1.17　電動機の等価回路

$$I_a=\frac{T}{K_2\cdot\Phi}=\frac{T}{\frac{\phi\cdot P\cdot Z}{2\cdot\pi\cdot a}}=\frac{2\cdot a\cdot\pi\cdot T}{P\cdot Z\cdot\phi}\text{〔A〕}$$

$$P=E\cdot I_a=P\cdot\frac{Z}{60\cdot a}\cdot\phi\cdot N\cdot 2\cdot a\cdot\pi\cdot\frac{T}{P\cdot Z\cdot\phi}=2\cdot\pi\cdot\frac{N}{60}\cdot T$$

$$=\omega\cdot T\text{〔W〕} \quad \cdots\cdots (1.10)$$

ω：角速度〔rad/s〕

トルクと負荷電流の関係は電動機の種類によって違うよ．

(K_2の定義)

$$K_2=\frac{P\cdot Z}{2\cdot\pi\cdot a}$$

分巻電動機のトルクはほぼ負荷電流に比例するよ．

(逆起電力の公式)

$$E=K\cdot\phi\cdot N$$
$$=\frac{P\cdot Z}{60}\cdot\phi\cdot N$$

ω はギリシャ文字でオメガだよ．

1·3·5 電気的特性

(1) 速度特性

分巻電動機の速度特性は，端子電圧と界磁抵抗器を一定に保ち，運転中の電機子電流 I_a と回転速度 N の関係を表しましたので，図 1.18 のようになります．特性から，負荷の変動により電機子電流が増減することで回転速度が少し変化します．回転速度の変化は少なく，ほぼ一定から定速度電動機といい，直巻電動機は回転速度が大きく変化することから可変速電動機といいます．

巻線の接続方法によって速度やトルク特性は違うよ．

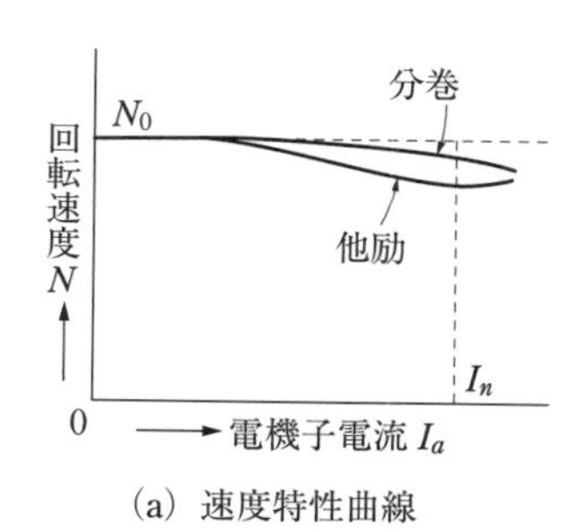

(a) 速度特性曲線

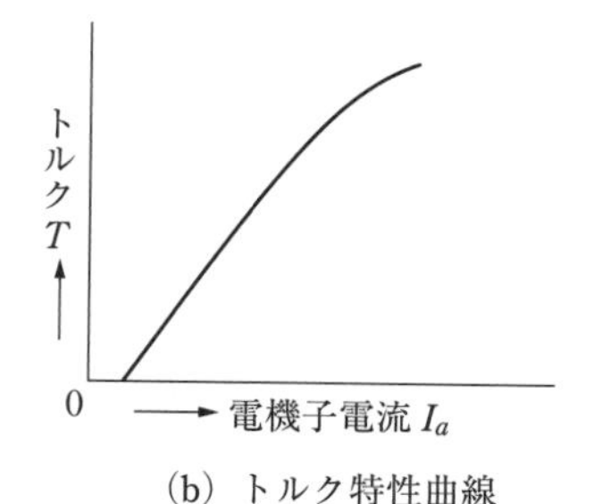

(b) トルク特性曲線

図 1.18 速度·トルク特性

(2) トルク特性

トルク特性は，速度特性と同じ運転状態で，電機子電流とトルクの関係を表したものです．分巻電動機では，トルク $T=K_2\cdot\Phi\cdot I_a$ の関係から，図 1.18(b)のトルク特性はほぼ直線($I_a \propto T$)となります．また，同一の電機子電流について，回転速度とトルクの関係を表したものを速度－トルク特性といいます．

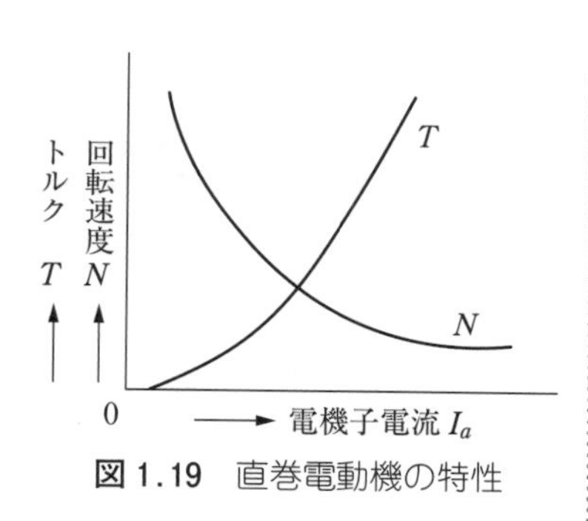

図 1.19 直巻電動機の特性

直巻電動機の速度特性は，図 1.19 直巻電動機の特性となります．

トルク　$T=K_2\cdot\Phi\cdot I_a \ (\Phi=I_a)$

$=K_2'\cdot {I_a}^2 \ (T\propto {I_a}^2)$

トルクは電機子電流の 2 乗に比例する．回転速度は電機子電流に反比例の関係から図のようになります．なお，この電動機は定出力特性です．

(3) 速度変動率

負荷の変動(無負荷時に対する負荷時の回転速度の比)により回転速度が定格負荷時に比べてどれだけ変化したか表したものが速度変動率 ε〔%〕です．

$$\varepsilon=\frac{N_0-N_n}{N_n}\times 100\,〔\%〕 \quad\cdots\cdots(1.11)$$

N_0：無負荷時の回転速度〔min^{-1}〕,

N_n：負荷時の回転速度〔min^{-1}〕

1･3･6　損失と効率

(1) 損失

直流機の損失には，次のものがあります．

(a) **無負荷損**(鉄損)：電圧の2乗に比例し，負荷電流には関係なく一定です．なお，無負荷損はヒステリシス損と渦電流損に分けることができます．

(b) **負荷損**(銅損)：電流の2乗と電機子巻線の抵抗の積に比例します．界磁巻線による損失，ブラシ抵抗損，補極などの巻線による抵抗損などがあります．

(c) **固定損**(機械損)：軸受やブラシ接触部における摩擦損や回転部分に空気との摩擦による損失(風損)などがあります．

その他に漂遊負荷損などがあります．

損失の種類を知ることだよ．

(2) 効率

電動機に供給された電気エネルギー(入力)を機械エネルギー(出力)に変換されたかを表すのが効率 η〔%〕です．なお，出力に電動機内での損失を足したものが入力となります．

$$\eta=\frac{出力}{入力}\times 100=\frac{出力}{出力+損失の総合計}\times 100〔\%〕 \quad \cdots\cdots\cdots\cdots\cdots(1.12)$$

● 試験の直前 ● CHECK!

- □ **逆起電力**>>電機子が回転することで発生する誘導起電力．　$E=V-I_a\cdot r_a$
- □ **回転数**>>　$N=\dfrac{V-I_a\cdot r_a}{K\cdot\phi}=\dfrac{E}{K\cdot\phi}$
- □ **速度制御**>>速度制御(界磁制御，電圧制御，抵抗制御)と制御方法．
- □ **出力**>>　$P=\omega\cdot T=2\cdot\pi\cdot N\cdot T$
- □ **トルク**>>電機子を回転させる力．　$T=\dfrac{P\cdot T}{2\cdot\pi\cdot I_a}\cdot\phi\cdot I_a=K_2\cdot\phi\cdot I_a$
- □ **トルク特性**>>分巻電動機は負荷電流に比例し，直巻電動機は2乗に比例．
- □ **定速度電動機と可変速電動機**>>負荷の変動によって回転速度が変化する割合で分類．

国家試験問題

問題1

4極の直流電動機が電機子電流250〔A〕，回転速度1 200〔min^{-1}〕で一定の出力で運転されている．電機子導体は波巻であり，全導体数が258，1極当たりの磁束が0.020〔Wb〕であるとき，この電動機の出力の値〔kW〕として，最も近いものを次の(1)～(5)のうちから一つ選べ．

ただし，波巻の並列回路数は2である．また，ブラシによる電圧降下は無視できるものとする．

(1) 8.21　(2) 12.9　(3) 27.5　(4) 51.6　(5) 55.0

《27-1》

解説

電動機の逆起電力 E を求めます．

$$E=K\cdot\Phi\cdot N=\frac{P\cdot Z}{60\cdot a\cdot\Phi\cdot N}=\frac{4\cdot 258}{60\cdot 2\cdot 0.020\cdot 1\,200}=206.4\,〔\mathrm{V}〕$$

したがって，電動機の出力は

$$P=E\cdot I_a=206.4\cdot 250=51\,600\,〔\mathrm{W}〕=51.6\,〔\mathrm{kW}〕$$

問題2

定格出力2.2〔kW〕，定格回転速度1 500〔min^{-1}〕，定格電圧100〔V〕の直流分巻電動機がある．始動時の電機子電流を全負荷時の1.5倍に抑えるため電機子巻線に直列に挿入すべき抵抗〔Ω〕の値として，最も近いのは次のうちどれか．

ただし，全負荷時の効率は85〔%〕，電機子回路の抵抗は0.15〔Ω〕，界磁電流は2〔A〕とする．

(1) 2.43　(2) 2.58　(3) 2.64　(4) 2.79　(5) 3.18

《基本問題》

解説

負荷電流 I〔A〕を求めます．

$$I=\frac{P}{V\cdot\eta}=\frac{2\,200}{100\cdot 0.85}=25.88\,〔\mathrm{A}〕$$

分巻電動機から電機子電流 I_a は，

電機子電流　$I_a=I-I_f=25.88-2=23.88\,〔\mathrm{A}〕$

始動電流 I_s は，定格負荷時の1.5倍に抑えたいので，

始動電流　$I_s=1.5\cdot I_a=1.5\cdot 23.88=35.82\,〔\mathrm{A}〕$

電機子回路の全抵抗 r_a+R_s は，

$$r_a+R_s=\frac{V}{I_s}=\frac{100}{35.82}=2.79\,〔\Omega〕$$

$R_s=2.64\,〔\Omega〕$

（なお，$r_a=0.15\,〔\Omega〕$ です．）

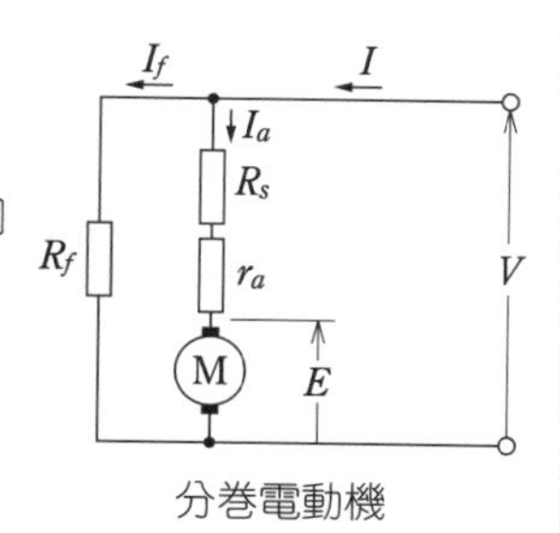

分巻電動機

問題3

直流分巻電動機が100〔V〕，電機子電流25〔A〕，回転速度1 500〔min^{-1}〕で運転されている．このときのトルク T〔N·m〕の値として，最も近いのは次のうちどれか．

ただし，電機子回路の抵抗は0.2〔Ω〕とし，ブラシの電圧降下及び電機子反作用の影響は無視できるものとする．

(1) 0.252　(2) 15.1　(3) 15.9　(4) 16.7　(5) 95.0

《基本問題》

解説

電動機の逆起電力 E〔V〕を求めます．

$$E=V-I_a\cdot R_a=100-25\cdot 0.2=95\text{〔V〕}$$

このときの電気的出力 P〔W〕は，

$$P=E\cdot I_a=95\cdot 25=2\,375\text{〔W〕}$$

トルク T〔N·m〕は，$P=\omega\cdot T$〔W〕より，

$$T=\frac{P}{\frac{\omega}{60}}=\frac{60\cdot P}{\omega}$$

$$=\frac{60\cdot 2\,375}{2\cdot\pi\cdot 1\,500}=15.12\fallingdotseq 15.1\text{〔N·m〕}$$

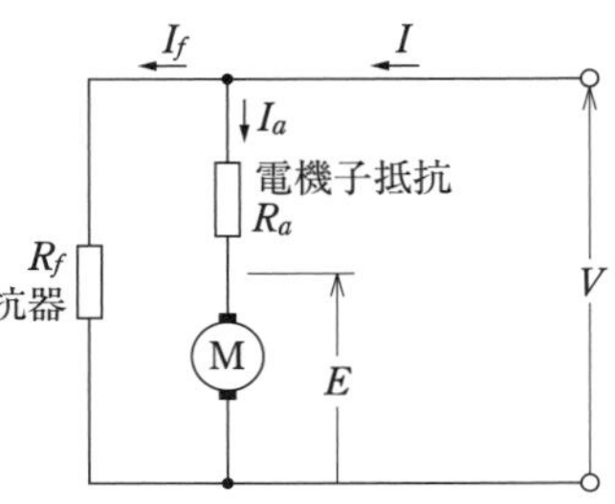

出力はトルクに比例するよ（回転速度はあまり変化しないよ）．

問題4

電機子巻線抵抗が 0.2 Ω である直流分巻電動機がある．この電動機では界磁抵抗器が界磁巻線に直列に接続されており界磁電流を調整することができる．また，電動機には定トルク負荷が接続されており，その負荷が要求するトルクは定常状態においては回転速度によらない一定値となる．

この電動機を，負荷を接続した状態で端子電圧を 100 V として運転したところ，回転速度 1 500 min^{-1} であり，電機子電流は 50 A であった．この状態から，端子電圧を 115 V に変化させ，界磁電流を端子電圧が 100 V のときと同じ値に調整したところ，回転速度が変化し，最終的にある値で一定となった．この電動機の最終的な回転速度の値〔min^{-1}〕として，最も近いものを次の(1)～(5)のうちから一つ選べ．

ただし，電機子電流の最終的な値は端子電圧が 100 V のときと同じである．また，電機子反作用，ブラシによる電圧降下は無視できるものとする．

(1) 1 290　(2) 1 700　(3) 1 730　(4) 1 750　(5) 1 950

《H28-1》

解説

端子電圧 100 V を加えたときの逆起電力 E〔V〕を求めます．

$$E=V-I_a\cdot R_a=100-50\cdot 0.2=90\text{〔V〕}$$

次に，端子電圧を 115 V に上昇させたときに，

トルク　$T'=K_2\cdot\phi'\cdot I_a'$〔N·m〕

題意より定トルクであることから，

ϕ は 100V と同じで，トルクは端子電圧を変えてもトルクは一定から，

端子電圧 100V のとき　$T=K\cdot\phi\cdot I_a$　$T\propto I_a$ より　$T=T'$ から $I_a=I_a'$

端子電圧を変えたときの逆起電力は，　$E'=115-0.2\cdot 50=105$〔V〕

逆起電力 E と回転数 N の関係は，　$E\propto N$ より

$90:1\,500=105:N'$ から

$$N'=\frac{105}{90\cdot 1\,500}=1\,749.99\fallingdotseq 1\,750\text{〔min}^{-1}\text{〕}$$

端子電圧だけ増やし，それ以外の値は変化しないときは回転数は比例するよ．（巻線抵抗による電圧降下は変化しない）

問題 5

直流電動機に関する記述として，誤っているものを(1)～(5)のうちから一つ選べ.

(1) 分巻電動機は，端子電圧を一定として機械的な負荷を増加したとき，電機子電流が増加し，回転速度は，わずかに減少するがほぼ一定である．このため，定速度電動機と呼ばれる.

(2) 分巻電動機の速度制御の方法の一つとして界磁制御法がある．これは，界磁巻線に直列に接続した界磁抵抗器によって界磁電流を調整して界磁磁束の大きさを変え，速度を制御する方法である.

(3) 直巻電動機は，界磁電流が負荷電流(電動機に流れる電流)と同じである．このため，未飽和領域では界磁磁束が負荷電流に比例し，トルクも負荷電流に比例する.

(4) 直巻電動機は，負荷電流の増減によって回転速度が大きく変わる．トルクは，回転速度が小さいときに大きくなるので，始動時のトルクが大きいという特徴があり，クレーン，巻上機などの電動機として適している.

(5) 複巻電動機には，直巻界磁巻線及び分巻界磁巻線が施され，合成界磁磁束が直巻界磁磁束と分巻界磁磁束との和になっている構造の和動複巻電動機と，差になっている構造の差動複巻電動機とがある.

《H25-1》

解 説

(1) 分巻電動機の負荷に対する電機子電流の関係を示したもので，負荷を増加させると回転速度(逆起電力を低下させる)がわずかに低下し，その結果逆起電力が減少し，電機子電流が増加することで，巻線抵抗による電圧降下が増加することにより，正しいです.

(2) 分巻電動機の速度制御法である界磁制御の説明から，正しいです.

(3) 直巻電動機では界磁巻線と電機子巻線が直列に接続されることから界磁電流と電機子電流が等しい．電機子電流とトルクの関係は $T=K_2\cdot\phi\cdot I_a$〔N·m〕から，ϕ は I_a に比例することから，トルクは電機子電流の 2 乗になることから，間違いとなります.

(4) 直巻電動機の負荷電流(負荷電流＝界磁電流＝電機子電流)の 2 乗にトルクは比例し，速度は分巻電動機と異なり可変速電動機(速度が大きく変化する)であることから，正しいです.

(5) 複巻電動機で界磁巻線に直巻界磁巻線を接続し，それぞれ作られる磁束の合成方法によって和動または差動の説明であるから，正しいです.

電動機の種類によって速度や負荷特性は変わるよ.

(p.20～23 の解答) 問題 1→(4) 問題 2→(3) 問題 3→(2) 問題 4→(4) 問題 5→(3)

問題 6

直流他励電動機の電機子回路に直列抵抗 0.8〔Ω〕を接続して電圧 120〔V〕の直流電源で始動したところ，始動直後の電機子電流 120〔A〕であった．電機子電流が 40〔A〕になったところで直列抵抗を 0.3〔Ω〕に切り換えた．インダクタンスが無視でき，電流が瞬時に変化するものとして，切換え直後の電機子電流〔A〕の値として，最も近いものを次の(1)～(5)のうちから一つ選べ．

ただし，切換え時に電動機の回転速度は変化しないものとする．また，ブラシによる電圧降下及び電機子反作用はないものとし，電源電圧及び界磁電流は一定とする．

(1) 60　　(2) 80　　(3) 107　　(4) 133　　(5) 240

《H24-2》

解 説

始動時の逆起電力 $E(N=0\,〔\mathrm{min}^{-1}〕)$ は，0〔V〕から，

$$V=E+I_a\cdot(r_a+R)=0+120\cdot(r_a+0.8)=120\,〔\mathrm{V}〕$$

オームの法則より $r_a+R=\dfrac{V}{I_a}=\dfrac{120}{120}=1\,〔\Omega〕$

$$r_a=1-0.8=0.2\,〔\Omega〕$$

運転時の逆起電力 $E(N\neq0)$ は，

$$E=V-I_a\cdot(r_a+R)=120-40\cdot(0.2+0.8)=80\,〔\mathrm{V}〕$$

直列抵抗を 0.3〔Ω〕に変えたときの電機子電流（回転速度は変化しないものと考え）は

$I_a'\cdot(r_a+R')=V-E$　から，

$$I_a'\cdot(0.2+0.3)=120-80=40\,〔\mathrm{V}〕$$

$$I_a'=\frac{40}{0.5}=80\,〔\mathrm{A}〕$$

始動時と運転時の違いは逆起電力が影響するよ．

問題 7

電機子巻線の抵抗 0.05〔Ω〕，分巻巻線の抵抗 10〔Ω〕の直流分巻発電機がある．この発電機について，次の(a)及び(b)に答えよ．

ただし，この発電機のブラシの全電圧降下は 2〔V〕とし，電機子反作用による電圧降下は無視できるものとする．

(a) この発電機を端子電圧 200〔V〕，出力電流 500〔A〕，回転速度 1 500〔min^{-1}〕で運転しているとき，電機子誘導起電力〔V〕の値として，正しいのは次のうちどれか．

(1) 224　　(2) 225　　(3) 226　　(4) 227　　(5) 228

(b) この発電機を入力端子電圧 200〔V〕，入力電流 500〔A〕で電動機として運転した場合の回転速度〔min^{-1}〕の値として，最も近いのは次のうちどれか．

(1) 1 145　　(2) 1 158　　(3) 1 316　　(4) 1 327　　(5) 1 500

《基本問題》

解説

(a) 発電機の誘導起電力を求めます．ただし電機子反作用の電圧降下 V_a は無視します．

$E=V+I_a\cdot R_a+V_b$ より，

端子電圧 $V=200$〔V〕

ブラシの電圧降下 $V_b=2$〔V〕

R_f は界磁抵抗器で，その値は 10〔Ω〕から，

分巻電動機の電機子電流

$I_a=I+I_f$

$=500+\dfrac{200}{10}=520$〔A〕

誘導起電力 $E=200+520\cdot0.05+2=228$〔V〕

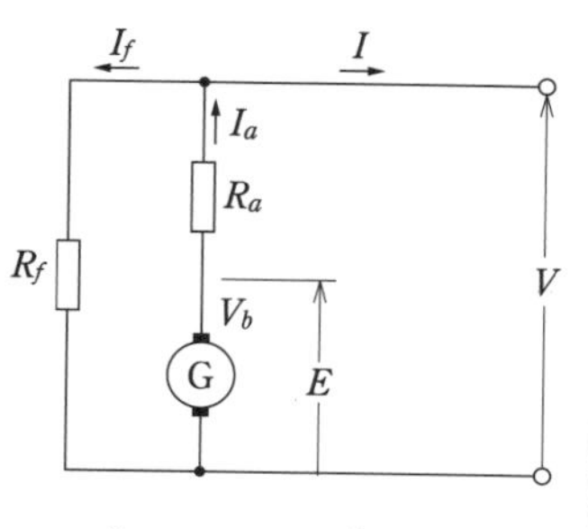

(b) 分巻発電機を分巻電動機に切り換えたとき，界磁回路に加わる電圧は一定（界磁電流も一定）であるから，起電力（電動機の場合は逆起電力）は回転速度に比例します．

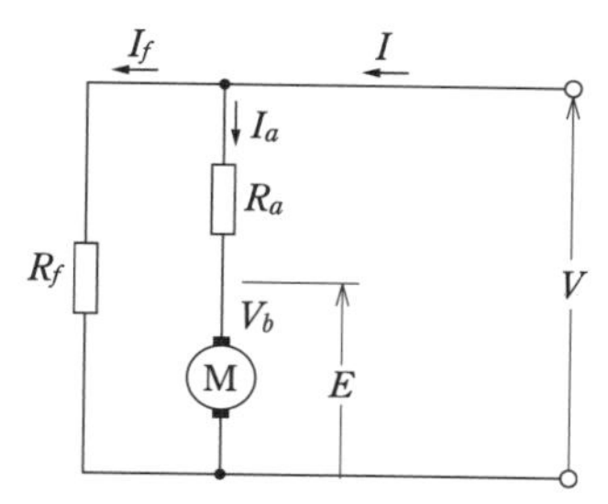

$E=K\cdot\Phi\cdot N$〔V〕，　$E\propto N$ から

電動機の逆起電力 $E=V-I_a\cdot R_a-V_b$

題意より，電動機の入力電流 $I=500$〔A〕

電機子電流 $I_a=I-I_f$〔A〕

$=200-(500-20)\cdot0.05-2=174$〔V〕

228〔V〕：1 500〔min^{-1}〕＝174〔V〕：N_x〔min^{-1}〕から

$N_x=\dfrac{174}{228}\cdot1\,500=1\,144.7\fallingdotseq1\,145$〔$\mathrm{min}^{-1}$〕

問題8

直流電源に接続された永久磁石界磁の直流電動機に一定トルクの負荷がつながっている．電機子抵抗が 1.00 Ω である．回転速度が 1 000〔min^{-1}〕のとき，電源電圧は 120〔V〕，電流は 20〔A〕であった．

この電源電圧を 100〔V〕に変化させたときの回転速度の値〔min^{-1}〕として，最も近いものを次の(1)～(5)のうちから一つ選べ．

ただし，電機子反作用及びブラシ，整流子における電圧降下は無視できるものとする．

(1) 200　(2) 400　(3) 600　(4) 800　(5) 1 000

《R1-1》

解説

他励電動機と同様に考え，界磁回路は永久磁石に置き換えます．さらに，速度制御として電圧制御であることが分かります．

(p.23～25 の解答) 問題6 →(2)　問題7 →(a)－(5)，(b)－(1)

回転速度　$N=\dfrac{V-I_a\cdot R_a}{K\cdot\Phi}=\dfrac{E}{K\cdot\Phi}$〔min^{-1}〕　$N\propto E$

題意より，負荷トルクが一定であるから電機子電流 I_a も一定となり，

電源電圧　120〔V〕のとき

逆起電力　$E\fallingdotseq V-I_a\cdot R_a=120-20\cdot 1=100$〔V〕

電源電圧を 100〔V〕に低下したとき

逆起電力　$E'\fallingdotseq V-I_a\cdot R_a=100-20\cdot 1=80$〔V〕

$1\,000:100=N':80$

$N'=\dfrac{1\,000\cdot 80}{100}=800$〔min^{-1}〕

永久磁石（磁束は常に一定）を用いた界磁回路では逆起電力は回転数に比例するよ．

(p.25～26 の解答)　問題 8 →(4)

第2章　変圧器

2·1　変圧器の原理と損失 ……………………… 28

2·2　変圧器の並行運転 ……………………… 33

2·3　単巻変圧器の原理等 ……………………… 40

2・1　変圧器の原理と損失

重要知識

出題項目　CHECK!

- □ 原理・構造および巻数比の求め方
- □ 巻数と電圧・電流比の関係
- □ 等価回路(一次側から二次側に変換または二次側を一次側に変換)の描き方
- □ ベクトル図の描き方
- □ 損失(無負荷損「鉄損」および負荷損「銅損」)

2・1・1　誘導起電力 E_1・E_2 および巻数比 a

変圧器の構造は，鉄心と２組(場合によって３組)のコイルで構成されます．電源を接続する側を一次側(P)で，負荷などを接続する側を二次側(s)といいます．変圧器の働きは，電圧の昇圧(二次側の電圧を上げること)または降圧(二次側の電圧を下げること)することで電力変換を行い，負荷装置(負荷)に電気エネルギーを供給します．

変圧器は鉄心と巻線しかないよ．

変圧器の原理は，一次側に供給される正弦波交流電流で磁束を作り，その磁束が２組のコイルの内側を通る(これを鎖交という)ことで電圧が誘導されます．誘導される起電力は，二次側が相互誘導作用と一次側は自己誘導作用で，その起電力の方向は，磁束の変化を妨げる方向に電圧(レンツの法則)が誘導されます．なお，誘導される電圧 E の大きさはコイルの巻数に比例します(レンツの法則)．

大文字は一次側を表し，小文字は二次側を表すよ．

$$E = -N\cdot\frac{\Delta\phi}{\Delta t}\,〔\mathrm{V}〕\qquad N：コイルの巻数$$

(a) 変圧器の原理

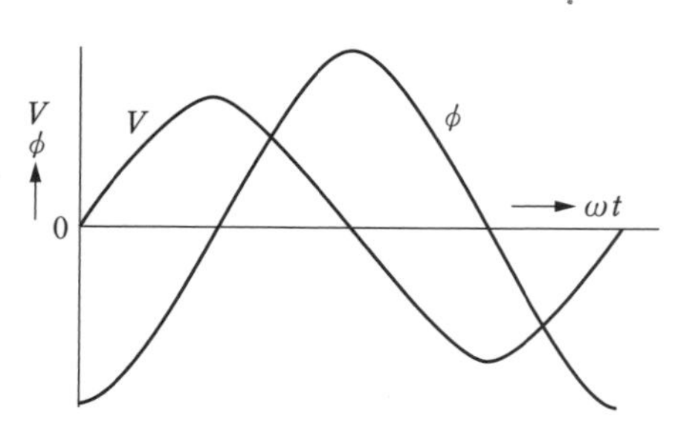

(b) 鉄心中の磁束波形

図 2.1　変圧器の原理

一次側および二次側に誘導される起電力を求める公式は，

$$E_n = 4.44\cdot f\cdot\phi_m\cdot N_n\,〔\mathrm{V}〕 \quad \cdots\cdots (2.1)$$

- ϕ_m：最大磁束〔Wb〕
- N_n：コイルの巻数(n は添え字で１は一次側，２は二次側を表す)
- f　：電源周波数〔Hz〕

巻線の相互間は電気的に接続されず，磁気的(磁束)に結合されているよ．

巻数比 $a=\dfrac{N_1}{N_2}$ ……………………………………………………… (2.2)

電圧比 $=\dfrac{V_1}{V_2}=a$ 電流比 $=\dfrac{I_2}{I_1}=\dfrac{1}{\dfrac{I_1}{I_2}}=\dfrac{1}{a}$

巻数比は，電圧比および電流比に等しい．

2·1·2 等価回路（二次側を一次側，一次側を二次側に変換）

変圧器の一次側および二次側には巻線があり，その巻線には巻線抵抗があります．無負荷で，変圧器に電源電圧を加えると励磁電流 $\dot{I}_0$ が流れます．この電流を分けると磁束を作る磁化電流 $\dot{I}_{0l}$ と，鉄心内部で損失となる鉄損電流 $\dot{I}_{0\omega}$ に分けることができます．また，この電流の波形は歪み波となります．図 2.2(a)は，これを電気回路で表したものです．

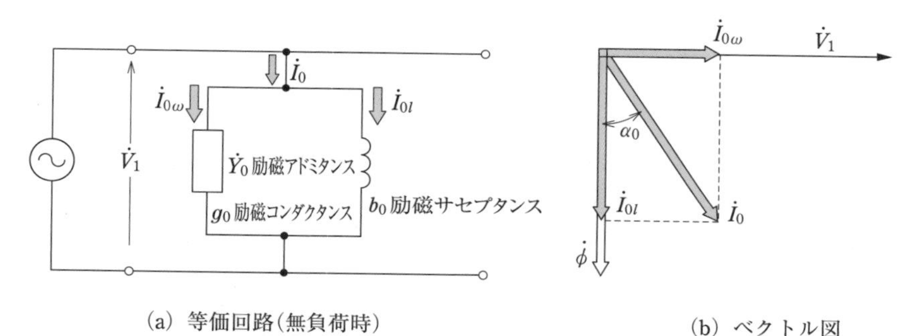

図 2.2 変圧器の励磁回路

次に，励磁回路を電気回路図で表したものが図 2.2(a)で，励磁電流の流れる回路が励磁アドミタンス $\dot{Y}_0$ です．次に鉄損電流 $\dot{I}_{0\omega}$ が流れる素子は励磁コンダクタンス（コンダクタンスは抵抗の逆数です）といいます．

磁化電流 $\dot{I}_{0l}$ が流れる回路を励磁サセプタンス（サセプタンスはリアクタンスの逆数です）で表し，図 2.2(b)は励磁電流のベクトル図です．なお，記号上

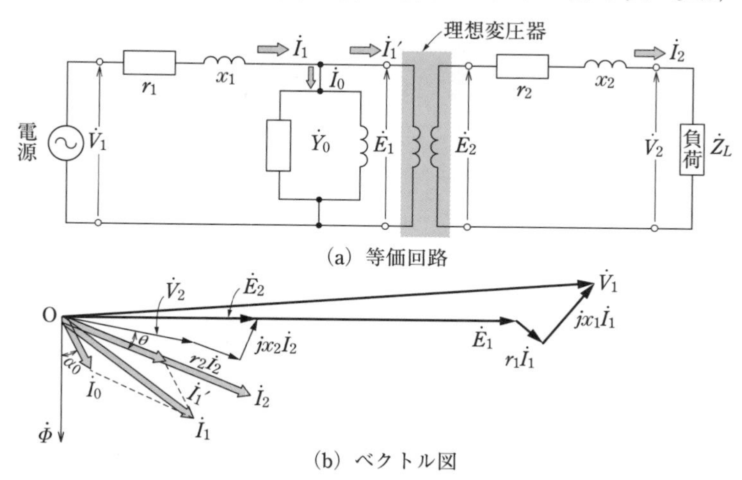

図 2.3 理想的な変圧器の精密な等価回路

第2章 変圧器

部の・印はベクトルを表します.

変圧器に負荷を接続した等価回路が図2.3(a)になります．一次側と二次側の巻線による抵抗を巻線抵抗といいます．その記号はrで表し，添え字の1と2でそれぞれの巻線を表します．負荷電流が流れることによって生じる磁束の一部が，磁気回路(鉄心の内部に留まらない磁束)から漏れる磁束をリアクタンスで表します．これを漏れリアクタンスで，巻線と同様に一次側と二次側に存在します．理想変圧器は，これらを除外したものが理想的な変圧器となります.

図2.3(b)は変圧器全体の電圧と電流の関係を表したベクトル図です.

負荷側の電圧$\dot{V}_2$で負荷に流れる電流$\dot{I}_2$を示し，角度$\theta°$だけ遅れ力率負荷を表します．二次側の誘導起電力$\dot{E}_2$は巻線抵抗($r_2 \cdot \dot{I}_2$)と漏れリアクタンス($jx_2 \cdot \dot{I}_2$)により位相(90°)が進み，この電圧を基準で表しています．次に，一次側の自己誘導起電力$\dot{E}_1$の方向は同一方向で，大きさは巻数比aだけ大きくなります．一次側にも巻線抵抗および漏れリアクタンスがあり，それぞれ電圧降下が発生します．ただし，一次電流$\dot{I}_1$は励磁電流$\dot{I}_0$と二次電流を一次側に換算した値$\dot{I}_1'$のベクトルの和$\dot{I}_1$で表したものになります.

変圧器の一次側と二次側には巻線抵抗と漏れリアクタンスがあり，その間には鉄心で一次側と二次側が磁気的に結合されています．これを電気的に結合した形に変換することで等価回路が構成できます.

また，励磁回路に流れる励磁電流は負荷電流に比べて小さいので，励磁回路を電源側に移動したものが図2.4の等価回路で，これを**簡易等価回路**といいます.

一次側を二次側に変換した原理図を示します.

量記号の表し方で大文字又は小文字があるけれど意味は同じだよ.
例えば，抵抗Rとrは同じ意味だよ.

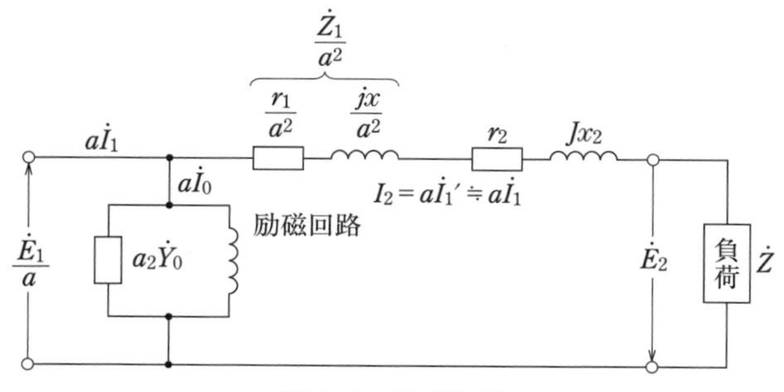

図2.4　原 理 図

・一次側の電圧を二次側に変換　$E_2 = \frac{E_1}{a}$〔V〕

・一次側の電流を二次側に変換　$I_2 = a \cdot I_1$〔A〕

・励磁電流は　$I_0' = a \cdot I_0$〔A〕　よって，Y_0'はa^2倍

2·1·3　変圧器の電気的特性

(1) 電圧変動率

変圧器を定格負荷から無負荷にすると，変圧器の出力電圧(二次側の端子電圧)が変化します．いま，変圧器の二次側に可変負荷を接続し，一次側の供給電圧は一定に保ちます．このとき，供給する電圧以外に，負荷電流，負荷力率および周波数も変えません．変圧器の二次側の無負荷時の端子電圧 V_{20} に対し，負荷時の定格電圧 V_{2n} を求めます．

式(2.3)は，変圧器の**電圧変動率** ε〔%〕です．

$$\varepsilon = \frac{V_{20(\text{無負荷})} - V_{2n(\text{定格負荷})}}{V_{2n}} \times 100\text{〔\%〕} \quad \cdots\cdots (2.3)$$

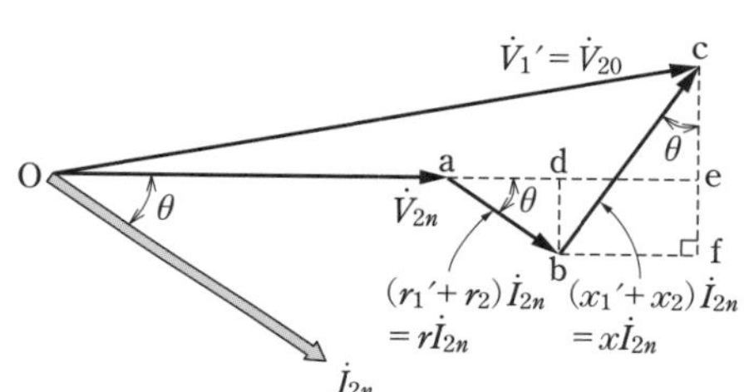

図 2.5　ベクトル図

電圧降下を求める近似式だよ．

端子電圧 V_{20} (近似式)

$$V_{20} \fallingdotseq V_{2n} + I_{2n}\cdot R_{21}\cdot\cos\theta + I_{2n}\cdot X_{21}\cdot\sin\theta\text{〔V〕} \quad \cdots\cdots (2.4)$$

変圧器内における電圧降下　$v = I\cdot R_{21}\cdot\cos\theta + I\cdot X_{21}\cdot\sin\theta$〔V〕 ･････ (2.5)

巻線抵抗および漏れリアクタンスの電圧降下を定格電圧の割合で表したものを百分率抵抗降下 p，百分率リアクタンス降下 q といいます．

百分率抵抗降下　$p = \dfrac{I_{2n}\cdot R_{21}}{V_{2n}} \times 100$〔%〕 ･････････ (2.6)

百分率リアクタンス降下　$q = \dfrac{I_{2n}\cdot X_{21}}{V_{2n}} \times 100$〔%〕 ･････････ (2.7)

式(2.2)を変形すると，次のようになります．

$$\varepsilon = p\cdot\cos\theta + q\cdot\sin\theta\text{〔\%〕} \quad \cdots\cdots (2.8)$$

抵抗の添え字で R_2 は一次側の巻線抵抗を二次側に換算したものだよ．また R_{12} はその反対を表わすよ．

2·1·4　損失

(1) 損失(無負荷損と負荷損)

変圧器の損失は二つあるよ．

変圧器の損失として無負荷損と負荷損があります．無負荷損を測定するには，二次側を開放(負荷を未接続とする)して，一次側に定格電圧を加えたときに生じる損失を**無負荷損**または**鉄損**といいます．この損失は鉄心内で発生するもので，ヒステリシス損と渦電流損に分けることができます．

電源周波数を一定で電源電圧を変化させると鉄損は電圧の 2 乗に比例します．損失は，最大磁束密度や波形率および材質などによって異なります．また，渦電流損は鉄心の厚みの2乗に比例するため積層鉄心で構成します．

鉄損 P_i には，

ヒステリシス損　$k_h \cdot f \cdot B_m{}^{1.6\sim2.0}$〔W〕 ……………………………(2.9)

渦電流損　$k_e \cdot (t \cdot f \cdot B_m)^2$〔W〕 ……………………………………(2.10)

k_h：材料によって決まる定数

k_e：材料によって決まる定数

t：鉄心の厚さ〔mm〕

負荷損は，変圧器に流れる負荷電流によって生じる抵抗損であり，この負荷損(または銅損)は，一次巻線と二次巻線の巻線抵抗によるもので負荷電流の2乗に比例します．

銅損 P_c は，

銅損　$P_c = I^2 \cdot (r_1' + r_2) = \left(\dfrac{P}{P_n}\right)^2 \times P_{cn}$〔W〕 ……………………(2.11)

P：任意の出力　　P_n：定格出力

P_{cn}：定格負荷時の銅損(負荷損)

まとめとして，損失の詳細を以下に示します．

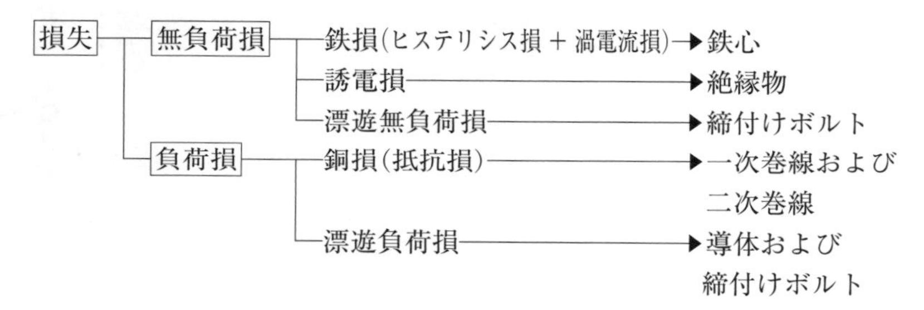

2·2 変圧器の並行運転

重要知識

出題項目 CHECK!

- □ 効率(全負荷効率および規約効率)の求め方
- □ 変圧器の極性と並行運転(結線も含む)の条件
- □ 変圧器の負荷分担の求め方
- □ 三相結線(Y−Y 結線·Δ−Δ 結線および V 結線)

2·2·1　効率

変圧器の効率には，入力と出力の測定値から求める効率と出力と全損失で表わす規約効率があり，変圧器では規約効率が用いられます．

規約効率

$$\eta=\frac{\text{出力}}{\text{出力}+\text{全損失}}\times 100=\frac{\text{入力}-\text{損失}}{\text{入力}}\times 100\,〔\%〕 \quad \cdots\cdots(2.12)$$

全負荷効率

$$\eta=\frac{V_{2n}\cdot I_{2n}\cdot\cos\theta}{V_{2n}\cdot I_{2n}\cdot\cos\theta+P_i+P_c}\times 100\,〔\%〕 \quad \cdots\cdots(2.13)$$

無負荷損 P_i と負荷損 P_c が等しいときに最大効率 η_m になります．

任意負荷時の効率 η

$$\eta=\frac{a\cdot P\cdot\cos\theta}{a\cdot P\cdot\cos\theta+P_i+a^2\cdot P_c}\times 100\,〔\%〕 \quad \cdots\cdots(2.14)$$

$$a=\frac{P(\text{任意出力})}{P_n(\text{定格出力})}$$

負荷損は a の 2 乗に比例し，無負荷損は負荷の変動に関係なく一定です．定格出力の $\frac{1}{2}$ 倍のとき，負荷損は定格負荷時の負荷損の $\frac{1}{4}$ 倍となります．

無負荷損と負荷損が等しいときに効率は最大 $\eta_{\max}$ となります．

銅損は負荷電流の 2 乗に比例するよ．また，鉄損は加える電圧の 2 乗に比例するよ．

2·2·2　変圧器の極性および並行運転および負荷分担

(1) 変圧器の極性

変圧器を並列に接続することで負荷容量を増加したり，単相変圧器を複数台(2 または 3 台)用いることで三相結線があります．このとき，変圧器の極性を考慮しないと重大な事故につながります．変圧器の極性は，一次および二次側の誘導起電力の相対的向きによって決まります．

図 2.6(a)のように，高圧側 U 側に正の電位を加えたとき，低圧側の u 側も正の電位を生じるものを減極性といいます．また，電位の向きが対角線になるものを加極性といいます(図(b))．なお，わが国の変圧器は減極性が標準です．

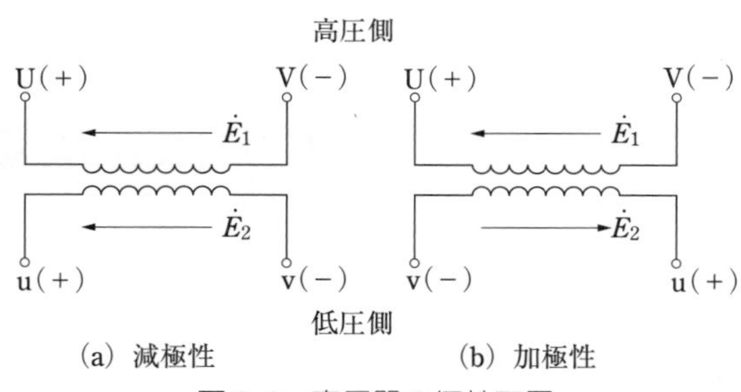

図 2.6　変圧器の極性配置

(2) 変圧器の並行運転

変圧器を並列に接続して運転する場合があります．これを変圧器の並行運転といい，変圧器に流れる電流が定格電流を超えないために，次のような条件が必要です．

①各変圧器の極性が一致していること．

②各変圧器の巻数比が一致すること．

③各変圧器の巻線抵抗と漏れリアクタンスの比 $\frac{r}{x}$ が等しいこと．

④変圧器の短絡インピーダンスが等しいこと．

もし，条件が一致しないときに変圧器の間に循環電流が流れるために，巻線が過熱し焼損するので注意が必要です．

負荷に大きな電力を供給する場合等に並行運転が用いられるよ．

(3) 負荷分担

並行運転の条件で，③および④が一致しないとそれぞれの変圧器に流れる電流に差が生じます．そのため変圧器の負荷分担の割合が異なり，変圧器の片方が過負荷運転になることがあります．

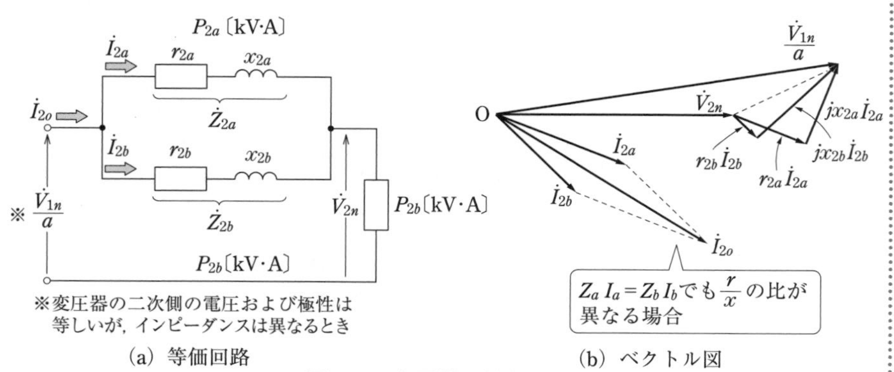

図 2.7　変圧器の並行運転

図 2.7(a)のインピーダンス $\dot{Z}_{2a}$ および $\dot{Z}_{2b}$ は並列接続なので，両インピーダンスの端子電圧 V_{2n} と，それぞれのインピーダンスの電圧降下は等しいことから，次式が成り立ちます．

$$\dot{I}_{2a}\cdot\dot{Z}_{2a}=\dot{I}_{2b}\cdot\dot{Z}_{2b}=\dot{I}_{2o}\cdot\frac{\dot{Z}_{2a}\cdot\dot{Z}_{2b}}{\dot{Z}_{2a}+\dot{Z}_{2b}} \quad\cdots\cdots(2.15)$$

$\dot{I}_{2a}$：変圧器 A の任意電流〔A〕,

$\dot{I}_{2b}$：変圧器 B の任意電流〔A〕,

$\dot{I}_{2o}$：負荷電流〔A〕

$\dot{Z}_{2a}$：変圧器 A のインピーダンス〔Ω〕,

$\dot{Z}_{2b}$：変圧器 B のインピーダンス〔Ω〕

負荷電流 $\dot{I}_{2o}$ は各変圧器の電流の和で求まります．ただし，変圧器の電流は定格電流を超えないものとします．

変圧器 A の電流 $\dot{I}_{2a}$ を求めたいときは，式(2.15)より

$$\dot{I}_{2a}=\dot{I}_{2o}\cdot\frac{\dot{Z}_{2b}}{\dot{Z}_{2a}+\dot{Z}_{2b}} \quad\cdots\cdots(2.16)$$

となります．変圧器 B についても同様に求められます．量記号の上部のドット(点)はベクトルを表し，計算する場合はスカラに変換します．なお，求め方は三平方の定理を用います．

次に，負荷容量と変圧器の容量の関係で考えるには，式(2.15)の両辺に変圧器の端子電圧 V_{2n} を掛けます．

$$P_{2a}\cdot Z_{2a}=P_{2b}\cdot Z_{2b}=P_{2o}\cdot\frac{Z_{2a}\cdot Z_{2b}}{Z_{2a}+Z_{2b}} \quad\cdots\cdots(2.17)$$

P_{2a}：変圧器 A の負荷分担容量〔V·A または kV·A〕

$P_{2a}=V_{2n}\cdot I_{2a}$

P_{2b}：変圧器 B の負荷分担容量〔V·A または kV·A〕

$P_{2b}=V_{2n}\cdot I_{2b}$

P_{2o}：負荷容量〔V·A または kV·A〕

$P_{2o}=V_{2n}\cdot I_{2o}$

※各変圧器の定格容量を超えないこと．

さらに，負荷容量と％インピーダンスの関係で考えると，

$$\%Z_{2a}=\frac{I_{2a}\cdot Z_{2a}}{V_{2n}}\times 100\,〔\%〕$$

となり，さらに次式のように変形して，

$$Z_{2a}=\frac{\%Z_{2a}\cdot V_{2n}}{100\cdot I_{2a}}$$

式(2.17)に代入すると，

$$I_{2a}\cdot\frac{\%Z_{2a}\cdot V_{2n}}{100\cdot I_{2a}}=I_{2b}\cdot\frac{\%Z_{2b}\cdot V_{2n}}{100\cdot I_{2b}}=I_{2o}\cdot\frac{1}{\dfrac{1}{Z_{2a}}+\dfrac{1}{Z_{2b}}}$$

$$=I_{2a}\cdot\frac{1}{\dfrac{100\cdot(I_{2a}+I_{2b})\cdot(\%Z_{2a}+\%Z_{2b})}{\%Z_{2a}\cdot\%Z_{2b}\cdot V_{2n}}}=I_{2a}\cdot\frac{\%Z_{2a}\cdot\%Z_{2b}\cdot V_{2n}}{100\cdot I_{2a}\cdot(\%Z_{2a}+\%Z_{2b})}$$

となり，次式となります．

$$\%Z_{2a}\cdot P_{2a}=\%Z_{2b}\cdot P_{2b}=\frac{\%Z_{2a}\cdot\%Z_{2b}}{\%Z_{2a}+\%Z_{2b}}\cdot P_{2o} \quad\cdots\cdots(2.18)$$

変圧器 A の負荷分担容量 P_{2a} を求めるには，式(2.18)より，次式となる．

$$P_{2a}=\frac{\%Z_{2b}}{\%Z_{2a}+\%Z_{2b}}\cdot P_{2o}$$

P_A，P_B：変圧器の定格容量〔kV·A〕

$$P_A=\frac{\%Z_{2b}}{\%Z_{2a}+\%Z_{2b}}\cdot P_{2o}\text{〔kVA〕} \quad \cdots\cdots(2.15)$$

P_B も同様

2·2·3　三相結線

(1) 三相結線(Y(スター)結線とΔ(デルタ)結線)

図2.8のように結線したものをY−Δ結線といいます．二次電圧 $\dot{E}_u$ は，一次側の電圧 $\dot{E}_U$ の $\frac{1}{a}$ 倍となります．図2.9のベクトル図より，一次側の電圧は，線間電圧 $\dot{V}_{UV}$ の $\frac{1}{\sqrt{3}}$ 倍だけ $\dot{E}_U$ は小さく，この電圧を相電圧 $\dot{E}_U$ といいます．一次側はY結線で，線間電圧と相電圧の関係は $\dot{V}_{UV}=\sqrt{3}\cdot\dot{E}_U$〔V〕で，線電流 I_U は相電流 $\dot{I}_U$ と等しいです．また相電圧 $\dot{E}_U$ より線間電圧 $\dot{E}_{uv}$ は $\frac{\pi}{6}$〔rad〕進み，相電流 $\dot{I}_U$ は同相です．なお，相電流はここでは省略してあります．

Δはギリシャ文字でデルタというよ．

三相結線方法はY結線，Δ結線およびV結線があるよ．

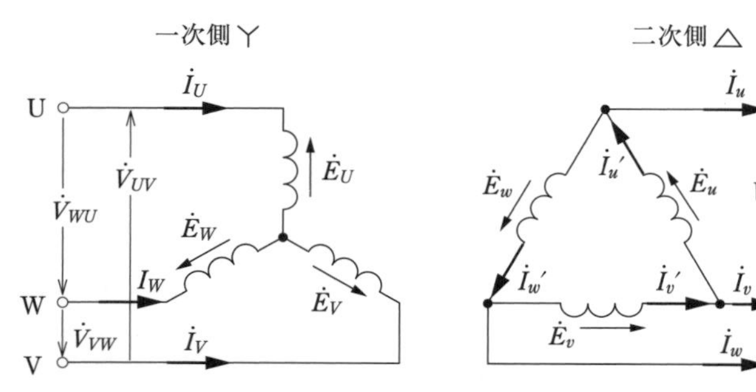

図2.8　Y−Δ結線

同相は相電圧の線間電圧のずれをいうよ．また電流も同様だよ．
ベクトルの合成を考えると分かるよ．

次に，二次側の電圧は，Δ結線より相電圧 $\dot{E}_u$ と線間電圧 $\dot{V}_{uv}$ は等しく，線電流 $\dot{I}_u$ の $\frac{1}{\sqrt{3}}$ 倍だけ相電流 $\dot{I}_{uv}$ は小さく，電流の関係は $I_u=\sqrt{3}I_{uv}$〔A〕となります．二次側の相電圧 $\dot{E}_u$ と線間電圧 $\dot{V}_{uv}$ は同相で，さらに一次側の $\dot{E}_U$ も同相です．一方，相電流 $\dot{I}_u$ は線電流 $\dot{I}_{uv}$ より $\frac{\pi}{6}$〔rad〕進みます．一次側の線電流 $\dot{I}_{UV}$ と二次側の線電流 $\dot{I}_{uv}$ には $\frac{\pi}{6}$〔rad〕の位相差ができ，この位相差を角変位といいます．

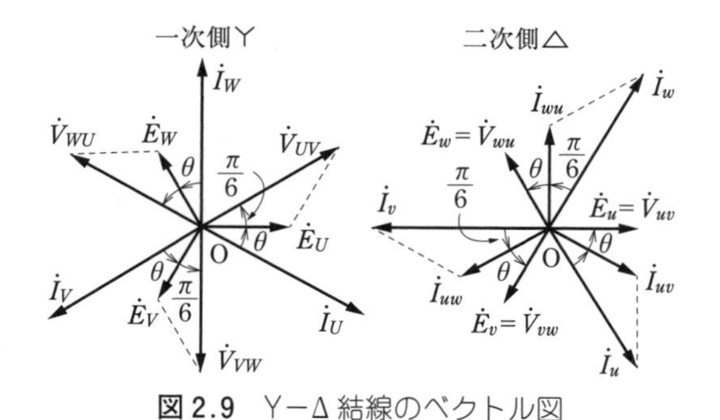

図2.9　Y−Δ結線のベクトル図

(2) 三相結線の組合せ

(a) Y－Y 結線

変圧器の一次側と二次側とも Y 結線にしたものを Y－Y 結線といいます．この場合，線間電圧の位相は相電圧よりも $\frac{\pi}{6}$〔rad〕進み，電圧の大きさは相電圧の $\sqrt{3}$ 倍となります．また，流れる線電流と相電流は等しいです．

この結線の特徴は，

・各巻線にかかる電圧(相電圧)が線間電圧より $\frac{1}{\sqrt{3}}$ 倍だけ下がるので，絶縁が容易となります．

・中性点(中性点と対地間が同電位である)があることから接地が可能となります．

一方，

・励磁電流に第三高調波を含むことで誘導起電力(二次側)の波形が歪みます．

・中性点を接地すれば，第三高調波の電流が流れることで誘導障害が発生します．

この結線方法は一般的に用いられませんが，用いるときは三次巻線(Y－Y－Δ 結線)を設けます．なお，ベクトル図は省略します．

(b) Δ－Δ 結線

変圧器の一次側と二次側とも Δ 結線にしたものを Δ－Δ 結線といいます．この場合，線電流の位相は相電流よりも $\frac{\pi}{6}$〔rad〕遅れ，線電流の大きさは相電流の $\sqrt{3}$ 倍となる．また，線間電圧と相電圧は等しいです．

この結線の特徴は，

・3 台の単相変圧器のうち 1 台故障したとき，残り 2 台(V－V 結線)で運転が継続できます．

・結線内に第三高調波電流が流れるため，通信障害はおこりにくいです．

一方，

・中性点がないために，接地が難しいです．

・線間電圧と相電圧が等しいので，各相間の絶縁を十分に行う必要があります．

なお，図 2.10(b)は Δ－Δ 結線のベクトル図です．

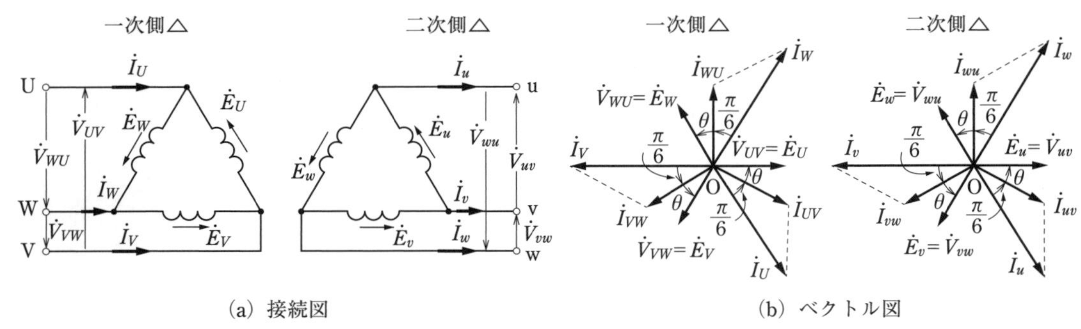

(a) 接続図　　(b) ベクトル図

図 2.10　Δ−Δ 結線

(c) Y−Δ 結線または Δ−Y 結線

変圧器の一次側を Y 結線にして，二次側を Δ 結線にしたものを Y−Δ 結線といいます．この場合，一次側の相電圧は線間電圧より $\frac{\pi}{6}$〔rad〕だけ遅れ，二次側の相電圧の位相は一次側と同じで，また二次側の線間電圧の位相も同相となります．

一次側の線間電圧と二次側の線間電圧には位相差が生じ，これを角変位といいます．一方，Y−Y 結線や Δ−Δ 結線では位相差ができません．また，変圧器の一次側を Δ 結線にして，二次側を Y 結線にしたものを Δ−Y 結線といい，この結線も角変位が生じます．なお，ベクトル図は図 2.9(b)を見てください．

(d) V−V 結線

図 2.11 に示すように，Δ−Δ 結線から 1 台取り除いた結線が V−V 結線です．一次線間電圧と相電圧の関係は，$\dot{V}_{UV}=\dot{V}_U$，$\dot{V}_{VW}=\dot{V}_V$，$\dot{V}_{WU}=-(\dot{V}_U+\dot{V}_V)$の関係が成立します．

二次側についても，$\dot{V}_{uv}=\dot{V}_u$，$\dot{V}_{vw}=\dot{V}_v$，$\dot{V}_{wu}=-(\dot{V}_u+\dot{V}_v)$ の関係が成立することで，対称三相電圧が得られます．それぞれの電圧および電流の関係は，ベクトル図を見てください．

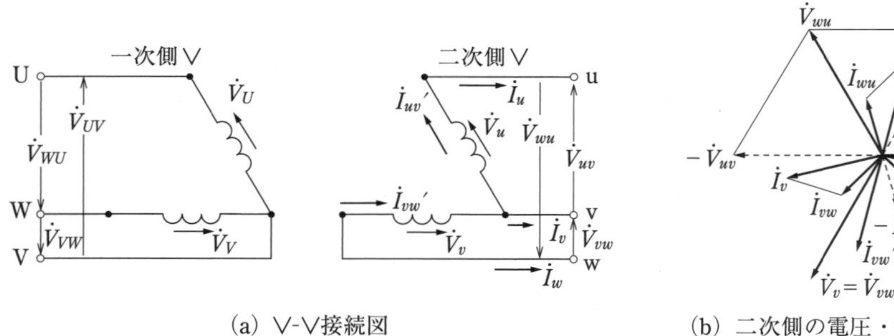

(a) V-V接続図　　(b) 二次側の電圧・電流ベクトル図

図 2.11　V−V 結線

(e) 変圧器の利用率

V－V 結線では，$\dot{I}_{uv}-\dot{I}_{wu}=\dot{I}_{uv}'$，$\dot{I}_{vw}-\dot{I}_{wu}=\dot{I}_{vw}'$ の電流が流れる．変圧器から取り出せる電流は定格電流までありますが，1 台の変圧器の定格容量 P_s とすると，この結線で供給できる出力 P は次式となります．

$$P=\sqrt{3}\cdot P_s\,〔\mathrm{W}〕$$

変圧器に接続できる容量 P_s〔W〕に対して，負荷容量(設備容量)P〔W〕の関係を表す比が利用率です．

$$\text{利用率}=\frac{\text{負荷容量}}{\text{変圧器の全定格容量}}\times 100=\frac{P}{2P_s}\times 100=0.866\times 100\fallingdotseq 86.6\,〔\%〕\quad\cdots\cdots(2.16)$$

2·3 単巻変圧器の原理等

重要知識

出題項目 CHECK!

- □ 直巻巻線と分路巻線
- □ 自己容量の求め方
- □ 計器用変成器(計器用変圧器，変流器)

2·3·1 単巻変圧器

単巻変圧器は巻線が一組しかないんだよ.

図2.12に示すのは単巻変圧器で，一次巻線と二次巻線の一部を共通回路にしたものです．巻線の共通部分 a−b 間を分路巻線，負荷と直列につながる巻線 b−c 間を直列巻線といいます．一次巻線および二次巻線の端子電圧を V_1〔V〕，V_2〔V〕，分路巻線の巻数 N_1 と二次側の全巻数 N_2 とすると，巻数比 a と電圧比 $\frac{V_1}{V_2}$ の関係は，

$$a=\frac{N_1}{N_2}=\frac{V_1}{V_2} \quad \cdots\cdots(2.17)$$

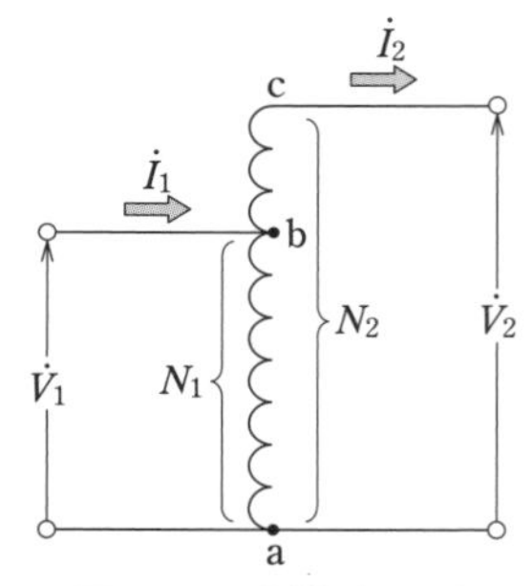

図2.12　単巻変圧器

二次巻線に負荷を接続し，負荷に流れる電流 I_2〔A〕，一次電流 I_1〔A〕としたとき，$V_1\cdot(I_1-I_2)=(V_2-V_1)\cdot I_2$ が成立することから，巻数比 a と電流比 $\frac{I_1}{I_2}$ の関係は以下となります.

$$\frac{V_1}{V_2}=\frac{I_2}{I_1}=\frac{1}{\frac{I_1}{I_2}}=\frac{1}{a} \quad \cdots\cdots(2.18)$$

また，単巻変圧器の容量は，自己容量 P_s〔V·A〕で表します.

$P_s=$ 二次電流 I_2・直列巻線の誘導起電力 E_2

　$=$ 一次電圧 V_1・分路巻線に流れる電流(I_1-I_2)〔V·A〕 $\cdots\cdots(2.19)$

2·3·2 計器用変成器

計器用変圧器は電圧等を適切な値に変換するよ.

(1) 計器用変圧器(VT)

図2.13(a)のように，一次側に被測定電圧(たとえば高圧電圧 6 600 V) V_1〔V〕を加え，二次電圧 V_2〔V〕を電圧計などで測定します．なお，二次電圧は 110 V が標準です.

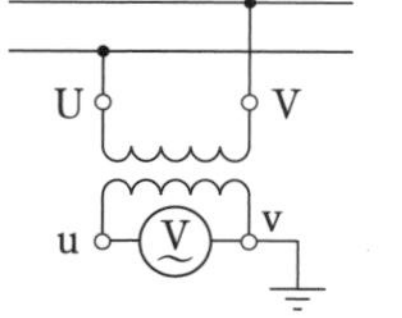

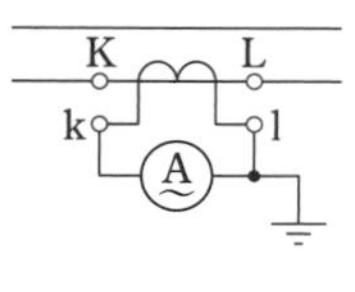

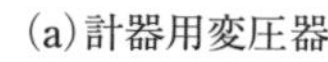

(a)計器用変圧器　　(b)変流器

図2.13　計器用変成器

(2) 変流器(CT)

図2.13(b)のように，変流器の一次側の巻線は測定回路に直列に接続し，二

次側の巻線は電流計などに接続します．変流器の二次電流は1〔A〕または5〔A〕が標準です．

変流器を使用した状態で，二次側を開放すると一次電流のすべてが励磁電流になるため鉄心は飽和し，二次側に高電圧が誘導され計器などの絶縁が破壊されるので取扱いに注意が必要です．通電中に計器を取り替えるときは，必ず二次側を短絡(ショート)してから取り外します．

試験の直前 ● CHECK!

- □ **効率の求め方>>**
- □ **変圧器の極性と並行運転の条件>>**
- □ **変圧器の負荷分担の求め方>>**
- □ **三相結線>>**

国家試験問題

問題 1

単相変圧器の一次側に電流計，電圧計及び電力計を接続して，二次側を短縮し，一次側に定格周波数の電圧を供給し，電流計が40〔A〕を示すよう一次側の電圧を調整したところ，電圧計は80〔V〕，電力計は1 200〔W〕を示した．この変圧器の一次側からみた漏れリアクタンス〔Ω〕の値として，最も近いのは次のうちどれか．

ただし，電流計，電圧計及び電力計は理想的な計器であるものとする．

(1) 1.28　　(2) 1.85　　(3) 2.00　　(4) 2.36　　(5) 2.57

《基本問題》

解 説

等価回路は簡易等価回路とし，次のとおりです．なお，励磁回路は非常に小さいと考え，ここでは考えません．

また，二次側の巻線抵抗 r_2' と漏れリアクタンス x_2' は，一次側に換算したものです．

単相変圧器の簡易等価回路

$I_s=40$〔A〕n　x_1　$r_2'=ar_1'$　$x_2'=ar_2$

一次側　二次側

$V_s=80$〔V〕　負荷側

電源側

短絡試験から短絡インピーダンスを求めるよ．また，消費電力から二次側の端子電圧が求めるよ．求めた値から巻数比が計算できるよ．

回路全体のインピーダンス $\dot{Z}_s$〔Ω〕を求めると，$\dot{Z}_s=\dfrac{\dot{V}_s}{\dot{I}_s}=\dfrac{80}{40}=2.0$〔Ω〕

次に，電力 P_c〔W〕から抵抗 r_1+r_2' を求めると，

$$P_c=I_s^2\cdot(r_1+r_2')=1\,200〔W〕$$

$$r_1+r_2'=\frac{P_c}{I_s^2}\cdot=\frac{1\,200}{40^2}=0.75〔Ω〕$$

$$漏れリアクタンス\ x_1+x_2'=\sqrt{Z_s^2-(r_1+r_2')}=\sqrt{2.0^2-0.75^2}$$

$=1.854 \fallingdotseq 1.85$〔Ω〕

問題2 

定格容量 20〔kV･A〕，定格一次電圧 6 600〔V〕，定格二次電圧 220〔V〕の単相変圧器がある．この変圧器の一次側に定格電圧の電源を接続し，二次側に力率が 0.8，インピーダンスが 2.5〔Ω〕である負荷を接続して運転しているときの一次巻線に流れる電流を I_1〔A〕とする．定格運転時の一次巻線に流れる電流を I_{1r}〔A〕とするとき，$\dfrac{I_1}{I_{1r}}\times 100$〔%〕の値として，最も近いのは次のちどれか．

ただし，一次･二次巻線の銅損，鉄心の鉄損，励磁電流及びインピーダンス降下は無視できるものとする．

(1) 89　　(2) 91　　(3) 93　　(4) 95　　(5) 97

《基本問題》

解説

変圧器の一次側の電流は，　$I_{1r}=\dfrac{P}{V_{1n}}=\dfrac{20\times 10^3}{6\,600}=3.030$〔A〕

変圧器に 2.5〔Ω〕の抵抗を接続したときの二次電流 I_2 は，ただし，変圧器の巻線抵抗および漏れリアクタンスはないものとします．

$$I_2=\frac{V_{2n}}{R}=\frac{220}{2.5}=88\text{〔A〕}$$

I_2 を一次側 I_1 に換算します．

巻数比　$a=\dfrac{6\,600}{220}=30$

電流比は $\dfrac{I_2}{I_1}$，巻数は $a=\dfrac{I_2}{I_1}$，一次電流は $I_1=\dfrac{I_2}{a}=\dfrac{88}{30}=2.9333$〔A〕なので，

$$\frac{I_1}{I_{1r}}\times 100=\frac{2.933}{3.030}\times 100=96.80\fallingdotseq 97\text{〔%〕}$$

定格負荷に対して任意の負荷時の電流比から計算できるよ．

問題3

次の文章は，変圧器の損失と効率に関する記述である．

電圧一定で出力を変化させても，出力一定で電圧を変化させても，変圧器の効率の最大は鉄損と銅損が等しいときに生じる．ただし，変圧器の損失は鉄損と銅損だけとし，負荷の力率は一定とする．

(a) 出力 1 000〔W〕で運転している単相変圧器において鉄損が 40.0〔W〕，銅損が 40.0〔W〕発生している場合，変圧器の効率は［ア］〔%〕である．

(b) 出力電圧一定で出力を 500〔W〕に下げた場合の鉄損は 40.0〔W〕，銅損は［イ］〔W〕，効率は［ウ］〔%〕である．

(c) 出力電圧が 20〔%〕低下した状態で，出力 1 000〔W〕の運転をしたとすると鉄損は 25.6〔W〕，銅損は［エ］〔W〕，効率は［オ］〔%〕となる．ただし，鉄損は電圧の 2 乗に比例するものとする．

上記の記述中の空白箇所(ア)，(イ)，(ウ)，(エ)及び(オ)に当てはまる最も近い数値の組合せを，次の(1)～(5)のうちから一つ選べ．

	(ア)	(イ)	(ウ)	(エ)	(オ)
(1)	94	20.0	89	61.5	91
(2)	93	10.0	91	62.5	92
(3)	94	20.0	89	63.5	91
(4)	93	10.0	91	50.0	93
(5)	92	20.0	89	61.5	91

《H23-7》

解 説

(a) (ア)は，効率 η〔%〕を求めると(ただし，負荷の割合 a は1)，

$$\eta=\frac{a\cdot P}{a\cdot P+P_i+a^2\cdot P_c}=\frac{1\,000}{(1\,000+40+40)}\cdot 100=92.59\fallingdotseq 93\,〔\%〕$$

(b) (イ)と(ウ)は，銅損は電流の2乗に比例することから，出力を500 Wに変えると，定格負荷に比べて $\frac{500}{1\,000}=\frac{1}{2}$ 倍で，このときの銅損は，

$\left(\frac{1}{2}\right)^2\cdot 40=10$〔W〕は(イ)で，効率は90.91≒91〔%〕は(ウ)となります．

(c) (エ)と(オ)は，定格電圧より20%減少したときの出力は一定から，このときの負荷電流は，定格電流の25%増加です．

$$I'=\frac{P}{0.8\cdot V}=1.25\,I \text{ 倍}$$

このときの銅損 $P_c{}'$ を計算し，鉄損 $P_o{}'$ も計算すると，

$$P_o{}'=\left(\frac{0.8V_n}{V_n}\right)^2 P_a=0.64\times 40=25.6\,〔\mathrm{W}〕$$

$P_c{}'=1.25^2\cdot 40=62.5$〔W〕は(エ)で，効率は $\eta=91.90\fallingdotseq 92$〔%〕となり，(オ)です．

鉄損と銅損が等しいことから効率は計算できるよ．

出力は電流に比例するよ．鉄損は電圧が一定であれば変化しないよ．一方，銅損は負荷電流の2乗に比例するから効率が計算できるよ．

問題 4

次の文章は，単相変圧器の簡易等価回路に関する記述である．

変圧器の電気的な特性を考える場合，等価回路を利用すると都合がよい．また，等価回路は負荷も含めた電気回路として考えると便利であり，特に二次側の諸量を一次側に置き換え，一次側の回路はそのままとした「一次側に換算した簡易等価回路」は広く利用されている．

一次巻線の巻数を N_1，二次巻線の巻数を N_2 とすると，巻数比 a は $a=\frac{N_1}{N_2}$ で表され，この a を使用すると二次側諸量の一次側への換算は以下のように表される．

$\dot{V}_2{}'$：二次電圧 $\dot{V}_2$ を一次側に換算したもの　$\dot{V}_2{}'=$ ［ア］ $\cdot\dot{V}_2$

$\dot{I}_2{}'$：二次電流 $\dot{I}_2$ を一次側に換算したもの　$\dot{I}_2{}'=$ ［イ］ $\cdot\dot{I}_2$

$r_2{}'$：二次抵抗 r_2 を一次側に換算したもの　$r_2{}'=$ ［ウ］ $\cdot r_2$

$x_2{}'$：二次漏れリアクタンス x_2 を一次側に換算したもの　$x_2{}'=$ ［エ］ $\cdot x_2$

$\dot{Z}_L{}'$：負荷インピーダンス Z_L を一次側に換算したもの　$\dot{Z}_L{}'=$ ［オ］ $\cdot\dot{Z}_L$

(p.41～43の解答) 問題1→(2) 問題2→(5) 問題3→(2)

ただし，′(ダッシュ)の付いた記号は，二次側諸量を一次側に換算したものとし，′(ダッシュ)のない記号は二次側諸量とする．

上記の記述中の空白箇所(ア)，(イ)，(ウ)，(エ)及び(オ)に当てはまる組合せとして，正しいものを次の(1)〜(5)のうちから一つ選べ．

	(ア)	(イ)	(ウ)	(エ)	(オ)
(1)	a	$\frac{1}{a}$	a^2	a^2	a^2
(2)	$\frac{1}{a}$	a	a^2	a^2	a
(3)	a	$\frac{1}{a}$	$\frac{1}{a^2}$	$\frac{1}{a^2}$	$\frac{1}{a^2}$
(4)	$\frac{1}{a}$	a	$\frac{1}{a^2}$	$\frac{1}{a^2}$	a^2
(5)	$\frac{1}{a}$	a	$\frac{1}{a^2}$	$\frac{1}{a^2}$	$\frac{1}{a^2}$

《H26-7》

解説

巻数比 a は電圧比と等しく，変流比(電流比)は巻数の逆数に等しいことから，

$$a=\frac{N_1}{N_2}=\frac{V_1}{V_2} \qquad \frac{1}{a}=\frac{I_1}{I_2}$$

一次側に換算した電圧$(V_1=)V_2'=a\cdot V_2$　から，(ア)は a 倍となります．

一次側に換算した電流$(I_1=)I_2'=\frac{I_2}{a}$　から，(イ)は$\frac{1}{a}$倍となります．

一次側に換算した負荷インピーダンス

$$Z_L'=\frac{V_2'}{I_2'}=a\cdot\frac{V_2}{I_2/a}=a^2\cdot\frac{V_2}{I_2}=a^2\cdot Z_L\ [\Omega]$$ から，(オ)は a^2 倍となります．

一次側に換算した巻線抵抗　$r_2'=a^2\cdot r_2\ [\Omega]$ から，(ウ)は a^2 倍となります．

一次側に換算した漏れリアクタンス　$x_2'=a^2\cdot x_2\ [\Omega]$ から，

(エ)は a^2 倍となります．

二次側の負荷等を一次側に換算するときは巻線比の2乗倍大きくなるよ．

問題5

単相変圧器があり，二次側を開放して電流を流さない場合の二次電圧の大きさを100〔%〕とします．二次側にリアクタンスを接続して力率0の電流を流した場合，二次電圧は5〔%〕下がって95〔%〕であった．二次側に抵抗を接続して，前述と同じ大きさの力率1の電流を流した場合，二次電圧は2〔%〕下がって98〔%〕であった．一次巻線抵抗と一次換算した二次巻線抵抗との和は10〔Ω〕であった．鉄損及び励磁電流は小さく，無視できるものとする．ベクトル図を用いた電圧変動率の計算によく用いられる近似計算を利用して，一次漏れリアクタンスと一次換算した二次漏れリアクタンスとの和〔Ω〕の値を求めた．その値として，最も近いものを次の(1)〜(5)のうちから一つ選べ．

(1) 5　(2) 10　(3) 15　(4) 20　(5) 25

《H24-7》

解説

題意より，電圧変動率の近似式は，

$\varepsilon = p\cos\phi + q\sin\phi$〔%〕で表されます．

上式の力率 $\cos\phi = 1$，$(\sin\phi = 0)$ のとき，$p = 2$〔%〕

無効率　$\sin\phi = 1$，$(\cos\phi = 0)$ のとき，$q = 5$〔%〕

I_{2n}〔A〕：2 次電流，V_{2n}〔V〕：2 次電圧，r_{2n}〔Ω〕：巻線抵抗

x_{2n}〔Ω〕：漏れリアクタンス

百分率抵抗降下　$p = \dfrac{I_{2n}\cdot r_{21}}{V_{2n}}\cdot 100$〔%〕　…①

百分率リアクタンス降下　$q = \dfrac{I_{2n}\cdot x_{21}}{V_{2n}}\cdot 100$〔%〕　…②　から

①と②の比をとると，

$$\frac{q}{p} = \frac{x_{21}}{r_{21}} \qquad x_{21} = \frac{q}{p}\cdot r_{21} = \frac{5}{2}\cdot 10 = 25\text{〔Ω〕}$$

力率 $(\cos\phi)$ と無効率 $(\sin\phi)$ から百分率抵抗降下および百分率リアクタンス降下が求まるよ．$\dfrac{q}{p}$ と $\dfrac{x}{r}$ の比は等しいことから x は計算できるよ．

問題 6

次の定数をもつ定格一次電圧 2 000〔V〕，定格二次電圧 100〔V〕，定格二次電流 1 000〔A〕の単相変圧器について，(a)及び(b)の問に答えよ．

ただし，励磁アドミタンスは無視するものとする．

一次巻線抵抗 $r_1 = 0.2$〔Ω〕，一次漏れリアクタンス $x_1 = 0.6$〔Ω〕

二次巻線抵抗 $r_2 = 0.0005$〔Ω〕，二次漏れリアクタンス $x_2 = 0.0015$〔Ω〕

(a) この変圧器の百分率インピーダンス降下〔%〕の値として，最も近いものを次の(1)～(5)のうちから一つ選べ．

(1) 2.00　　(2) 3.16　　(3) 4.00　　(4) 33.2　　(5) 664

(b) この変圧器の二次側に力率 0.8(遅れ)の定格負荷を接続して運転しているときの電圧変動率〔%〕の値として，最も近いものを次の(1)～(5)のうちから一つ選べ．

(1) 2.60　　(2) 3.00　　(3) 27.3　　(4) 31.5　　(5) 521

《H23-15》

解説

(a) 変圧器の一次側を二次側に換算するために，

巻数比　$a = \dfrac{V_1}{V_2} = \dfrac{2\,000}{100} = 20$

一次側の巻線抵抗 r_1 を二次側に換算すると，

$$r_{12}' = \frac{r_1}{a^2} = \frac{0.2}{20^2} = 0.0005\text{〔Ω〕}$$

同様に，一次側の漏れリアクタンスも換算すると，

二次側に換算　$x_{12}' = \dfrac{x_1}{a^2} = \dfrac{0.6}{20^2} = 0.0015$〔Ω〕

インピーダンス降下に対する定格電圧の比で求まるよ．

（p.43～45 の解答）　問題 4 →(1)　問題 5 →(5)

変圧器のインピーダンス Z_T は,

$$Z_T=\sqrt{(0.0005+0.0005)^2+(0.0015+0.0015)^2}=3.162\times10^{-3}\,[\Omega]$$

$$\%\,Z_T=\frac{I_n\cdot Z_T}{V_n}\cdot100=1\,000\cdot\frac{3.162\times10^{-3}}{100}\cdot100$$

$$=3.162\fallingdotseq3.16\,[\%]$$

(b) 電圧変動率 ε を求めるには,

公式 $\varepsilon=p\cos\theta+q\sin\theta\,[\%]$

百分率抵抗降下 p は,

$$p=I_n\cdot\frac{r_{12}+r_2}{V_n}\cdot100=1\,000\cdot\frac{(0.0005+0.0005)}{100}\cdot100$$

$$=1.00\,[\%]$$

百分率リアクタント降下 q は,

$$q=I_n\cdot\frac{x_{12}+x_2}{V_n}\cdot100$$

$$=1\,000\cdot\frac{0.0015+0.0015}{100}\cdot100=3.00\,[\%]$$

公式に代入すると

$$\varepsilon=1.00\cdot0.8+3.00\cdot\sqrt{1-0.8^2}=0.8+1.8=2.60\,[\%]$$

電圧変動率は簡易式で計算できるよ.

問題 7

変圧器の極性とは，その端子に現れる誘導起電力の相対的方向を表したものである．単相変圧器において，一次端子記号をU及びV，二次端子記号をu及びvとすれば，Uとuが外箱の同じ側にある変圧器は［ア］，対角線上にある変圧器は［イ］である．

2台の変圧器を並列に接続して運転する場合，これらの変圧器の一次巻線および二次巻線について，それぞれの極性が同一となるように接続しなければならない．もし，いずれかの巻線で誤って逆の接続をすると，2台の変圧器の二次電圧の起電力が二次巻線によって形成される［ウ］で同方向・直列に接続されることになる．この場合，巻線のインピーダンスは小さいので，非常に大きな［エ］電流が流れて巻線が焼損する．

上記の記述中の空白箇所(ア)，(イ)，(ウ)及び(エ)に記入する語句として，正しいものを組み合わせたのは次のうちどれか．

	(ア)	(イ)	(ウ)	(エ)
(1)	減極性	加極性	閉回路	循環
(2)	減極性	加極性	並列回路	負荷
(3)	加極性	減極性	閉回路	循環
(4)	加極性	減極性	並列回路	循環
(5)	加極性	減極性	直列回路	負荷

《基本問題》

解説

変圧器の極性を記号(U，V)で表し，一次および二次巻線の大文字(一次側)

と小文字(二次側)で表現されています．また，同じ位置に記載したものは減極性で，対角線に記載したものは加極性となります．したがって，

(ア)は減極性で，(イ)は加極性です．

いずれかの巻線の極性が異なると，二次巻線側で閉回路を形成するため，(ウ)は閉回路となります．その結果，回路のインピーダンスが小さいため大きな循環電流が流れるので(エ)は循環となります．

並行運転するときの条件だよ．極性に注意が重要だよ．

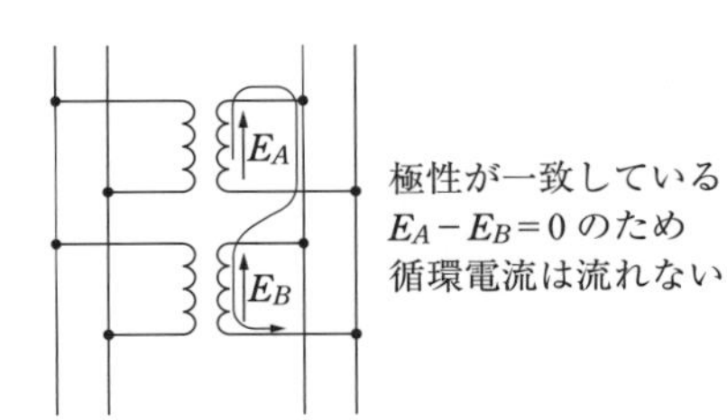

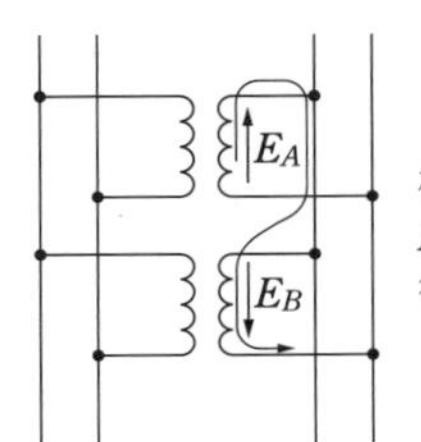

問題 8

同一仕様である3台の単相変圧器の一次側を星形結線，二次側を三角結線にして，三相変圧器として使用する．20〔Ω〕の抵抗器3個を星形に接続し，二次側に負荷として接続した．一次側を3 300〔V〕の三相高圧母線に接続したところ，二次側の負荷電流は12.7〔A〕であった．この単相変圧器の変圧比として，最も近いのは次のうちどれか．

ただし，変圧器の励磁電流，インピーダンスおよび損失は無視するものとする．

(1) 4.33　(2) 7.50　(3) 13.0　(4) 22.5　(5) 39.0

《H21-7》

解説

変圧器の三相結線と巻数比から，次の式で求められます．二次側の E_2 の電圧は，Δ結線から相電圧と線間電圧が等しい．

三相結線では，線間電圧と相電圧の関係を知ることだよ．

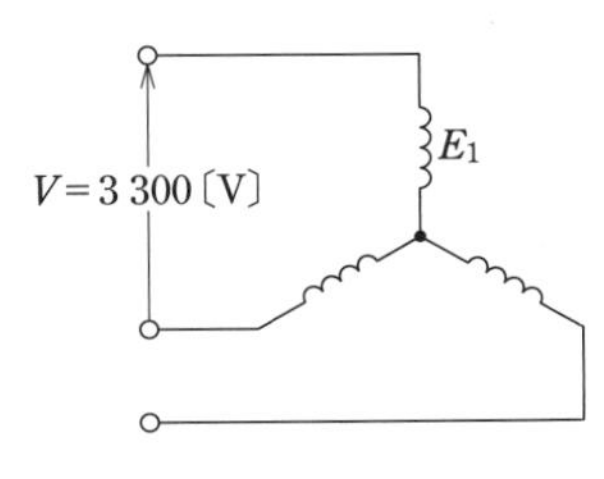

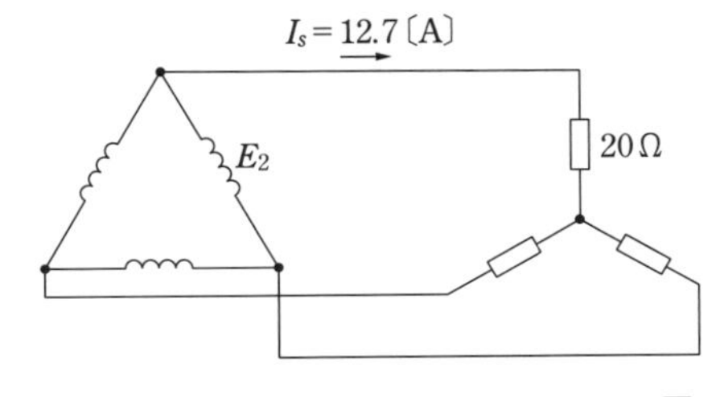

一方，電源電圧および負荷側の結線はY結線から線間電圧は相電圧の $\sqrt{3}$ 倍です．

$$巻数比\ a=\frac{E_1}{E_2}=\frac{\frac{V}{\sqrt{3}}}{\sqrt{3}\cdot I\cdot R}=\frac{E_1}{\sqrt{3}^2\cdot I\cdot R}=\frac{3\,300}{3\cdot 12.7\cdot 20}=4.33$$

(p.45～47の解答) 問題6→(a)－(2)，(b)－(1) 問題7→(1)

問題 9

変圧器の規約効率を計算する場合，巻線の抵抗値を 75〔℃〕の基準温度の値に補正する．

ある変圧器の巻線の温度と抵抗値を測ったら，20〔℃〕のとき 1.0〔Ω〕であった．この変圧器の 75〔℃〕における巻線抵抗値〔Ω〕として，最も近いものを次の(1)～(5)のうちから一つ選べ．

ただし，巻線は銅導体であるものとして，T〔℃〕と t〔℃〕の抵抗値の比は，

$(235+T):(235+t)$

である．

(1) 0.27　　(2) 0.82　　(3) 1.22　　(4) 3.75　　(5) 55.0

《H28-8》

解説

変圧器の巻線抵抗値の温度補正に関するもので，抵抗値は温度に比例することから次式が成立します．なお，補正値は絶対温度で計算します．

$$\frac{R_{75}}{R_{20}}=\frac{235+T}{235+t}$$

$$R_{75}=\frac{(235+T)\cdot R_{20}}{235+t}=\frac{235+75}{235+20}\cdot 1.0=1.216 \fallingdotseq 1.22〔\Omega〕$$

実負荷を接続したときの効率で，巻線の周囲温度が上昇すると抵抗は増えるよ．その抵抗値を求めるには補正するよ．

問題 10

2台の単相変圧器があり，それぞれ，巻数比(一次巻数/二次巻数)が 30.1，30.0，二次側に換算した巻線抵抗および漏れリアクタンスからなるインピーダンスが$(0.013+j0.022)$〔Ω〕，$(0.010+j0.020)$〔Ω〕である．この2台の変圧器を並列接続し二次側を無負荷として，一次側に 6 600〔V〕を加えた．この2台の変圧器の二次巻線間を循環して流れる電流の値〔A〕として，最も近いものを次の(1)～(5)のうちから一つ選べ．ただし，励磁回路のアドミタンスの影響は無視するものとする．

(1) 4.1　　(2) 11.2　　(3) 15.3　　(4) 30.6　　(5) 61.3

《R1-8》

解説

変圧器の並行運転の条件として，電圧比(巻数比)以外は一致していると考えます．二つの変圧器(電圧)の差を計算すると，

$$V_{21}-V_{22}=\frac{6\,600}{30.0}-\frac{6\,600}{30.1}=220-219.27 \fallingdotseq 0.73〔\mathrm{V}〕$$

題意より，負荷は無負荷で2台の変圧器のインピーダンス Z_0〔Ω〕だけ考えると，

$$\dot{Z}_0=\dot{Z}_{T1}+\dot{Z}_{T2}=(0.013+j0.022)+(0.010+j0.020)=0.023+j0.042〔\Omega〕$$

$\dot{Z}_0$ の絶対値は，$\left|\dot{Z}_0\right|=\sqrt{0.023^2+0.042^2}=0.0479$〔Ω〕

循環電流は，$I_Z=\dfrac{0.73}{0.0479}=15.24 \fallingdotseq 15.3$〔A〕

巻数比が異なることから二次側の端子間に電位差(電圧)が生じるよ．その電圧を回路全体のインピーダンスで割ると循環電流が求まるよ．

問題 11

各種変圧器に関する記述として，誤っているものを次の(1)～(5)のうちから一つ選べ．

(1) 単巻変圧器は，一次巻線と二次巻線とが一部分共通になっている．そのため，一次巻線と二次巻線との間が絶縁されていない．変圧器自身の自己容量は，負荷に供給する負荷容量に比べ小さい．

(2) 三巻線変圧器は，一つの変圧器に三組の巻線を設ける．これを3台用いて三相Y−Y結線を行う場合，一組目の巻線をY結線の一次，二組目の巻線をY結線の二次，三組目の巻線をΔ結線の第3調波回路とする．

(3) 磁気漏れ変圧器は，磁路の一部にギャップがある鉄心に，一次巻線及び二次巻線を巻く．負荷のインピーダンスが変化しても，変圧器内の漏れ磁束が変化することで，負荷電圧を一定に保つ作用がある．

(4) 計器用変成器には，変流器(CT)と計器用変圧器(VT)がある．これらを用いると，大電流又は高電圧の測定において，例えば最大目盛りが5 A，150 Vという通常の電流計又は電圧計を用いることができる．

(5) 変流器(CT)では，電流計が二次側の閉回路を構成し，そこに流れる電流が一次側に流れる被測定電流の起磁力を打ち消している．通電中に誤って二次側を開放すると，被測定電流が全て励磁電流となるので，鉄心の磁束密度が著しく大きくなり，焼損するおそれがある．

《H28-7》

解説

(1) 単巻変圧器の原理･構造で自己容量は直列巻線に流れる電流とその巻線の電圧(一次側と二次側の電圧の差)の積で表すことから負荷容量より自己容量の方が小さいから，正しいです．

(2) 三相結線の一つであるY−Y結線です．この結線では，励磁電流が磁気飽和の関係から第三調波の電流が外部に流れ出るので，三次巻線を施すことで流れないようにする必要があるから，正しいです．

(3) 磁気漏れ用変圧器(溶接機等)に用いられる原理･構造の説明で，鉄心に巻線を一次と二次巻線を施し，さらに漏れインダクタンスを大きくした変圧器です．負荷インピーダンスが変化すると，漏れ磁束も変化することで二次電圧が低下し，負荷電流の変動が抑制できることから，これが間違いとなります．

(4) 計器用変圧器(VT：二次側の電圧は110 V)と変流器(CT：二次側の電流は5 A)の測定法に関するもので，計器用変成器の二次側に電圧計(測定端子：150 V)や電流計(測定端子は5 A)を接続し，測定レンジの値が適切であるから，正しいです．

(5) 変流器(CT)の接続中(二次側には電流計が接続してある)に何かの原因

変圧器の特徴を考えると分かるよ.

(p.47～48の解答) 問題8→(1) 問題9→(3) 問題10→(3)

で二次側が開放すると，一次側の電流のすべてが励磁電流となり二次側に高電圧が誘導されることで巻線が焼損する可能性があるから，正しいです．

問題 12

次の文章は，単相単巻変圧器の記述に関する記述である．

巻線の一部が一次と二次との回路に共通になっている変圧器を単巻変圧器という．巻線の共通部分を［ア］，共通でない部分を［イ］という．

単巻変圧器では，［ア］の端子を一次側に接続し，［イ］の端子を二次側に接続して使用すると通常の変圧器と同じように動作する．単巻変圧器の［ウ］は，二次端子電圧と二次電流との積である．

単巻変圧器は，巻線の一部が共通であるため，漏れ磁束が［エ］，電圧変動率が［オ］．

上記の記述中の空白箇所(ア)，(イ)，(ウ)，(エ)及び(オ)に当てはまる組合せとして，正しいものを(1)～(5)のうちから一つ選べ．

	(ア)	(イ)	(ウ)	(エ)	(オ)
(1)	分路巻線	直列巻線	負荷容量	多　く	小さい
(2)	直列巻線	分路巻線	自己容量	少なく	小さい
(3)	分路巻線	直列巻線	定格容量	多　く	大きい
(4)	分路巻線	直列巻線	負荷容量	少なく	小さい
(5)	直列巻線	分路巻線	定格容量	多　く	大きい

《H25-8》

解説

単巻変圧器の原理･構造で，

(ア)は一次巻線と二次巻線の共通部分を分路巻線といいます．

(イ)は共通でない部分を直列巻線といいます．

変圧器の接続方法は分路巻線側に電源電圧を加え，直列巻線に負荷を接続します．また，変圧器の二次側の電圧に二次電流を掛けたもので，(ウ)は負荷容量です．

(エ)　単巻変圧器の特徴として，一次巻線と二次巻線が電気的につながっていることから漏れ磁束が少ないのが特徴です．

したがって，電圧変動率も小さいことから(オ)は小さくなります．

単巻変圧器の原理と構造を考えると分かるよ．

(p.49～50 の解答)　問題 11 →(3)　問題 12 →(4)

第3章　誘導機

3·1　誘導機の原理……………………………52
3·2　特殊かご形誘導電動機…………………69

3・1 誘導機の原理

重要知識

出題項目 CHECK!

- □ 原理・構造と同期速度および回転速度の求め方　$N=(1-S)N_S$, $N_S=\dfrac{120f}{P}$
- □ 滑りの求め方　$S=\dfrac{(N_S-N)}{N_S}\times 100$
- □ 等価回路(二次側)の描き方
- □ 速度制御法
- □ 始動法と逆転
- □ 制動法
- □ 比例推移　$\dfrac{r_2'}{s_1}=\dfrac{V_2'rP}{s_2}$ は一定

3・1・1 アラゴの円板(誘導電動機の原理)

図のように磁石を回転させると，円板(円筒)に誘導起電力が生じ，うず電流が流れます(フレミングの右手の法則)．この電流と回転磁界(磁束)との間に電磁力が働き(フレミングの左手の法則)，円板は磁石の移動方向と同じ方向に回転します．

直流機は磁界が固定されているに対して，誘導機は磁界が回転するよ．

回転子を回転させる力はいずれも電磁力だよ．

(1) 誘導電動機の構造

誘導電動機の磁界をつくる固定子(固定子鉄心と固定子巻線)と誘導電流を流してトルクに変える回転子(回転子鉄心と回転子導体)から構成されます．これ以外に，軸や軸受および回転部分を支えるブラケットや冷却ファンなどもあります．

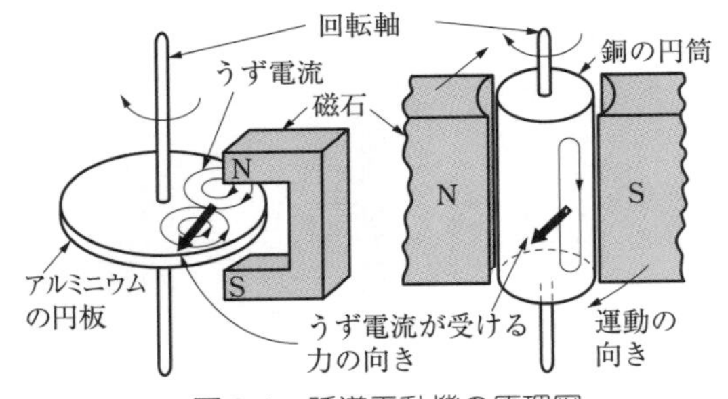

図 3.1　誘導電動機の原理図

固定子巻線は，3組のコイルを $\dfrac{2\cdot\pi}{3}$〔rad〕(120°)ずらして配置(これを電気角という)したものを三相誘導電動機といいます．それ以外に，2組のコイルを $\dfrac{\pi}{2}$〔rad〕(90°)ずらして配置した単相誘導電動機があります．

回転子の構造によって，かご形誘導電動機(導体としてアルミニウムなどの導体を円周上に配置して，その両端を短絡環で短絡する)と巻線形誘導電動機があります．なお，回転子にも3組のコイルを固定子と同じように配置し，巻線を外部に引き出すためにスリップリングとブラシがあります．

また，かご形誘導電動機は普通かご形と特殊かご形があります．普通かご形誘導電動機は始動特性がわるいことから始動特性をよくするために特殊かご形誘導電動機があります.

3·1·2 同期速度（回転磁界と滑り）

固定子巻線に3相交流の電流を流すと，図3.2のような回転磁界ができます．この磁界の回転方向は三相交流の相回転と同じ方向となります．磁極が2極のとき，回転速度は正弦波交流1周期で1回転し，磁極数が2倍に増えると，回転速度は1周期で$\frac{1}{2}$回転となります.

磁極数がP極のとき$\frac{2}{P}$回転することから，電源周波数がf〔Hz〕とすれば，回転磁界の速さ（回転速度）N_S〔min^{-1}〕は

$$N_S = \frac{2 \cdot f}{P}〔\mathrm{sec}^{-1}〕 = 120 \cdot \frac{f}{P}〔\mathrm{min}^{-1}〕 \quad \cdots\cdots (3.1)$$

磁界の回転する速さは周波数に比例し，磁極数に反比例するよ.

回転数は毎分で表わすよ.

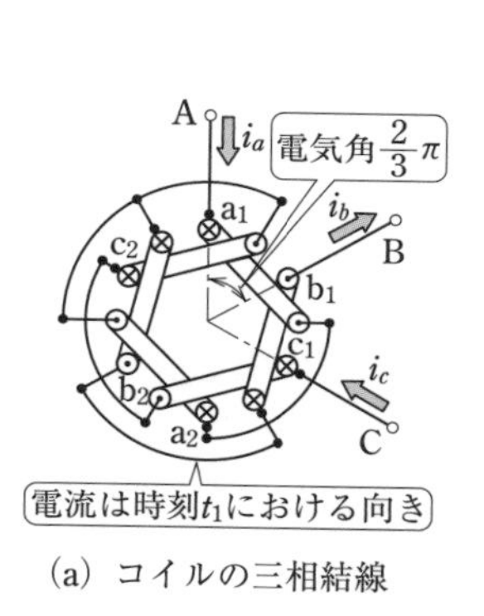

(a) コイルの三相結線

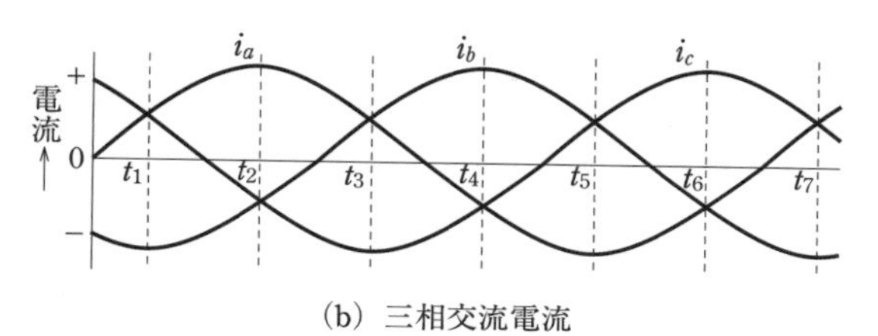

(b) 三相交流電流

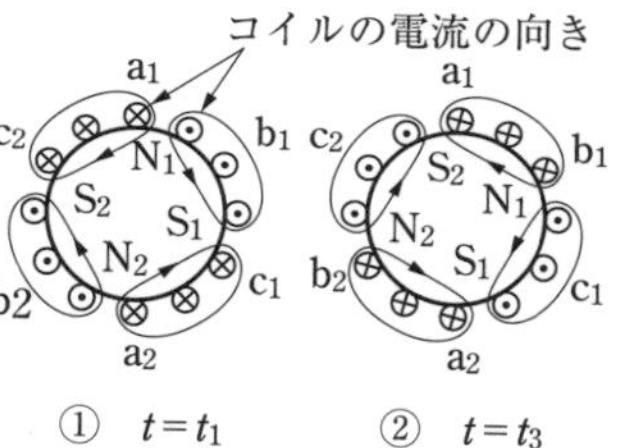

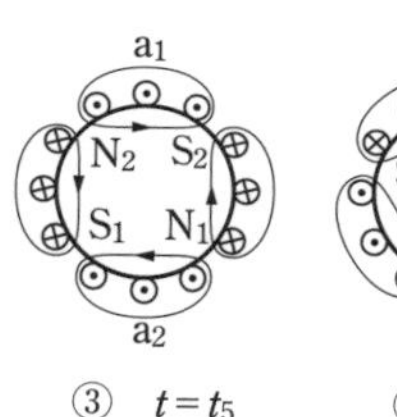

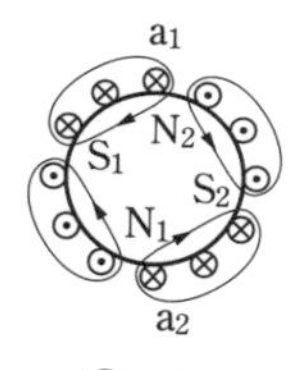

a_1 S_1 N_2 S_2 N_1 a_2

④ $t=t_7$

(c) 回転磁界

図3.2 回転磁界

誘導電動機の同期速度N_S〔min^{-1}〕と回転子の回転速度N〔min^{-1}〕との間には速度の差があり，これを滑りS〔%〕と呼び，次式で求めます.

$$S = \frac{N_S - N}{N_S} \times 100〔\%〕 \quad \cdots\cdots (3.2)$$

また，回転子の回転速度Nは，次式のようになります.

$$N = (1 - S) \cdot N_S〔\mathrm{min}^{-1}〕 \quad \cdots\cdots (3.3)$$

同期速度との差ができるのは，回転子のコイル（導体）が磁束を切ることで誘導起電力が発生し，電磁力によってトルクが発生します．したがって，誘導電動機は同期速度と同じ速度で回転できません.

導体磁束を切らないと，電流は流れないよ.

3·1·3 簡易等価回路

滑りSで運転中の誘導電動機の等価回路は図3.3で表されます．変圧器と

の大きな違いは，二次巻線に負荷が接続されずに(巻線形誘導電動機には外部抵抗が接続されています)，その巻線が短絡されています．さらに，二次巻線(回転子)は回転することで二次側回路に誘導される起電力も変化します．

そのとき，誘導される起電力の大きさ V_2 は，

$$V_2 = S \cdot V_{20}\,〔\mathrm{V}〕 \quad \cdots\cdots (3.4)$$

$$S \cdot x_2 = S \cdot \omega \cdot L_2 = 2 \cdot \pi \cdot S \cdot f \cdot L_2 = 2 \cdot \pi \cdot f_2 \cdot L_2\,〔\Omega〕 \quad \cdots\cdots (3.5)$$

V_{20} ：二次側の誘導起電力(無負荷時)

二次周波数 f_2 は，

$$f_2 = S \cdot f\,〔\mathrm{Hz}〕 \quad \cdots\cdots (3.6)$$

二次側に流れる電流 I_2 は，次のようになります(ただし，二次側の巻線抵抗以外は小さいので，ないものとします)．

$$I_2 = \frac{V_2}{Z_2} = S \cdot \frac{V_{20}}{\left(\sqrt{{r_2}^2 + (S \cdot x_2)^2}\right)} = \frac{V_2}{\left(\sqrt{(r_2/S)^2 + {x_2}^2}\right)}\,〔\mathrm{A}〕 \quad \cdots\cdots (3.7)$$

二次電流は滑りが変わる(始動時から運転時まで)と，二次電圧および漏れリアクタンスが変化します．これを等価回路で表すと(二次側を滑り S で割る)，図3.3のようになります．

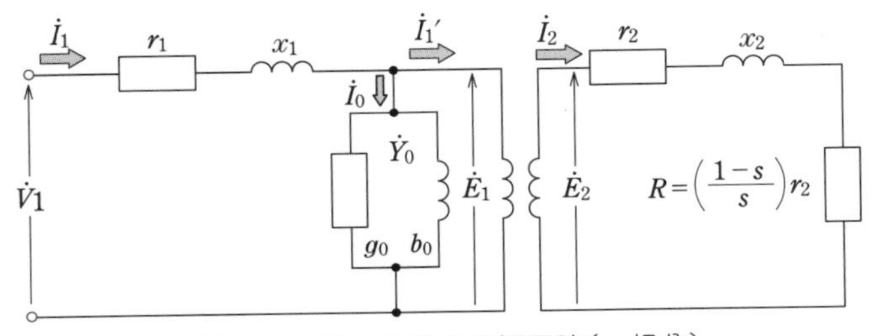

図 3.3　誘導電動機の等価回路(一相分)

二次側の巻線抵抗が滑りによって変化するよ．

回路の記号は位相が関係するので・印がついているよ．なお計算では大きさ(スカラ)だけ考えるよ．

二次巻線の抵抗 r_2 と機械的出力($P_o = {I_2}^2 \cdot R$〔W〕)の抵抗 R の和が $\frac{r_2}{S}$ です．

$$R = \frac{r_2}{S} - r_2 = \frac{1-S}{S} \cdot r_2\,〔\Omega〕 \quad \cdots\cdots (3.8)$$

R：等価負荷抵抗

二次側を一次側に換算した r_2'，x_2'，R' は，

$r_2' = a^2 r_2$，$x_2' = a^2 x_2$，$R' = a^2 R$

$\dot{I}_1$　$\dot{I}_1'$　$r_1 + r_2'$　$x_1 + x_2'$　$\dot{I}_0$　$\dot{Y}_0$　$\dot{V}_1$　$R' = \left(\frac{1-s}{s}\right) r_2'$　g_0　b_0

図 3.4　誘導電動機の簡易等価回路(一相分)

誘導電動機の等価回路は変圧器とほぼ同じように考えることができ，図3.3で表します．励磁回路に流れる電流 I_0 は負荷電流 $I_1{}'$ より小さいことから簡易等価回路に置き換えることができます(図3.4参照)．

一相分の諸量(二次側を一次側に換算する)は次のように表されます．

I_0： 励磁電流 $I_0=\sqrt{(g_0\cdot V_1)^2+(b_0\cdot V_1)^2}$〔A〕

$I_1{}'$： 負荷電流 $I_1{}'=\dfrac{V_1}{\sqrt{\left(r_1+\dfrac{r_2}{s}\right)^2+(x_1+x_2)^2}}$〔A〕

P_i： 鉄損 $P_i=V_1{}^2\cdot g_0$〔W〕 $(P_0\propto V_1{}^2)$

P_2： 二次入力 $P_2=P_{c2}+P_0=(I_1{}')^2\cdot\dfrac{r_2{}'}{S}=$〔W〕

$P_2=\omega_s\cdot T$〔W〕

$\omega_s=2\cdot N\cdot N_s$〔rad/s〕同期角度

P_{c1}： 一次銅損 $P_{c1}=(I_1{}')^2\cdot r_1$〔W〕

P_{c2}： 二次銅損 $P_{c2}=(I_1{}')^2\cdot r_2{}'=s\cdot P_2$〔W〕

$P_0{}'$： 出力 $P_0{}'=(I_1{}')^2\cdot\dfrac{1-S}{S}\cdot r_2{}'=(1-S)\cdot P_2$〔W〕

η： 効率 $\eta=\dfrac{P_0}{P_1}\cdot 100=\dfrac{P_0}{P_0+P_i+P_{c1}+P_{c2}+P_m}\cdot 100$〔%〕

※ P_m は機械損

3·1·4 トルクと二次入力

誘導電動機が N〔min^{-1}〕で回転しているとき，回転子の角速度 ω〔rad/s〕とトルク T〔N·m〕の間には次の関係があります．

機械的出力(動力) $P_0=\omega\cdot T=2\cdot\pi\cdot\left(\dfrac{N}{60}\right)\cdot T$〔W〕 ……………… (3.9)

トルク $T=60\cdot\dfrac{P_0}{\omega}=\dfrac{60}{2\cdot\pi\cdot N}\cdot P_0$〔N·m〕 ……………………… (3.10)

また，二次入力 P_2 との間には，

$P_0=(1-S)\cdot\omega_s\cdot T=(1-S)\cdot P_2$〔W〕 …………………………… (3.11)

(1) 速度特性曲線

誘導電動機の一次電圧を一定したときの速度特性曲線(滑り－トルク特性)です．

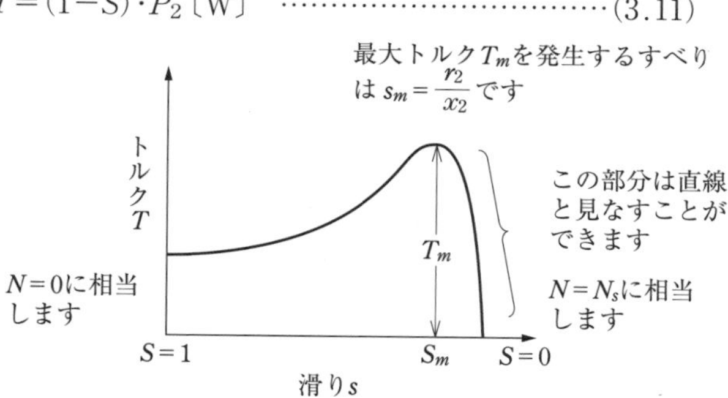

図 3.5 速度特性曲線

トルクは最大トルクまで滑りに比例するよ．

$$T=\frac{P_0}{\omega}=\frac{(1-S)\cdot P_2}{(1-S)\cdot\omega_s}=\frac{P_2}{\omega_s}=\frac{1}{\omega_s}\cdot I_2{}^2\cdot\frac{r_2}{S}=\frac{1}{\omega_s}\cdot\left(\frac{E_2}{\sqrt{\left(\frac{r_2}{S}\right)^2+x_2{}^2}}\right)^2\cdot\frac{r_2}{S}$$

$$=\frac{1}{\omega_s}\cdot\frac{E_2{}^2}{\left(\frac{r_2}{S}\right)^2+x_2{}^2}\cdot\frac{r_2}{S}\quad\cdots\cdots(3.12)$$

$$T_m=\frac{1}{\omega_s}\cdot\frac{E_2{}^2}{\frac{r_2}{S}+\frac{S}{r_2}x_2{}^2}=\frac{1}{\omega_s}\cdot\frac{E_2{}^2}{2x_2{}^2}\ [N\cdot m]$$

分母の $\frac{r_2}{S}+\frac{S}{r_2}x_2{}^2$ が最小になるには，$\frac{r_2}{S}=\frac{S}{r_2}\cdot x_2{}^2$ から $\frac{r_2{}^2}{S_2}=x_2{}^2$

の時に最大トルク T_m を発生します．

上式より滑りを一定とすると，運転中のトルクは一次電圧の2乗に比例します．滑り S が1のときのトルクを始動トルク T_s〔N·m〕と呼びます．

T_m は最大トルクで，これ以上負荷を増加させると電動機は停止します(最大トルク以上の負荷がかかると運転の維持ができません)．

電動機は最大トルクより右側の範囲で安定し，負荷トルクとのバランスのとれた位置で電動機の運転が安定します．

(2)　トルクの比例推移

式(3.12)において，一次電圧 V_1 が一定(E_2 もほぼ一定となり)で，二次抵抗 $\frac{r_2'}{S}$ の項も一定であればトルク T は一定となります．図3.6の速度特性曲線において，二次抵抗 r_2' を2倍に増やすと滑りも2倍となります．

二次抵抗 r_2' と直列に接続した外部抵抗 R の和の値が，もとの抵抗 r_2' の n 倍になれば，滑りももとの n 倍の滑りとなります．

これから，式(3.13)が成り立ちます．

$$\frac{r_2'}{S_1}=\frac{n\cdot r_2'}{n\cdot S_1}=\frac{r_2'+R}{S_2}=\text{一定}\quad\cdots\cdots(3.13)$$

トルク T が一定ならば，滑り S に二次抵抗 r_2' が比例します．これをトルクの比例推移といいます．この性質を用いることで，始動トルクを調整することができます．

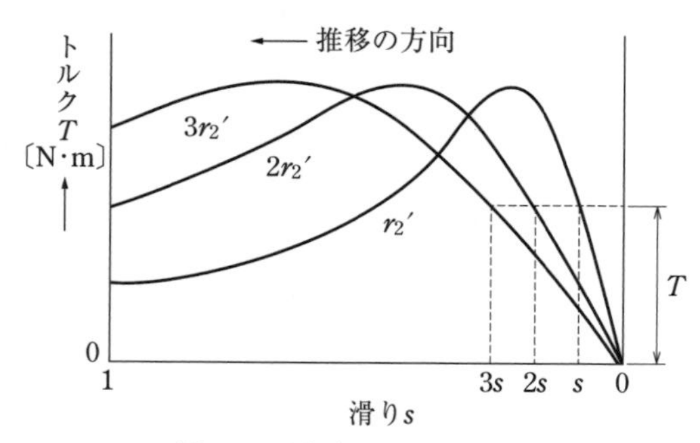

図3.6　速度－トルク特性

3・1・5　始動方法と速度制御

(1) 始動特性

三相誘導電動機の始動時に定格電圧を加えると，大きな始動電流が流れます（定格電流の５倍程度）．この始動電流が大きいわりに，二次抵抗 r_2' が非常に小さいため十分なトルクが得られないことがあります．時間に対して，トルク，電流および速度の関係を表したものを始動特性といいます．

回転子の構造によって違うよ．

(2) 三相誘導電動機の始動法

(a) 三相かご形誘導電動機

① **全電圧始動法（直入れ始動法）**　普通かご形誘導電動機（3.7 kW 以下「小型機」）では，始動電流が小さいために電源に与える影響は少ないために定格電圧を直接加えて始動する方法です．なお，始動電流は定格電流の 5～7 倍程度です．

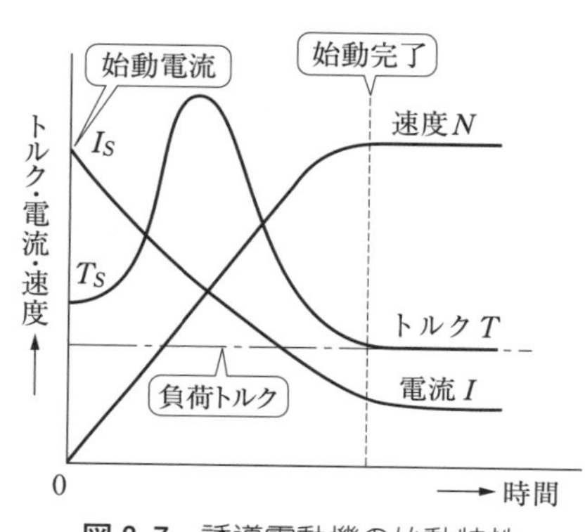

図 3.7　誘導電動機の始動特性

② **Y－Δ 始動法**　特殊かご形誘導電動機（5.5～15 kW 未満「中型機」）では，小型機より始動電流が大きくなります．その電流を抑えるために，Y－Δ 始動を用いる方法です．始動時に，固定子巻線の結線を Y 結線で始動し，定格回転数付近まで上昇後，Δ 結線（運転時）に切り替えます．この始動法では，始動電流（線電流）を制限するために巻線に加わる電圧を $\dfrac{1}{\sqrt{3}}$ 倍に減らすことで線電流が減少し，トルクも $\dfrac{1}{3}$ 倍となります．そのため，誘導電動機に全負荷をかけた状態で運転することは難しい．

③ **始動補償器による始動法**　定格容量が 15 kW 以上「大型機」の誘導電動機を始動には，始動補償器（三相単巻変圧器）を用いて始動する方法があります．始動時に単巻変圧器のタップで全電圧の 40～80 % の電圧で始動し，誘導電動機の定格回転数付近まで上昇させた後，定格電圧で運転する方法です．

(b) 巻線形誘導電動機の始動法

巻線形誘導電動機では比例推移を用いた方法で，始動抵抗器を回転子に接続して始動する方法です．

(3) 速度制御

誘導電動機の速度制御には，次の方法があります．

(a) 極数を変える方法

第3章　誘導機

固定子巻線の結線方法を切り変えることで，回転速度を変える方法です．なお，この方法は，細かい速度制御ができず，段階的に速度が変化するのが特徴です．

(b) 電源周波数一次周波数を変える方法

近年は，半導体技術が目覚ましく発達したことで，周波数を変化することが容易となりました．その方法には二通りあり，一つはインバータを用いることで直流電圧を交流電圧に変化する方法と，もう一つは交流電圧を直接異なる周波数に変化する方法です．

・インバータ制御(間接変換方式)

・サイクロコンバータ制御(直接変換方式)

(c) 二次抵抗を変える方法(巻線形誘導電動機のみ)

巻線形電動機に外部抵抗を接続し，トルクの比例推移を利用したもので，その抵抗値を変えることで速度制御する方法です．

(4) 逆転

誘導電動機の回転方向を変える方法は，回転磁界の方法を変えることで可能となります．三相交流電源の3本のうち2本を入れ換えることで変えられます．なお，3本同時に入れ換えると回転方向はもとに戻ります．

(5) 制動

誘導電動機の制動方法には，機械的制動と電気的制動があります．電気的制動には発電制動，逆相制動(プラッキング)および回生制動があります．なお，ここでは機械制動については省略します．

(a) 発電制動法

回転している三相誘導電動機の固定子の一次巻線を電源から切り離し，2端子と他の1端子に直流電流(励磁)を流すと磁界を生じ，二次巻線に多相の交流電流(二次抵抗が小さいために短絡電流)が流れることで制動トルクをかける方法です．なお，発生した電力はすべて熱エネルギーとなるため，かご形誘導電動機では回転子が加熱される恐れがあります．なお，起電力は回転速度に依存するため，回転速度が低下すると制動効果が小さくなります．

(b) 逆相制動(プラッキング)

回転している誘導電動機の，電源側の3本の内，2本を入れ換え，回転方向を変えることで制動(強力な制動)を得る方法です．

(c) 回生制動

誘導電動機を発電機として，制動をかけながら変換電力を電源側

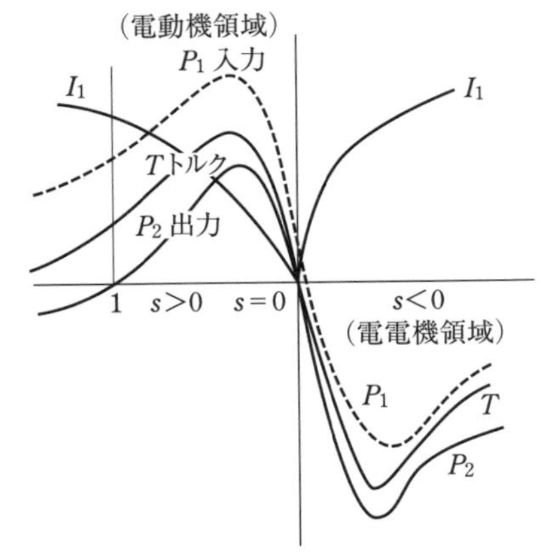

図3.8　電動機の負荷特性

に戻す方法です．

回転子が回転磁界と同方向に同期速度以上の速さで回転したとき，滑り S は負の値となり，図 3.8 で示すように，入力 P_1，出力 P_2，トルク T はいずれも負となります．トルク T は回転方向とは反対方向となり制動となります．したがって，発電機として動作することになります．

3·1·6　誘導電動機の一次入力と損失

電源側から供給される電力が一次入力となります．その供給された電力から一次側（固定子）の損失として，鉄損と一次銅損があり，二次側（回転子）では二次銅損があります．その他に機械損（風損，軸受損，巻線形誘導電動機ではブラシ損等）があります．

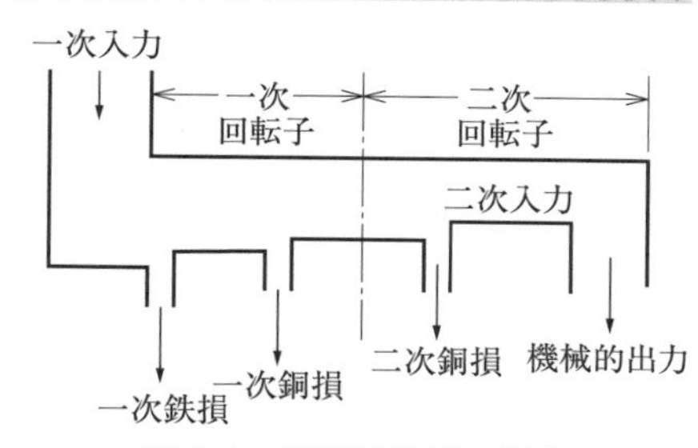

図 3.9　誘導電動機の損失

回転機の損失（機械損等）があるよ．

一次入力 P_1〔kW〕は，

$$P_1 = P_O(\text{一次鉄損}) + P_{C1}(\text{一次銅損}) + P_m(\text{機械損}) + P_2(\text{二次入力})\text{〔kW〕} \quad \cdots\cdots (3.14)$$

- □ **同期速度≫**　$N_S = \dfrac{120 \cdot f}{P}$
- □ **滑り≫**　$S = \dfrac{N_S - N}{N_S}$
- □ **等価回路≫**　等価回路は変圧器と同じ回路で表すが，二次側は短絡します（ベクトル図を含みます）
- □ **回転速度≫**　$N = (1 - S) \cdot N_S$
- □ **速度制御≫**　極数変換，一次（電源）周波数変換，比例推移
- □ **二次周波数≫**　$f_2 = S \cdot f_1$
- □ **比例推移≫**　$\dfrac{r_2'}{S_1'} = \dfrac{r_2}{S_2}$
- □ **出力・トルク≫**　$P_0 = 3 \cdot I_2'^2 \cdot r_2'$　　$P_0 = \omega \cdot T$
- □ **二次入力・出力・二次銅損≫**　$P_C = S \cdot P_2$　　$P_C = (1 - S) \cdot P_2$

国家試験問題

問題 1

三相誘導電動機は，［ア］磁界を作る固定子及び回転する回転子からなる．回転子は，［イ］回転子と［ウ］回転子との2種類に分類される．

［イ］回転子では，回転子溝に導体を納めてその両端が［エ］で接続される．［ウ］回転子では，回転子導体が［オ］，ブラシを通じて外部回路に接続される．

上記の記述中の空白箇所(ア)，(イ)，(ウ)，(エ)及び(オ)に当てはまる語句として，正しいものを組み合わせたのは次のうちどれか．

	(ア)	(イ)	(ウ)	(エ)	(オ)
(1)	回　転	円筒形	巻線形	スリップリング	整流子
(2)	固　定	かご形	円筒形	端絡環	スリップリング
(3)	回　転	巻線形	かご形	スリップリング	整流子
(4)	回　転	かご形	巻線形	端絡環	スリップリング
(5)	固　定	巻線形	かご形	スリップリング	整流子

《H21-3》

解説

三相誘導電動機の原理･構造より，磁界を回転させることで回転子に誘導起電力が発生します．その起電力を導体の閉回路に電流が流れることでトルクを得るものです．回転磁界を発生させるには，三相交流が最適で，(ア)は回転磁界を作ることから，これを固定子といいます．

回転子の巻線方法には，複数の導体を表面に配置したかご形と3組のコイルを電気角(120°)に配置した巻線形の2種類があります．

したがって，(イ)はかご形で，(ウ)は巻線形となります．

かご形は，導体を配置して両端を短絡環と呼ばれる円形の導体ですべての導体の両端を短絡することで閉回路が構成されます．よって，(エ)は短絡環となり，巻線形は回転子から外部回路(外部抵抗)に接続するためにスリップリングとブラシが取り付けられ，(オ)はスリップリングです．

回転子(構造)の違いだよ．

問題 2

次の文章は，三相誘導電動機の誘導起電力に関する記述である．

三相誘導電動機で固定子巻線に電流が流れると［ア］が生じ，これが回転子巻線を切るので回転子巻線に起電力が誘導され，この起電力によって回転子巻線に電流が流れることでトルクが生じる．この回転子巻線の電流によって生じる起磁力を［イ］ように固定子巻線に電流が流れる．

回転子が停止しているときは，固定子巻線に流れる電流によって生じる［ア］は，固定子巻線を切るのと同じ速さで回転子巻線を切る．このことは原理的に変圧器と同じであり，固定子巻線は変圧器の［ウ］巻線に相当し，回転子巻線は［エ］巻線に相当する．回転子巻線の各相には変圧器と同様に［エ］誘導起電力を生じる．

回転子が n〔min^{-1}〕の速度で回転しているときは，［ア］の速度を n_s〔min^{-1}〕とすると，滑り s は $s=\dfrac{n_s-n}{n_s}$ で表される．このときの［エ］誘導起電力の大きさは，回転子が停止しているときの［オ］倍となる．

上記の記述中の空白箇所(ア)，(イ)，(ウ)，(エ)及び(オ)に当てはまる組合せとして，正しいものを次の(1)～(5)のうちから一つ選べ．

	(ア)	(イ)	(ウ)	(エ)	(オ)
(1)	交番磁界	打ち消す	二次	一次	$1-s$
(2)	回転磁界	打ち消す	一次	二次	$\dfrac{1}{s}$
(3)	回転磁界	増加させる	一次	二次	s
(4)	交番磁界	増加させる	二次	一次	$\dfrac{1}{s}$
(5)	回転磁界	打ち消す	一次	二次	s

《H28-3》

解説

三相誘導電動機は，固定子巻線に三相交流電流を流すことで回転磁界(ア)を生じ，回転子巻線が磁束を切って誘導起電力が発生します．その誘導起電力によって回転子巻線に電流が流れ，トルクを得ます．

固定子巻線は，変圧器の一次巻線と同じ働きで，(ウ)は一次巻線に相当し，回転子巻線は変圧器の二次巻線に相当するから，(エ)は二次になります．

回転子に流れた電流によって生じる起磁力は，固定子巻線ではその起磁力を打ち消す方向に負荷電流が流れるから，(イ)は打ち消すです．

変圧器の場合，巻線が静止しているので常に巻数比に等しい電圧と電流が電力変換されますが，三相誘導電動機の場合，回転子が回転するため，回転子側に誘導起電力が発生します．

滑りは，回転子の回転速度と回転磁界との相対速度の割合で変わります．電動機では，回転子が静止しているとき，滑り1では変圧器と同じとなりますが，回転子が回転磁界と同じ同期速度で回転しているとき，誘導起電力が発生しないのでトルクも得られません．

ある滑り s で回転しているとき，回転子巻線には静止時($s=1$)の s 倍の大きさの電圧が誘導されることから，(オ)は s 倍の誘導起電力が発生します．

誘導電動機の原理だよ．

問題3

三相誘導電動機について，次の(a)及び(b)に答えよ．

(a) 一次側に換算した二次巻線の抵抗 r_2' と滑り s の比 r_2'/s，他の定数(一次巻線の抵抗 r_1，一次巻線のリアクタンス x_1，一次側に換算した二次巻線のリアクタンス x_2')に比べて十分大きくな

(p.60～61 の解答) 問題1→(4) 問題2→(5)

るように設計された誘導電動機がある．この電動機を電圧 V の電源に接続して運転したとき，この電動機のトルク T と滑り s，電圧 V の関係を表わす近似式として，正しいのは次のうちどれか．

ただし，k は定数である．

(1) $T=k\cdot V^2\cdot s$　(2) $T=k\cdot V\cdot s$　(3) $T=\dfrac{k\cdot V^2}{s}$

(4) $T=\dfrac{k}{V\cdot s}$　(5) $T=\dfrac{k}{V^2\cdot s}$

(b) 上記(a)で示された条件で設計された定格電圧 220〔V〕，同期速度 1 200〔min^{-1}〕の三相誘導電動機がある．この電動機を電圧 220〔V〕の電源に接続して，一定トルクの負荷で運転すると，1 140〔min^{-1}〕の回転速度で回転する．この電動機に供給する電源電圧を 200〔V〕に下げたときの電動機の回転速度〔min^{-1}〕の値として，最も近いのは次のうちどれか．

ただし，電源電圧を下げたとき，負荷トルクと二次抵抗は変化しないものとする．

(1) 1 000　(2) 1 091　(3) 1 113　(4) 1 127　(5) 1 150

《基本問題》

解説

(a) 題意より一次側に換算された抵抗 $\dfrac{r_2'}{s}$ の方が他の値(二次側漏れリアクタンスなど)より大きいので，等価回路を考えると($\dfrac{r_2'}{s}$ のみ)，

二次電流(二次側を一次側に換算した電流)I_2'＝ 一次電流 I_1〔A〕

出力 $P_0=3\cdot I_2'^2\cdot\dfrac{1-s}{s}\cdot r_2'=\dfrac{\omega\cdot T}{60}$〔W〕より，

二次電流 I_2' は，　$I_2'=I_1=\dfrac{V}{r_2'/s}=s\cdot\dfrac{V}{r_2'}$〔A〕

トルク T〔N·m〕　$T=60\cdot\dfrac{P_0}{\omega}=60\cdot\left(3\cdot\left(s\cdot\dfrac{V}{r_2'}\right)^2\cdot\dfrac{1-s}{s}\cdot r_2'\right)\dfrac{1}{\omega}$

$$=\frac{180\cdot s^2\cdot V^2\cdot(1-s)\cdot r_2'}{(1-s)\cdot\omega_s\cdot r_2'^2\cdot s}=k\cdot V^2\cdot s\text{〔N·m〕}$$

定数　$k=\dfrac{180}{\omega_s\cdot r_2'}$

角速度　$\omega=(1-s)\cdot\omega_s$〔rad/s〕

(b) 電圧を 220〔V〕から 200〔V〕に下げたとき，回転数はどう変化するかを求めます．

(a)の式からトルク T は，電圧 V の2乗と滑り s の積に比例し，ただし書きにトルクと二次抵抗は一定から，

変更前　電源電圧 $V=220$〔V〕，滑り $s=5$〔%〕

変更後　電源電圧 $V=200$〔V〕，滑り $s'=?$〔%〕

$\dfrac{220^2\cdot 5}{100}=200^2\cdot\dfrac{s'}{100}$　※　百分率で計算しても問題はありません．

$s'=\dfrac{220^2}{200^2}\cdot 0.05=0.0605$

電圧を変えたときの滑り s' は 6.05% から回転速度

同期速度　$N_S=\dfrac{N}{1-S}=\dfrac{1\,140}{1-0.05}=1\,200$〔min〕

トルクと電源電圧および滑りの関係だよ．

ω_s は同期角速度〔rad/s〕

トルクは電圧の2乗と滑りの積だよ．

電圧変更後の回転数は　$N=(1-S)N_S=(1-0.0605)\cdot 1\,250=1\,127.4$〔min^{-1}〕

　N' は $1\,127.4 \fallingdotseq 1\,127$〔min^{-1}〕

問題 4

　二次電流一定(トルクがほぼ一定の負荷条件)で運転している三相巻線形誘導電動機がある．滑り 0.01 で定格運転しているときに，二次回路の抵抗を大きくしたところ，二次回路の損失は 30 倍に増加した．電動機の出力は定格出力の何〔%〕になったか，最も近いものを次の(1)～(5)のうちから一つ選べ．

(1) 10　(2) 30　(3) 50　(4) 70　(5) 90

《H25-4》

解 説

　損失が 30 倍に増加したとき，二次電流 I_2' は一定(題意より)から抵抗($r_2'+R$)は 30 倍に増加する．トルクがほぼ一定の関係から比例推移が成立し，$\frac{r_2'}{s}$ の比も一定で，

$$\frac{r_2'}{s}=30\cdot\frac{r_2'}{s'}$$　したがって，滑りは s' も 30 倍となります．

　次に，二次入力 $P_2=3\cdot I_2'^2\cdot 30\cdot\frac{r_2'}{s'}$〔W〕で，出力 P_0 は $(1-s)\cdot P_2$ で求められます．

　したがって，抵抗が 30 倍に増加し，出力は 70% に減少します．

滑りに対して二次巻線の抵抗の比(比例推移)は一定だよ．

問題 5

　4 極の三相誘導電動機が 60〔Hz〕の電源に接続され，出力 5.75〔kW〕，回転速度 1 656〔min^{-1}〕で運転されている．このとき，一次銅損，二次銅損及び鉄損の三つの損失の値が等しかった．このときの誘導電動機の効率の値〔%〕として，最も近いものを次の(1)～(5)のうちから一つ選べ．

　ただし，その他の損失は無視できるものとする．

(1) 76.0　(2) 77.8　(3) 79.3　(4) 80.6　(5) 88.5

《R1-3》

解 説

　三相誘導電動機の効率を求めるために用いる公式は，次のとおりです．

同期速度　$N_N=120\cdot\frac{f}{P}$〔min^{-1}〕

滑り　$s=\frac{N_N-N_S}{N_N}\cdot 100$〔%〕

出力　$P_0=(1-s)\cdot P_2$〔kW〕

効率　$\eta=\frac{P_0}{P_0+P_{C1}+P_{C2}+P_0}\cdot 100=\frac{P_0}{P_0+3P_{C2}}\cdot 100$〔%〕

$$N_N=120\cdot\frac{60}{4}=1\,800\text{〔min}^{-1}\text{〕}$$

$$s=\frac{1\,800-1\,656}{1\,800}\cdot 100=8\text{〔\%〕}$$

出力を滑りで割ると二次入力が求まるよ．二次入力に滑りをかけると二次銅損が計算できるよ．二次銅損から鉄損と一次銅損が決まり，効率が計算できるよ．

(p.61～63 の解答)　問題 3 →(a)－(1)，(b)－(4)　問題 4 →(4)

二次入力 $P_2=\dfrac{P_0}{1-s}=\dfrac{5.75}{1-\dfrac{8}{100}}=6.25$〔kW〕

二次銅損 $P_{C2}=P_2-P_0=6.25-5.75=0.5$〔kW〕

題意より，二次銅損 $P_{C2}=$ 一次銅損 $P_{C1}=$ 鉄損 P_0 その他は無視します．

効率 $\eta=\dfrac{P_0}{P_0+3P_{C2}}\cdot100=\dfrac{5.75}{5.75+3\cdot0.5}\cdot100=79.31$

$\fallingdotseq 79.3$〔%〕

問題 6

定格出力 11.0〔kW〕，定格電圧 220〔V〕の三相かご形誘導電動機が定トルク負荷に接続されており，定格電圧かつ定格負荷において滑り 3.0〔%〕で運転されていたが，電源電圧が低下し滑りが 6.0〔%〕で一定となった．滑りが一定となったときの負荷トルクは定格電圧のときと同じであった．このとき，二次電流の値は定格電圧のときの何倍となるか．最も近いものを次の(1)～(5)のうちから一つ選べ．ただし，電源周波数は定格値で一定とする．

(1) 0.50　(2) 0.97　(3) 1.03　(4) 1.41　(5) 2.00

《H30-3》

解 説

誘導電動機の二次電流を求めて，電動機の二次入力(三相分) P_2 は，

$$P_2=3\cdot I^2\cdot\frac{r_2'}{s}$$

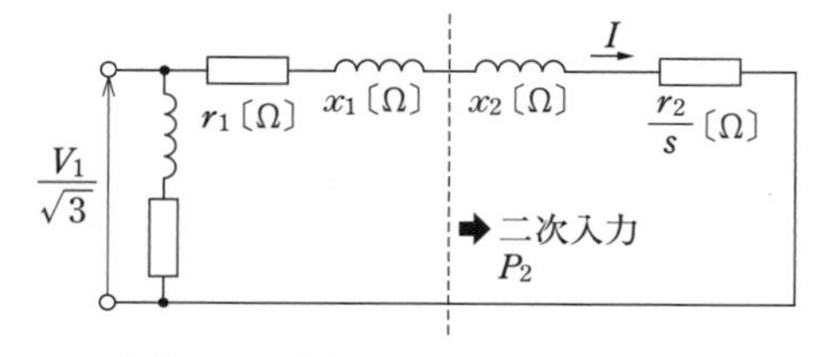

V_1：一次線間電圧〔V〕　r_2：二次抵抗〔Ω〕
I：負荷電流〔A〕　x_1：一次漏れリアクタンス〔Ω〕
s：滑り〔p.u.〕　x_2：二次漏れリアクタンス〔Ω〕
r_1：一次抵抗〔Ω〕
※P.u.（ユニット単位）
同期速度に対して回転速度の変化分の比で表わします．

電動機が同期角速度 ω_n〔rad/s〕で回転したときのトルク T〔N·m〕は，

$$T=\frac{P_0}{\omega}=\frac{(1-s)P}{(1-s)\omega_n}$$

$$=3\cdot\frac{r_2'}{\omega_2'}\cdot\frac{I^2}{s}\quad\cdots①$$

トルクは，出力と回転速度の比で表され，さらに二次入力と同期速度の比も等しいよ．ここから二次電流の2乗は滑りの比で求められるよ．

電源電圧 $V_1=220$〔V〕，滑り 3〔%〕で運転したとき，負荷電流を I_1〔A〕とし，トルク T_1〔N·m〕は，

$$T_1=3\cdot\frac{r_2'}{\omega_n}\cdot\frac{I_1^2}{s_1}=3\cdot\frac{r_2'}{\omega_n}\cdot\frac{I_1^2}{0.03}\quad\cdots②$$

電源電圧 V_2〔V〕で運転したとき，滑り 6〔%〕で，負荷電流 I_2〔A〕，トルク T_2〔N·m〕は，

$$T_2=3\cdot\frac{r_2'}{\omega_n}\cdot\frac{I_2^2}{s_2}=3\cdot\frac{r_2'}{\omega_n}\cdot\frac{I_2^2}{0.06}\quad\cdots③$$

題意より②式，③式から(トルク T_1 および T_2 は等しい)，

$$3\cdot\frac{r_2'}{\omega_n}\cdot\frac{I_1^2}{0.03}=3\cdot\frac{r_2'}{\omega_n}\cdot\frac{I_2^2}{0.06}$$

したがって，

$$\frac{I_1{}^2}{0.03}=\frac{I_2{}^2}{0.06}$$

$$\sqrt{\frac{I_2{}^2}{I_1{}^2}}=\sqrt{\frac{0.06}{0.03}}=\sqrt{2}\fallingdotseq 1.41$$

問題 7

次の文章は，巻線形誘導電動機に関する記述である．

三相巻線形誘導電動機の二次側に外部抵抗を接続して，誘導電動機を運転することを考える．ただし，外部抵抗は誘導電動機内の二次回路にある抵抗に比べて十分大きく，誘導電動機内部の鉄損，銅損及び一次，二次のインダクダンスなどは無視できるものとする．

いま，回転子を拘束して，一次電圧 V_1 として 200〔V〕を印加したときに二次側の外部抵抗を接続した端子に現れる電圧 V_{2S} は 140〔V〕であった．拘束を外して始動した後に回転速度が上昇し，同期速度 1 500〔min^{-1}〕に対して 1 200〔min^{-1}〕に到達して，負荷と釣り合ったとする．

このときの一次電圧 V_1 は 200〔V〕のままであると，二次側の端子に現れる電圧 V_2 は［ア］〔V〕となる．

また，機械負荷に P_m〔W〕が伝達されるとすると，一次側から供給する電力 P_1〔W〕，外部抵抗で消費される電力 P_{2C}〔W〕との関係は次式となる．

$$P_1=P_m+\boxed{イ}\times P_{2C}$$

$$P_{2C}=\boxed{ウ}\times P_1$$

したがって，P_{2C} と P_m の関係は次式となる．

$$P_{2C}=\boxed{エ}\times P_m$$

接続する外部抵抗には，このような運転に使える電圧･容量の抵抗器を選択しなければならない．

上記の記述中の空白箇所(ア)，(イ)，(ウ)及び(エ)に当てはまる組合せとして，正しいものを次の(1)～(5)のうちから一つ選べ．

	(ア)	(イ)	(ウ)	(エ)
(1)	112	0.8	0.8	0.25
(2)	28	1	0.2	4
(3)	28	1	0.2	0.25
(4)	112	0.8	0.8	4
(5)	112	1	0.2	0.25

《H23-3》

解説

停止時($S=1$)の二次電圧は題意より，$V_{2S}=140$〔V〕で，運転時($S<1$)のときの二次側の誘導起電力 E_2 は，

滑り　$S_2=\dfrac{N_S-N}{N_S}=\dfrac{1\,500-1\,200}{1\,500}=0.2(20\%)$　(運転時)

二次電圧(運転時)は滑りに比例するから　$V_2=S\cdot V_{2S}=0.2\cdot 140=28$〔V〕

(ア)は 28〔V〕となります．

誘導電動機の一次入力 P_1 は，機械的出力 P_m，鉄損 P_i，銅損 P_C（一次側および二次側）および外部抵抗 P_{2C} の損失があります．

一次入力は　$P_1=P_m+P_i+P_C+P_{2C}$　であるが，題意より鉄損 P_i，銅損 P_C はないので，外部抵抗の損失 P_{2C} だけ考えることから

$$P_1=P_m+P_{2C}$$

電動機内部の損失がないことから，一次入力 P_1 と二次入力 P_2 は等しく，二次側の機械的出力と外部抵抗の損失との間には，次式が成立します．

$$P_2=P_1=P_m+P_{2C}$$

したがって　　$P_1=P_m+1\cdot P_2$　　　（イ）は1となります．

二次入力 P_2，外部抵抗の損失 P_{2C} および機械的出力 P_m の関係は

$$P_2:P_m:P_{2C}=1:(1-S):S$$

$$S=\frac{N_S-N}{N_S}=\frac{1\,500-1\,200}{1\,500}=\frac{300}{1\,500}=0.2$$

二次側の外部抵抗の損失　$P_{2C}=S_2\cdot P_2=0.2\cdot P_2=0.2\cdot P_1$

（ウ）は0.2となります．

$$P_{2C}=S_2\cdot(P_m+P_{2C})=0.2\cdot(P_m+P_{2C})=0.2\cdot P_m+0.2\cdot P_{2C}$$

$$0.8\cdot P_{2C}=0.2\cdot P_m$$

$$P_{2C}=\frac{0.2}{0.8}\cdot P_m=0.25\cdot P_m$$

（エ）は0.25となります．

二次電圧は滑りに比例するよ．
電動機内の損失はないから一次と二次入力および出力と外部抵抗の損失の和はそれぞれ等しいよ．
外部抵抗の損失は一次入力と滑りから計算できるよ．
出力は，二次入力から外部抵抗の損失の差で求めるよ．

問題 8

次の文章は，電動機と負荷のトルク特性の関係について述べたものである．

横軸が回転速度，縦軸がトルクを示す図において2本の曲線A，Bは，一方が電動機トルク特性，他方が負荷トルク特性を示している．

いま，曲線Aが［（ア）］特性，曲線Bが［（イ）］特性のときは，2本の曲線の交点Cは不安定な運転点てある．これは，何らかの原因で電動機の回転速度がこの点から下降すると，電動機トルクと負荷トルクとの差により電動機が［（ウ）］されるためである．具体的に，電動機が誘導電動機であり，回転速度に対してトルクが変化しない定トルク特性の負荷のトルクの大きさが，誘導電動機の始動トルクと最大トルクとの間にある場合を考える．このとき，電動機トルクと負荷トルクとの交点は，回転速度零と最大トルクの回転速度との間，及び最大トルクの回転速度と同期速度との間の2箇所にある．交点Cは，［（エ）］との間の交点に相当する．

上記の記述中の空白箇所（ア），（イ），（ウ）及び（エ）に当てはまる組合せとして，正しいものを次の(1)～(5)のうちから一つ選べ．

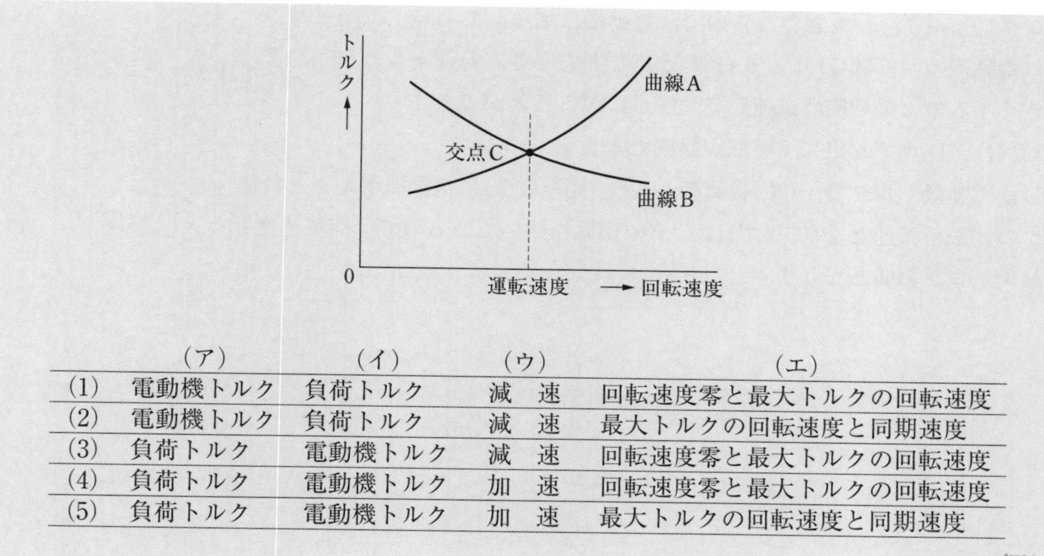

	(ア)	(イ)	(ウ)	(エ)
(1)	電動機トルク	負荷トルク	減　速	回転速度零と最大トルクの回転速度
(2)	電動機トルク	負荷トルク	減　速	最大トルクの回転速度と同期速度
(3)	負荷トルク	電動機トルク	減　速	回転速度零と最大トルクの回転速度
(4)	負荷トルク	電動機トルク	加　速	回転速度零と最大トルクの回転速度
(5)	負荷トルク	電動機トルク	加　速	最大トルクの回転速度と同期速度

《H24-5》

解説

電動機のトルクおよび負荷特性において，図は速度特性曲線で，横軸を回転数(N)，縦軸はトルクで表します．負荷が増加すると，直流分巻電動機では，回転数が減少して負荷電流が増加することでトルクが大きくなります．曲線AとBの差から加速または減速が分かります．交点Cより右側は加速となりますのでAは電動機トルクでBは負荷トルクを表します．

図3.10は定トルク負荷を誘導電動機で駆動するときの負荷トルクと電動機のトルク特性を表したものです．

図のトルク特性で，交点C点およびD点の2箇所存在します．このときC点において，仮に負荷が増加したとき，電動機の回転数が減少することで負荷トルク($T_L > T_M$)との差があるため電動機は減速し，C点(C点より左側)に戻ることができません．

次に，電動機の回転速度が増加したとき，電動機トルク($T_L < T_M$)は増加するので，電動機はさらに加速することでC点(C点より右側)に戻ることができません．したがって，C点では不安定な運転となります．

それに対してD点(D点より左側)では，電動機の回転数が減少したとき電動

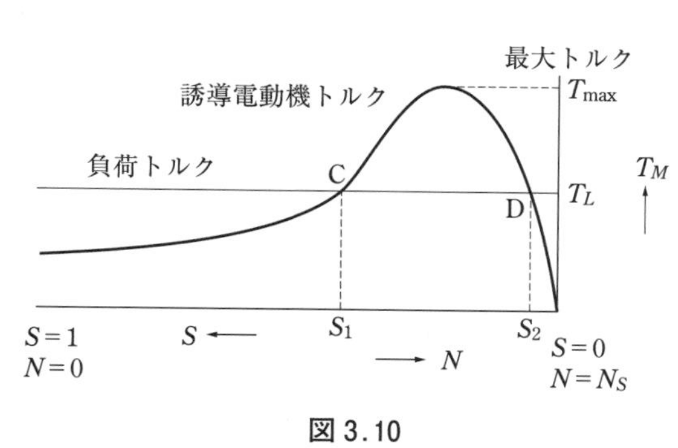

図3.10

交点Cは直流分巻電動機の運転点であったとき，負荷の増加(又は減少)によって不安定なるよ．電動機は安定するために交点Cがどちらに移動するか考えるよ．

(p.63〜66の解答) 問題5→(3) 問題6→(4) 問題7→(3)

機トルク($T_M > T_L$)が大きくなるので，電動機は加速してD点に戻ります．

次に電動機の回転数(D点より右側)が増加したとき，負荷トルク($T_M < T_L$)が大きくなるので電動機は減速して，D点に戻ることができます．

電動機は，D点で安定し，運転が継続できます．

(ア)は電動機トルクで，(イ)は負荷トルクです．(ウ)は電動機トルクと負荷トルクの差から減速となり，(エ)はC点の位置を聞いているので，回転速度0から最大トルクの間となります．

(p.66～68の解答) 問題8 →(1)

3・2 特殊かご形誘導電動機

重要知識

出題項目 CHECK!

□ 特殊かご形誘導電動機の特徴と種類
□ 単相誘導電動機の特徴と種類
□ 始動法

3・2・1　特殊かご形誘導電動機

普通かご形誘導電動機は始動電流が大きいわりに，巻線抵抗が小さいために十分大きなトルクが得られません．そこで，二次側の抵抗を始動時は大きくし，運転時は小さくすることで始動特性を改善したものが特殊電動機です．電動機の種類として，深溝かご形と二重かご形の2種類があります．

かご形誘導電動機の始動電流が大きいわりに始動性がわるいよ．

3・2・2　単相電動機

単相誘導電動機の構造は，三相誘導電動機の構造とほぼ同じです．固定子巻線は単相巻線のため，巻線によって作られる磁界は交番磁界となり，三相誘導電動機のように回転磁界ができないためトルクが得られません．

単相誘導電動機には自己始動装置が必要で，単相巻線(主巻線)以外に始動巻線等を設けます．種類として，分相始動形(抵抗分相，リアクトル分相，コンデンサ分相)，反発始動形，反発誘導形，くま取るコイル形，モノサイクリック形があります．

単相誘導電動機は三相誘導電動機のようにきれいな回転磁界ができないので，始動する方法に工夫されているよ．

試験の直前 CHECK!

□ **特殊かご形誘導電動機**≫深溝かご形電動機，二重かご形電動機

国家試験問題

問題 1

誘導電動機に関する記述として，誤っているものを次の(1)～(5)のうちから一つ選べ．

(1) 三相かご形誘導電動機の回転子は，積層鉄心のスロットに棒状の導体を差し込み，その両端を太い導体環で短絡して作られる．これらの導体に誘起される二次誘導起電力は，導体の本数に応じた多相交流である．

(2) 三相巻線形誘導電動機は，二次回路にスリップリングを通して接続した抵抗を加減し，トルクの比例推移を利用して滑りを変えることで速度制御ができる．

(3) 単相誘導電動機はそのままでは始動できないので，始動の仕組みの一つとして，固定子の主巻線とは別の始動巻線にコンデンサ等を直列に付加することによって回転磁界を作り，回転子を回転させる方法がある．

(4) 深溝かご形誘導電動機は，回転子の深いスロットに幅の狭い平たん導体を押し込んで作られる．このような構造にすることで，回転子導体の電流密度は定常時に比べて始動時は導体の外側(回転子表面側)と内側(回転子中心側)で不均一の度合いが増加し，等価的に二次導体のインピーダンスが増加することになり，始動トルクが増加する．

(5) 二重かご形誘導電動機は回転子の内外二重のスロットを設け，それぞれに導体を埋め込んだものである．内側(回転子中心側)の導体は外側(回転子表面側)の導体に比べて抵抗値を大きくすることで，大きな始動トルクを得られるようにしている．

《H27-3》

解説

(1) 三相かご形誘導電動機の原理･構造について説明したもので，正しいです．

(2) 三相巻線形誘導電動機の構造と速度制御について説明したもので，正しいです．

(3) 単相誘導電動機の始動法について説明したもので，正しいです．

(4) 三相かご形誘導電動機の構造および始動特性の改善法(深溝かご形)についての説明したもので，正しいです．

(5) 三相かご形誘導電動機の構造および始動特性の改善法(二重かご形)についての説明したものです．この説明の内側の抵抗を外側より大きくするとしていますが，この説明は逆のことをいっているので，間違いです．

かご形誘導電動機は始動特性が悪いから工夫してある．単相誘導電動機では回転磁界ができないから楕円磁界で始動するよ．

問題 2

三相かご形誘導電動機に関する記述として，誤っているのは次のうちどれか．

(1) 始動時の二次周波数は，定常運転時の二次周波数よりも高い．

(2) 軽負荷時には，全負荷時より滑りが減少して回転速度はやや上昇する．

(3) 25%負荷時には，全負荷時より二次銅損が減少して効率は向上する．

(4) 機械損は負荷の大きさにかかわらずほぼ一定である．

(5) 負荷速度特性は，直流分巻電動機の負荷速度特性に類似している．

《基本問題》

解説

三相誘導電動機の概要で，

(1) 誘導電動機の二次周波数は滑りに比例することから始動時は一次周波数に等しく，起動後は滑りが減少することで二次周波数も減少することから，正しいです．

(2) 誘導電動機の負荷の変動により回転速度が変化する．負荷が増加すると，負荷電流を増加する必要があり，そのため電動機の回転速度は低下するから，正しいです．

誘導電動機の概要から解けるよ．

(3) 負荷が変動すると負荷電流も増減します．負荷電流が変化することで出力も変わるので効率も変化します．電動機を設計する場合に，出力が定格付近で効率が高くなるように設計・製造されます．したがって，この説明が間違いとなります．

(4) 回転子が回転することで損失があり，この損失を機械損といいます．機械損は，負荷の変動に関係なく一定ですから，正しいです．

(5) 誘導電動機と直流分巻電動機とも定速度電動機から負荷速度特性はほぼ同じ特性ですから，正しいです．

問題 3

かご形誘導電動機の始動方法には，次のようなものがある．

(a) 定格出力が5〔kW〕程度以下の小容量のかご形誘導電動機の始動時には，（ア）に与える影響が小さいので，直接電源電圧を印加する方法が用いられる．

(b) 定格出力が5～15〔kW〕程度のかご形誘導電動機の始動時には，まず固定子巻線を（イ）にして電源電圧を加えて加速し，次に回転子の回転速度が定格回転速度近くに達したとき，固定子巻線を（ウ）に切り換える方法が用いられる．この方法では（ウ）で直接始動した場合に比べて，始動電流，始動トルクはともに（エ）倍になる．

(c) 定格出力が15〔kW〕程度以上のかご形誘導電動機の始動時には，まず（オ）により，低電圧を電動機に供給し，回転子の回転速度が定格回転速度近くに進したとき，全電圧を電動機に供給する方法が用いられる．

上記の記述中の空白箇所(ア)，(イ)，(ウ)，(エ)および(オ)に当てはまる語句又は数値として，正しいものを組み合わせたのは次のうちどれか．

	(ア)	(イ)	(ウ)	(エ)	(オ)
(1)	絶縁電線	Δ結線	Y結線	$\frac{1}{\sqrt{3}}$	三相単巻変圧器
(2)	電源系統	Δ結線	Y結線	$\frac{1}{\sqrt{3}}$	三相単巻変圧器
(3)	絶縁電線	Y結線	Δ結線	$\frac{1}{\sqrt{3}}$	三相可変抵抗器
(4)	電源系統	Δ結線	Y結線	$\frac{1}{3}$	三相可変抵抗器
(5)	電源系統	Y結線	Δ結線	$\frac{1}{3}$	三相単巻変圧器

《基本問題》

解 説

三相誘導電動機の始動法に関するもので，電動機の始動法は三つあります．小型機の場合(5 kW 以下)は直入れ始動です．この場合は，始動電流は定格電流の5倍程度流れるため，電源に負担がかかるので注意が必要です．

三相誘導電動機の始動法は三つあるよ．

中型機(5 kW を超え，15 kW 程度)では，始動電流が多いため固定子の結線

をY結線で始動し，運転時はΔ結線で運転します．これによって，始動電流が $\frac{1}{3}$ 倍に減ることで電源の負担を減らすことができます．大型機(15 kWを超える)では始動補償器によって，電動機に印加する電圧を低下することで始動電流を減らす方法があります．

(a)の(ア)は，比較的小さい電動機の場合は電源系統に与える影響が小さいことから電源系統となります．

(b)の(イ)と(ウ)は，始動時，固定子はY結線で始動し，運転時はΔ結線から．(イ)はY結線で継続．

(ウ)はΔ結線となります．始動電流はY結線ではΔ結線より相電圧が $\frac{1}{\sqrt{3}}$ に減少し，相電流も比例して減ります．一方Δ結線では，線電流は相電流の $\sqrt{3}$ で始動電流がY結線では $\frac{1}{3}$ 倍に減ります．さらに，トルクは相電流の2乗に比例するから $\frac{1}{3}$ 倍となり継続．

(エ)は $\frac{1}{3}$ 倍となります．

(c)の(オ)は，大型機の始動法として始動補償器があり，三相単巻変圧器を用いて印加電圧を低下させることから，三相単巻変圧器となります．

(p.69～72の解答)　問題1→(5)　問題2→(3)　問題3→(5)

第4章　同期機

4·1　同期発電機の原理と構造 ……………… 74

4·2　同期発電機の電気的特性 ……………… 78

4·3　三相同期電動機の原理と構造 ………… 88

4·4　三相同期電動機の始動法 ……………… 90

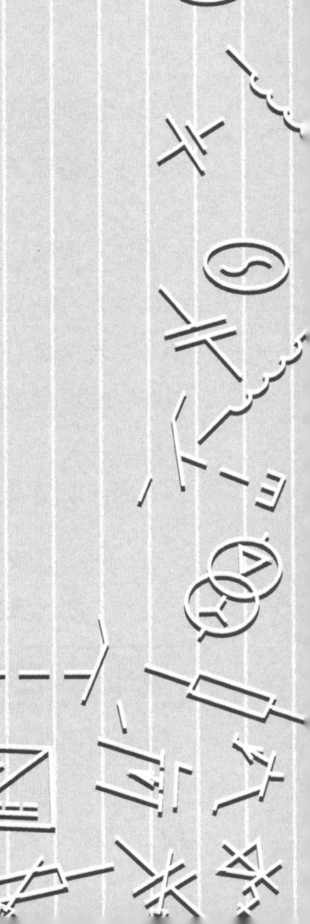

4・1 同期発電機の原理と構造

重要知識

出題項目 CHECK!

- □ 原理・構造と同期速度の求め方
- □ 誘導起電力の求め方
- □ 電機子反作用（交さ磁化作用，減磁作用，増磁作用）
- □ 等価回路とベクトル図の描き方
- □ 出力（負荷角も含む）の求め方

4・1・1 同期発電機の構造と種類

(1) 構造（界磁および電機子）

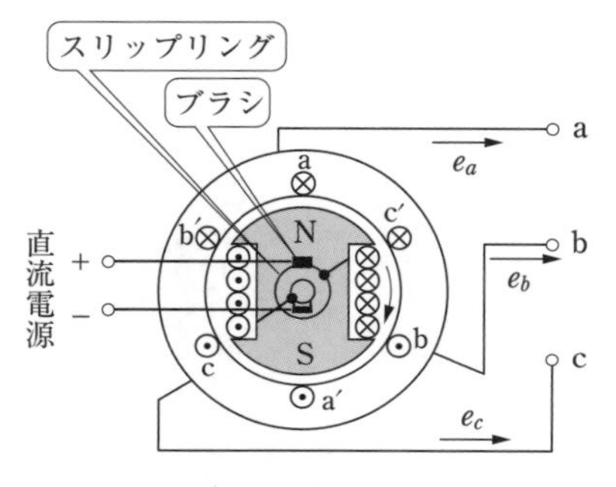

(a) 回転界磁形

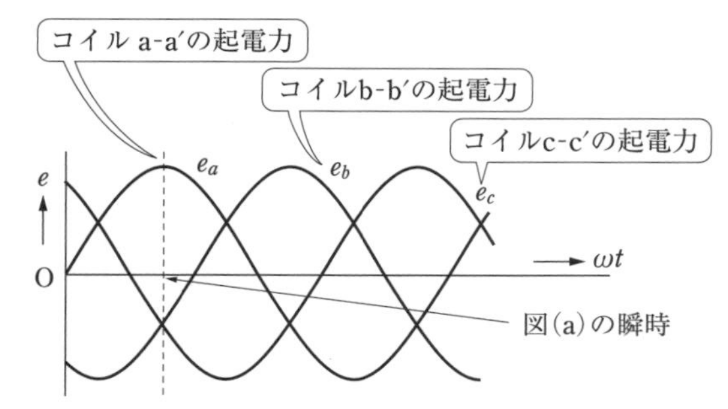

(b) 対称三相起電力

図 4.1 三相同期発電機の原理図と誘導起電力波形

三相同期発電機の構造は，図 4.1 のように $120°\left(\dfrac{2}{3}\pi〔\mathrm{rad}〕\right)$ ずらした3組のコイルを電機子巻線（固定子側）とし，界磁巻線（回転子側）は直流電源からブラシとスリップリングを通して励磁します．界磁巻線に直流電流を流し回転させると，電機子巻線に誘導起電力が発生します．

直流機（界磁巻線）と誘導機（回転磁界）を組み合わせた構造だよ．

コイル（導体）を固定子し，磁極を回転させる発電機を回転界磁形といいます．これに対して，固定子側を磁極とし，回転子側で誘導起電力を発生させるのが回転電機子形です．前者は高電圧・大容量に適し，後者は低電圧・小容量に適します．

三相同期発電機の速度（同期速度）N_S〔min^{-1}〕は，

$$N_S = 120 \cdot \frac{f}{P}〔\mathrm{min}^{-1}〕 \quad \cdots\cdots (4.1)$$

f：周波数〔Hz〕，P：磁極数

4・1・2 三相同期発電機の誘導起電力と出力

三相同期発電機の誘導起電力と出力の関係は，次のようになります．

誘導起電力 E〔V〕は，

$$E=\sqrt{2}\cdot\pi\cdot k\cdot n\cdot f\cdot\phi\doteqdot 4.44\cdot k\cdot n\cdot f\cdot\phi\,\text{〔V〕} \qquad (4.2)$$

ϕ：1 極当たりの有効磁束〔Wb〕

k：コイルの巻き方　全節巻($k=1$)，短節巻($k<1$)

出力 P_0〔W〕は，

$$P_0=\sqrt{3}\cdot V\cdot I\cdot\cos\theta\cdot\eta\,\text{〔W〕} \qquad (4.3)$$

効率は発電機が発生したエネルギーに対して取り出せるエネルギーの比で表すよ．

4･1･3　電機子反作用

三相同期発電機に三相平衡負荷を接続し，電機子巻線に三相交流電流が流れると同期速度で回転する回転磁界が発生します．この回転磁界と界磁で生じる主磁束との間で電機子反作用が生じ，その結果，電機子巻線の誘導起電力が変化する現象です．

この作用は，負荷の力率によって異なります．抵抗負荷(力率が 100％)では交さ磁化作用が起き，誘導性負荷(遅れ力率)では減磁作用が起きます．また，容量性負荷(進み力率)では増磁作用が起きます．

電機子反作用とは誘導起電力と負荷電流の位相差が関係するよ．

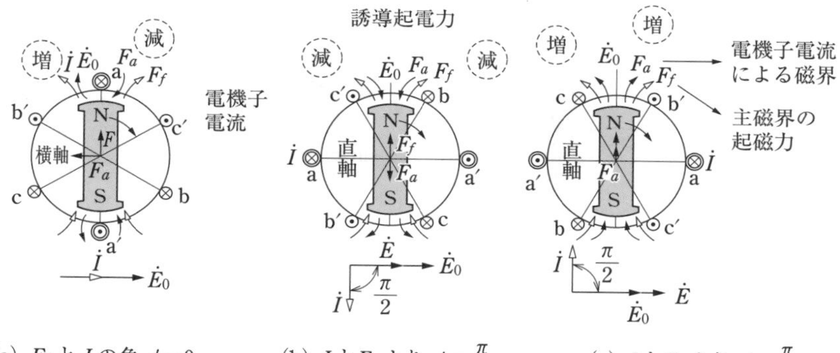

(a) E_0 と I の角 $\phi=0$（交さ磁化作用）（横軸反作用）

(b) I と E_0 より $\phi=\dfrac{\pi}{2}$ 遅れ（減磁作用）（直軸反作用）

(c) I と E_0 より $\phi=\dfrac{\pi}{2}$ 進み（増磁作用）（直軸反作用）

図 4.2　三相同期発電機の電機子反作用

4･1･4　等価回路(一相分)およびベクトル図

電機子反作用による作用を一種のリアクタンスで表すことでき，これを電機子反作用リアクタンスといいます．また，電機子巻線内で漏れ磁束が生じ，これを漏れリアクタンスといいます．それぞれのリアクタンスの和で表したものを同期リアクタンス x_0〔Ω〕といいます．

三相同期発電機の等価回路は図 4.3(a)のとおりです．なお，電機子巻線の巻線抵抗 r_a〔Ω〕は同期リアクタンス x_0〔Ω〕より小さいことから省略する場合があります．なお，三相同期発電機のベクトル図は図 4.3(b)のとおりです．

巻線抵抗の値は小さいから無視するよ．

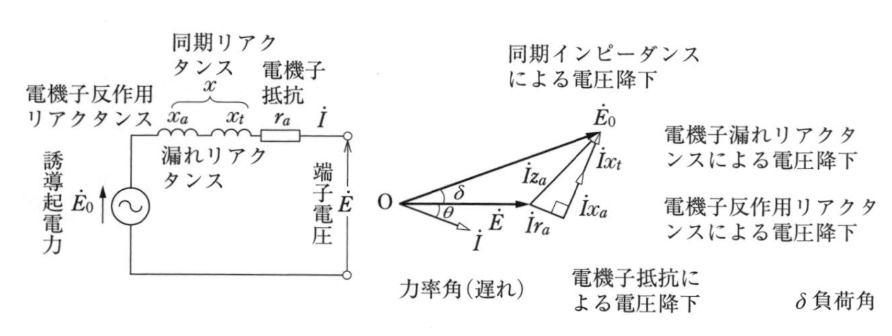

図 4.3　三相同期発電機の等価回路とベクトル図

4･1･5　発電機の出力

同期インピーダンスは $Z=r_a+jx_s$〔Ω〕で表されるが，r_a〔Ω〕が x_s〔Ω〕に比べて十分小さいとき，r_a〔Ω〕を無視した三相同期発電機の一相分の等価回路が図 4.4(a)となります．V〔V〕は端子電圧，E〔V〕は誘導起電力です．

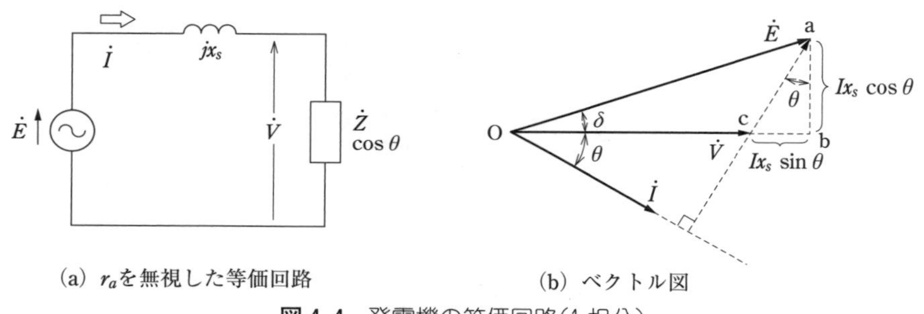

図 4.4　発電機の等価回路（1 相分）

式(4.3)で三相同期発電機内での損失はないものとすると

$$P_0=3\cdot V'\cdot I\cdot\cos\theta\text{〔W〕}$$

V'：相電圧

ベクトル図の線分 ab は，次のように表すことができます．

$$I\cdot x_s\cdot\cos\theta=E\cdot\sin\delta$$

1 相分の出力は，

$$P_0=\frac{E'\cdot V'}{x_s}\cdot\sin\delta\text{〔W〕} \quad\cdots\cdots(4.4)$$

E'：相電圧

試験の直前 CHECK!

- □ **同期機の構造**≫≫界磁巻線と3組のコイルから構成(コイルの配置はそれぞれ120°ずらします)
- □ **同期速度**≫≫ $N_S=\dfrac{120\cdot f}{P}$
- □ **等価回路**≫≫同期リアクタンスが巻線抵抗より大きいのが特徴(ベクトルを含みます).
- □ **出力**≫≫ $P=\sqrt{3}\cdot V\cdot I\cdot\cos\theta\cdot\eta$　　$P=\dfrac{V\cdot E}{x}\cdot\sin\delta$
- □ **電機子反作用**≫≫誘導起電力と負荷電流の位相差によって電機子反作用の現象が異なります.

4・2 同期発電機の電気的特性

重要知識

出題項目 CHECK!

- □ 無負荷飽和特性および三相短絡特性の電気的特性
- □ 電機子反作用と自己励磁作用
- □ 等価回路とベクトル図の描き方
- □ 百分率同期インピーダンスと短絡比の求め方
- □ 並行運転
- □ 出力の求め方

4・2・1　三相同期発電機の特性

三相同期発電機を定格回転速度で無負荷運転し，界磁電流 I_{fg}〔A〕と発電機の端子電圧 V〔V〕との特性を無負荷飽和特性といいます．また，発電機の出力端子を短絡し，定格回転速度で運転したとき，界磁電流 I_{fg}〔A〕と短絡電流 I_S〔A〕との特性を三相短絡特性といい，図 4.5 はこれらの特性を表します．

定格値における同期インピーダンス

$$Z_s = \frac{V_n}{\sqrt{3}I_n}\,〔\Omega〕 \quad \cdots\cdots (4.5)$$

百分率同期インピーダンス

$$\%Z_s = \frac{Z_n I_n}{\dfrac{V_n}{\sqrt{3}}} \times 100\,〔\%〕 \quad (4.6)$$

短絡比

$$K = \frac{I_s}{I_n} = \frac{I_{f1}}{I_{f2}} = \frac{100}{\%Z_s} \quad \cdots (4.7)$$

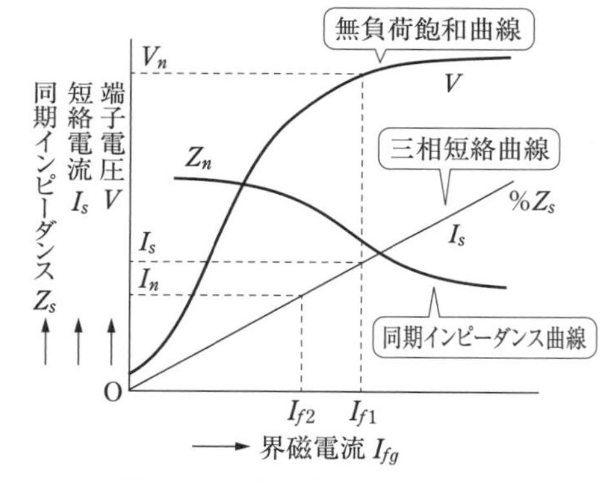

図 4.5　三相同期発電機の特性

一相分の同期インピーダンス Z_s〔Ω〕は，特性曲線から一定値とはならず，定格値で表します．

また，定格電流を流したときに，同期インピーダンスによる電圧降下が定格電圧(相電圧は $\frac{1}{\sqrt{3}}$ 倍)で示したものが百分率同期インピーダンス% Z_s〔%〕です．

同期機の特性を表す定数として短絡比 K があります．無負荷運転(定格回転速度)で定格電圧を発生させるために必要な界磁電流 I_{f1}〔A〕と定格電流(定格回転速度)に等しい三相短絡電流を流すために必要な界磁電流 I_{f2}〔A〕との比で表します．

短絡比が小さい機械では，同期インピーダンスと電機子反作用の影響が大きく，電圧変動率も大きくなります．

(1) 電圧変動率

電圧変動率 ε〔%〕は，界磁電流 I_f〔A〕と回転速度 N〔min^{-1}〕を一定のままで，定格力率における定格出力から無負荷まで変化させたときの端子電圧 V〔V〕の変動する割合で表します．

$$\varepsilon=\frac{V_0-V_n}{V_n}\cdot 100〔\%〕 \quad \cdots\cdots (4.8)$$

V_0：無負荷時の端子電圧〔V〕

V_n：定格負荷時の端子電圧〔V〕

(2) 自己励磁作用

三相同期発電機が無負荷または軽負荷運転のとき，長距離送電線路(容量性負荷)に接続されていると，静電容量のため無励磁で運転しても，残留磁気により無効電流が流れます．この電流は電機子反作用(増磁作用)のため端子電圧が次第に上昇します．この現象を自己励磁作用と呼びます．

4･2･2 三相同期発電機の並行運転

複数の三相同期発電機を一つの母線(最終的には送配電線路)に接続することを発電機の並行運転といいます．

同期発電機の並行運転の条件として

① 起電力の大きさが等しいこと．

② 起電力の位相が一致していること．

③ 起電力の周波数が等しいこと．

④ 起電力の波形が等しいこと．

⑤ 相回転順が等しいこと．

(1) 起電力の大きさが異なると，発電機間に起電力に対してほぼ $\frac{\pi}{2}$〔rad〕の位相差をもつ循環電流(無効横流)が流れ，抵抗損の増加や過熱の原因となります．

(2) 起電力の位相が異なると，位相の進んだ発電機は位相の遅れた発電機に電力を供給し，発電機間の位相差をなくなるように作用します．このとき，発電機間に循環する電流を有効横流(同期化電流)といいます．

(3) 起電力の周波数が異なると，発電機間の位相が等しくない状態が周期的に繰り返し，同期化電流が流れ不安定な運転になります．

なお，平行運転を行う前に，条件が一致しているかを調べるために同期検定装置を用います．

条件が成立しないと大きな循環電流が流れるよ．

試験の直前 CHECK!

☐ **同期インピーダンス≫**

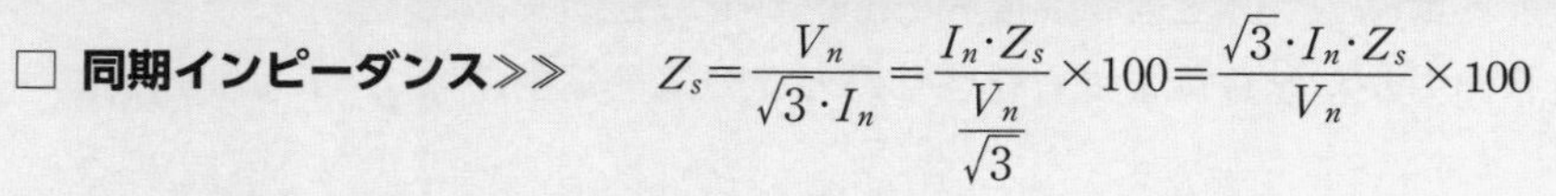

$$Z_s=\frac{V_n}{\sqrt{3}\cdot I_n}=\frac{I_n\cdot Z_s}{\frac{V_n}{\sqrt{3}}}\times 100=\frac{\sqrt{3}\cdot I_n\cdot Z_s}{V_n}\times 100$$

☐ **短絡比≫**　$K=\frac{I_s}{I_n}=\frac{I_{f2}}{I_{f1}}=\frac{1}{Z_s}\times 100$

☐ **電気的特性≫**無負荷飽和特性および短絡特性．

☐ **自己励磁作用≫**三相同期発電機を無負荷又は軽負荷時に長距離送電線路に接続すると，無効電流が流れることで端子電圧が上昇する現象．

☐ **並行運転≫**起電力の大きさが等しく，位相が一致し，周波数が等しいこと．

国家試験問題

問題 1

並行運転しているA及びBの2台の三相同期発電機がある．それぞれの発電機の負荷分担が同じ7 300 kWであり，端子電圧が6 600 Vのとき，三相同期発電機Aの負荷電流 I_A が1 000 A，三相同期発電機Bの負荷電流 I_B が800 Aであった．損失は無視できるものとして，次の(a)及び(b)の問に答えよ．

(a) 三相同期発電機Aの力率の値〔%〕として，最も近いものを次の(1)～(5)のうちから一つ選べ．

(1) 48　(2) 64　(3) 67　(4) 77　(5) 80

(b) 2台の発電機の合計の負荷が調整の前後で変わらずに一定に保たれているものとして，この状態から三相同期発電機A及びBの励磁及び駆動機の出力を調整し，三相同期発電機Aの負荷電流は調整前と同じ1 000 Aとし，力率は100 %とした．このときの三相同期発電機Bの力率の値〔%〕として，最も近いものを次の(1)～(5)のうちから一つ選べ．

ただし，端子電圧は変化しないものとする．

(1) 22　(2) 50　(3) 71　(4) 87　(5) 100

《R1-15》

解 説

(a) 三相同期発電機 A の力率は，

発電機Aの皮相電力 S_A〔kV·A〕を求めると，

$$S_A=\sqrt{3}\cdot V\cdot I_A=\sqrt{3}\cdot 6.6\cdot 1\,000=6\,600\sqrt{3}\text{〔kV·A〕}$$

$$\cos\theta_A=P_A/S_A=\frac{7\,300}{6\,600\cdot\sqrt{3}}=0.6386\fallingdotseq 0.64\ (64\text{〔\%〕})$$

(b) 三相同期発電機の並行運転で，

発電機Aの力率を100%に調整後，発電機Bの負荷分担を考えると，

AおよびBの有効電力 P_A，P_B〔kW〕を求めると(題意より，負荷は変わらない)，

皮相電力と有効電力の比で求まるよ．

$P_A = \sqrt{3} \cdot V \cdot I_A \cdot \cos\theta_A = \sqrt{3} \cdot 6.6 \cdot 1\,000 \cdot 1 \fallingdotseq 11\,432$〔kW〕　A は増加します.

$P_B = 2 \cdot 7\,300 - 11\,432 = 3\,168$〔kW〕　　B の有効電力は減少します.

A および B の無効電力 Q_A，Q_B〔kW〕を求めると,

発電機 A の調整前は,

$Q_A = \sqrt{3} \cdot V \cdot I_A \cdot \sin\theta_A = \sqrt{3} \cdot 6.6 \cdot 1\,000 \cdot \sqrt{1 - 0.6386^2} = 8\,797.0$〔kvar〕

調整後は,

$Q_A = 0$〔kvar〕　無効電力は減少します.

発電機 B の調整前は,

$Q_B = \sqrt{3} \cdot V \cdot I_B \cdot \sin\theta_B = \sqrt{3} \cdot 6.6 \cdot 800 \cdot \sqrt{1 - 0.7982^2} = 5\,509.0$〔kvar〕

調整後は(発電機 A の無効分も負担することから),

$Q_B = Q_A + Q_B = 8\,797 + 5\,509 = 14\,306$〔kvar〕　　無効電力は増加する.

$\cos\theta_B =$ 有効電力/皮相電力 $= 3\,168 / \sqrt{3\,168^2 + 14\,306^2} = 0.2162$

$\fallingdotseq 0.22$(22〔%〕)

負荷分担は，一方の負荷容量が分かれば求まるよ.

問題 2

三相同期発電機があり，定格出力は 5 000〔kV·A〕，定格電圧 6.6〔kV〕，短絡比は 1.1 である．この発電機の同期インピーダンス〔Ω〕の値として，最も近いのは次のうちどれか.

(1) 2.64　(2) 4.57　(3) 7.92　(4) 13.7　(5) 23.8

《基本問題》

解説

同期インピーダンス Z_s〔Ω〕を求めるためには，定格電圧時の電流 I_s (短絡電流)を求めます．短絡比 K が与えられていることから,

$$K = \frac{短絡電流 I_s}{定格電流 I_n} = 1.1 \quad より,$$

短絡電流は　$I_s = K \cdot I_n$

出力 $P = \sqrt{3} \cdot V_n \cdot I_n \cdot \cos\phi$〔W〕　より

$$定格電流 I_n = \frac{P}{\sqrt{3} \cdot V_n \cdot \cos\phi} = \frac{5\,000}{\sqrt{3} \cdot 6.6} = 437.4〔A〕$$

短絡電流 I_S は，定格電流の 1.1 倍から 481.1〔A〕

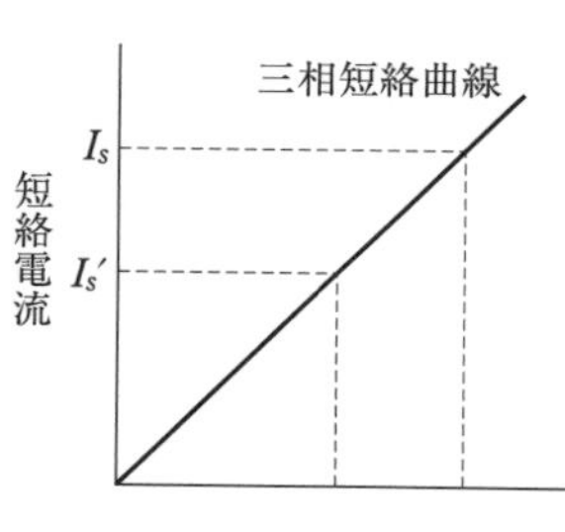

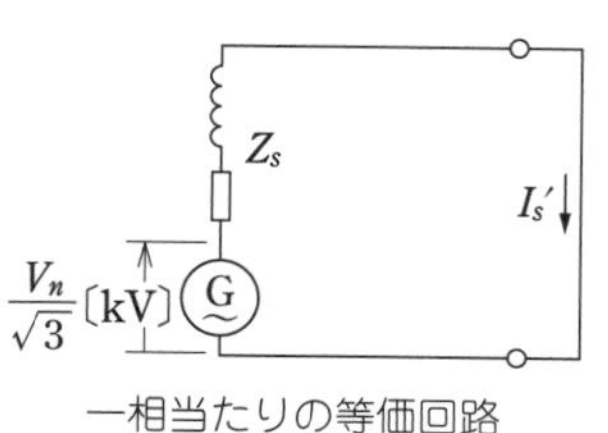

一相当たりの等価回路

同期インピーダンスは，オームの法則で計算できるよ.

したがって，同期インピーダンス Z_S は，次のようになります.

$$Z_s = \frac{V_n/\sqrt{3}}{I_s} = \frac{6\,600\sqrt{3}}{481.1} = 7.92〔Ω〕$$

問題3

定格出力5 000〔kV·A〕，定格電圧6 600〔V〕の三相同期発電機がある．無負荷時に定格電圧となる励磁電流に対する三相短絡電流(持続短絡電流)は，500〔A〕であった．この同期発電機の短絡比の値として，最も近いのは次のうちどれか．

(1) 0.660　(2) 0.875　(3) 1.00　(4) 1.14　(5) 1.52

《H21-5》

解説

三相同期発電機の短絡比 K を求める問で，

短絡比　$K=\dfrac{I_S}{I_n}=\dfrac{I_{f2}}{I_{f1}}$ より，

$$I_n=5\,000\times\frac{10^3}{\sqrt{3}\cdot 6\,600}$$

$=437$〔A〕

$$K=\frac{500}{437.4}=1.1481\fallingdotseq 1.14$$

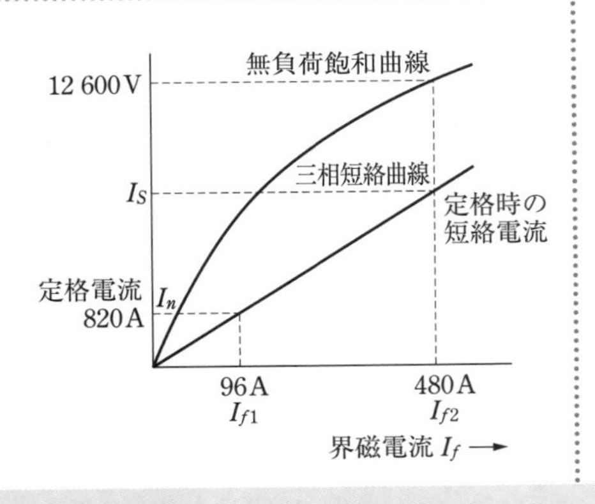

定格電流に対して短絡電流の比から求めるよ．

問題4

次の文章は，同期発電機に関する記述である．

Y結線の非突極形三相同期発電機があり，各相の同期リアクタンスが3〔Ω〕，無負荷時の出力端子と中性点間の電圧が424.2〔V〕である．この発電機に1相当たり $R+jX_L$〔Ω〕の三相平衡Y結線の負荷を接続したところ各相に50〔A〕の電流が流れた．接続した負荷は誘導性でそのリアクタンス分は3〔Ω〕である．ただし，励磁の強さは一定で変化しないものとし，電機子巻線抵抗は無視するものとする．

このときの発電機の出力端子間電圧〔V〕の値として，最も近いものを次の(1)～(5)のうちから一つ選べ．

(1) 300　(2) 335　(3) 475　(4) 581　(5) 735

《H23-4》

解説

題意より発電機の無負荷相電圧 E_0 は，424.2〔V〕，定格相電流 I_n は50〔A〕，回路全体のインピーダンス Z_s〔Ω〕は，

$$Z_s=\frac{E_0}{I_n}=\frac{424.2}{50}=8.484\text{〔Ω〕}$$

負荷抵抗 R〔Ω〕は，

$$R=\sqrt{Z_0{}^2-(X_S+X_L)^2}=\sqrt{8.484^2-6^2}$$

$=5.998\fallingdotseq 6.00$〔Ω〕

負荷の端子電圧 V〔V〕は，

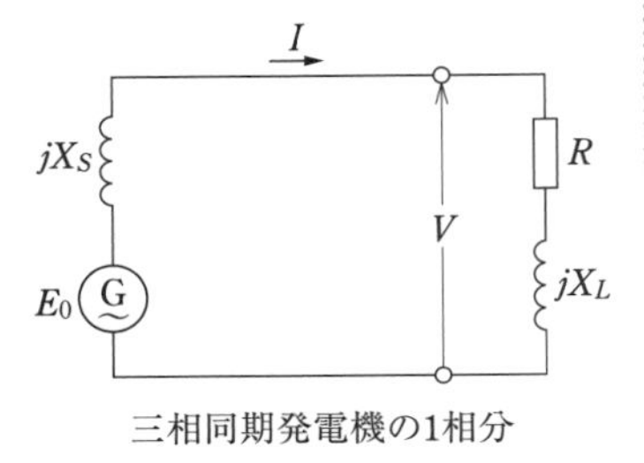

三相同期発電機の1相分

回路のインピーダンスを求め，電圧降下が求まるよ．

$$V=\sqrt{3}\cdot I\cdot Z_0=\sqrt{3}\cdot 50\cdot\sqrt{6^2+3^2}$$
$$=580.9\fallingdotseq 581\,〔\mathrm{V}〕$$

問題 5

図は，三相同期発電機が負荷を負って遅れ力率角 ϕ で運転しているときの，電機子巻線 1 相についてのベクトル図である．ベクトル(ア)，(イ)，(ウ)及び(エ)が表すものとして，正しいものを組み合わせたのは次のうちどれか．

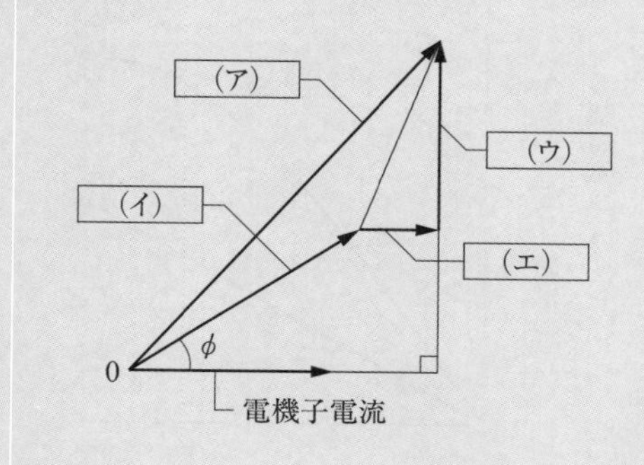

	(ア)	(イ)	(ウ)	(エ)
(1)	誘導起電力	端子電圧	同期リアクタンス降下	電機子巻線抵抗降下
(2)	誘導起電力	端子電圧	電機子巻線抵抗降下	同期インピーダンス降下
(3)	端子電圧	誘導起電力	同期リアクタンス降下	電機子巻線抵抗降下
(4)	誘導起電力	端子電圧	同期インピーダンス降下	同期リアクタンス降下
(5)	端子電圧	誘導起電力	電機子巻線抵抗降下	同期リアクタンス降下

《基本問題》

解説

三相同期発電機の誘導起電力と端子電圧の関係を問うもので，ベクトル図は次のとおりです．

基準ベクトルを電機子電流とし，端子電圧 V は題意より遅れ力率であることから，端子電圧は ϕ だけ進む(基準ベクトルから見て，反時計回りに ϕ だけ進む)．(イ)は端子電圧となります．

r_b　I　jx_S　V　E_0　G

同期発電機の一相当たりの等価回路

電機子巻線による電圧降下($I\cdot r_a$)と電機子電流との位相差は同相で，電機子電流と平行線になります．(エ)は電機子巻線の抵抗による電圧降下となります．

また，同期リアクタンスの電圧降下は $\dfrac{\pi}{2}$〔rad〕進みで，(ウ)が同期リアクタンスの電圧降下($I\cdot jx_S$)の電圧降下です．これらを合成したものが誘導起電力となり，(ア)が誘導起電力を表します．

発電機が負荷に供給するベクトル図を表すよ.

(p.80～83 の解答) **問題 1**→(a)−(2)，(b)−(1) **問題 2**→(3) **問題 3**→(4) **問題 4**→(4) **問題 5**→(1)

問題 6

図は，同期発電機の無負荷飽和曲線(A)と短絡曲線(B)を示している．図中で V_n〔V〕は端子電圧(星形相電圧)の定格値，I_n〔A〕は定格電流，I_s〔A〕は無負荷で定格電圧を発生するときの界磁電流と等しい界磁電流における短絡電流である．この発電機の百分率同期インピーダンス Z_s〔%〕を示す式として，正しいものを次の(1)～(5)のうちから一つ選べ．

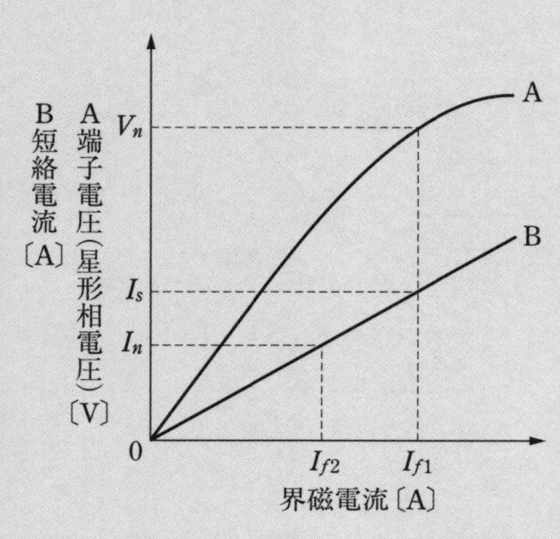

(1) $\dfrac{I_s}{I_n}\times 100$　　(2) $\dfrac{V_n}{I_n}\times 100$　　(3) $\dfrac{I_n}{I_{f2}}\times 100$　　(4) $\dfrac{V_n}{I_{f1}}\times 100$　　(5) $\dfrac{I_{f2}}{I_{f1}}\times 100$

《H27-5》

解説

三相同期発電機の百分率同期インピーダンス% Z_s を求める問題で，公式は次のとおりです．

$$\% Z_s = I_n \cdot \frac{Z_s}{V_n} \times 100 〔\%〕 \quad \cdots\cdots ①$$

Z_s は同期インピーダンスで，次のように求めることができます．

$$Z_s = \frac{V_n}{I_s} 〔\Omega〕 \quad \cdots\cdots ②$$

したがって，①式に②式を代入すると

$$\% Z_s = I_n \cdot \frac{Z_s}{V_n} \times 100 = I_n \cdot \frac{\frac{V_n}{I_s}}{V_n} \times 100 = \frac{I_n}{I_s} \times 100 〔\%〕$$

短絡特性は励磁電流に比例することから，電流の比 $\dfrac{I_n}{I_s}$ と $\dfrac{I_{f2}}{I_{f1}}$ が成立します．

$$\% Z_s = \frac{I_n}{I_s} \times 100 = \frac{I_{f2}}{I_{f1}} \times 100 〔\%〕$$

百分率同期インピーダンスは短絡インピーダンスの電圧降下を定格電圧(一相分)の比で表すよ．求めた式の短絡インピーダンスを消去すると求まるよ．

問題 7

定格容量 P〔kV·A〕，定格電圧 V〔V〕の星形結線の三相同期発電機がある．電機子電流が定格電流の 40 %，負荷力率が遅れ 86.6 %（$\cos 30° = 0.866$），定格電圧でこの発電機を運転している．このときのベクトル図を描いて，負荷角 δ の値〔°〕にとして，最も近いものを次の(1)～(5)のうちから一つ選べ．ただし，この発電機の電機子巻線の１相当たりの同期リアクタンスは単位法で 0.915 $p.u.$，１相当たりの抵抗は無視できるものとし，同期リアクタンスは磁気飽和等に影響されず一定であるとする．

(1) 0　　(2) 15　　(3) 30　　(4) 45　　(5) 60

《H30-6》

解説

三相同期発電機の負荷角 δ〔°〕を求めるもので，図は三相同期発電機の等価回路です．また，端子電圧 V を基準ベクトルとして作成したベクトル図です．

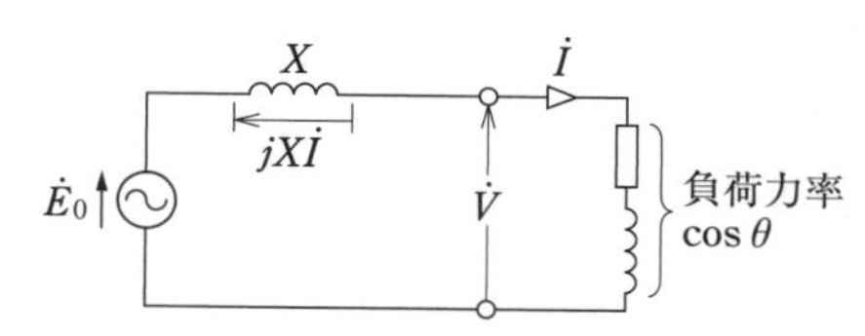

$\dot{E}$：1相分の誘導起電力〔V〕
X：同期リアクタンス〔Ω〕
$\dot{V}$：出力端子の線間電圧〔V〕
δ：E_0 と V の位相差〔°〕

負荷角 δ は

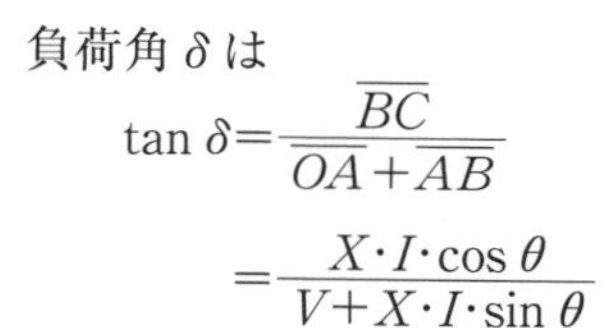

$$\tan\delta = \frac{\overline{BC}}{\overline{OA}+\overline{AB}}$$

$$= \frac{X\cdot I\cdot\cos\theta}{V+X\cdot I\cdot\sin\theta}$$

$p.u$ はユニット単位系で，リアクタンスの電圧降下（$I\cdot X$）を発電機に端子電圧の比で表したものです．

$$\frac{I\cdot X}{V} = 0.915〔.p.u〕$$

$$\tan\delta = \frac{0.915\cdot 0.4\cdot\cos\delta}{1+0.915\cdot 0.4\cdot\sin\theta} = \frac{0.366\cdot\cos\delta}{1+0.366\sin\delta}$$

参考事項　$\cos\delta = \cos 30° = \frac{\sqrt{3}}{2}$，$\sin\delta = \sin 30° = \frac{1}{2}$

$$= \frac{0.366\cdot\frac{\sqrt{3}}{2}}{1+0.366\cdot\frac{1}{2}} = 0.2679$$ となり，

仮に　$\delta = 30$〔°〕の $\tan\delta$ を計算すると，

$$\tan 30° = \frac{\sin 30°}{\cos 30°}$$

$$= \frac{\frac{1}{2}}{\frac{\sqrt{3}}{2}} = \frac{1}{\sqrt{3}} = 0.5774$$

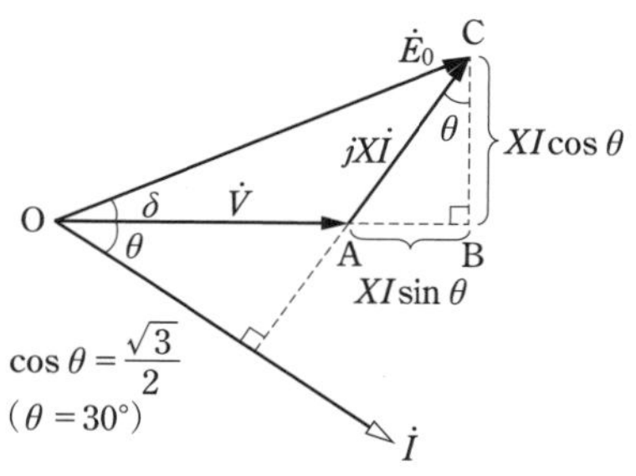

次に $\delta = 0$〔°〕の $\tan\delta$ を求めると，

$$\tan 0° = \frac{0}{1} = 0$$

端子電圧と誘導起電力の位相差を負荷角といい，巻線抵抗よる電圧降下は小さいから無視するよ．ベクトル図から加法定理を用いると求まるよ．

の値から角度は0°より大きく30°未満であることが分かります.

次に，角度15°を計算するためには三角関数の加法定理を用いると，

$$\tan 15° = (\tan 45° - \tan 30°) = \frac{(\tan 45° - \tan 30°)}{(1 + \tan 45° \cdot \tan 30°)}$$

$$= \frac{1 - \frac{1}{\sqrt{3}}}{1 + \frac{1}{\sqrt{3}}} = \frac{\sqrt{3} - 1}{\sqrt{3} + 1} = 0.2679$$

以上のことから15°です.

なお，tan 15° = (tan 60° − tan 45°) も同様に求めることができます.

問題8

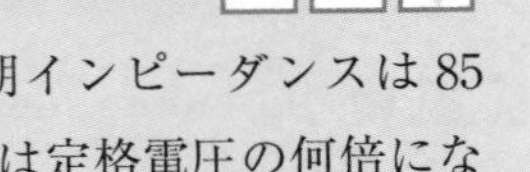

定格電圧，定格電流，力率1.0で運転中の三相同期発電機で，百分率同期インピーダンスは85 %である．励磁電流を変えないで無負荷にしたとき，この発電機の端子電圧は定格電圧の何倍になるか．最も近いものを次の(1)～(5)のうちから一つ選べ.

ただし，電機子巻線抵抗と磁気飽和は無視できるものとする.

(1) 1.0　　(2) 1.1　　(3) 1.2　　(4) 1.3　　(5) 1.4

《H27-4》

解説

同期発電機の等価回路は，右図のとおりです.

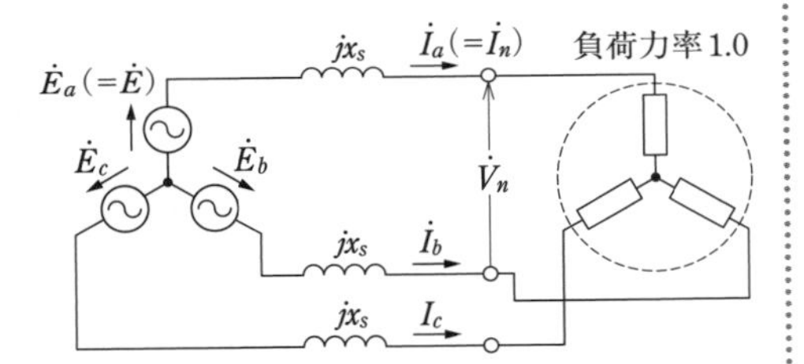

電機子巻線抵抗は題意より無視したとき，同期リアクタンス jx_s とします.

一相当たりの出力の端子電圧は $\frac{\dot{V}_n}{\sqrt{3}}$ と誘導起電力 $\dot{E}$ のベクトル図は右図のとおりとなります．無負荷時も励磁電流は変わらないので，誘導起電力 $\dot{E}$ は一定で発電機の端子電圧は誘導起電力と等しくなります.

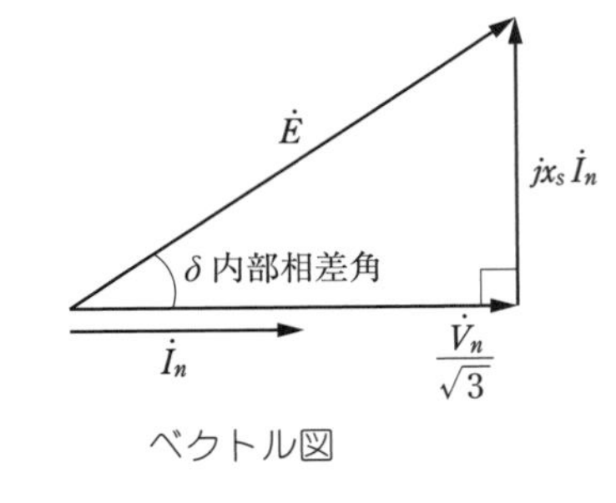

ベクトル図

$$\% x_s = \frac{I_n \cdot x_s}{\frac{V_n}{\sqrt{3}}} \cdot 100 〔\%〕$$

$$I_n \cdot x_s = \frac{\% x_s}{100} \cdot \frac{V_n}{\sqrt{3}} = 0.85 \cdot \frac{V_n}{\sqrt{3}}$$

負荷時の端子電圧に対して無負荷時の端子電圧の比で求めるよ.

よって，

$$E=\sqrt{\left(\frac{V_n{}^2}{\sqrt{3}}\right)^2+\left(0.85\cdot\frac{V_n}{\sqrt{3}}\right)^2}=\frac{V_n}{\sqrt{3}}\cdot\sqrt{(1+0.85^2)}=1.312\cdot\frac{V_n}{\sqrt{3}}$$

無負荷時端子電圧

$$V_n{}'=\sqrt{3}\cdot E=1.312\cdot V_n$$

$$\frac{V_n{}'}{V_n}=1.312\fallingdotseq 1.3〔倍〕$$

問題 9

同期発電機を商用電源（電力系統）に遮断器を介して接続するためには，同期発電機の［ア］の大きさ，［イ］及び位相が商用電源のそれらと一致していなければならない．同期発電機の商用電源への接続に際しては，これらの条件が一つでも満足されていなければ，遮断器を投入したときに過大な電流が流れることがあり，場合によっては同期発電機が損傷する．仮に，［ア］の大きさ，［イ］が一致したとしても，位相が異なる場合には位相差による電流が生じる．同期発電機が無負荷のとき，この電流が最大となるのは位相差が［ウ］〔°〕のときである．

同期発電機の［ア］の大きさ，［イ］及び位相を商用電源のそれらと一致させるには，［エ］及び調速装置を用いて調整する．

上記の記述中の空白箇所（ア），（イ），（ウ）及び（エ）に当てはまる語句または数値として，正しいものを組み合わせたのは次のうちどれか．

	（ア）	（イ）	（ウ）	（エ）
(1)	インピーダンス	周波数	60	誘導電圧調整器
(2)	電　圧	回転速度	60	電圧調整装置
(3)	電　圧	周波数	60	誘導電圧調整器
(4)	インピーダンス	回転速度	180	電圧調整装置
(5)	電　圧	周波数	180	電圧調整装置

《H21-4》

解 説

三相同期発電機の並行運転（商用電源と三相同期発電機）に関するもので，並行運転の条件は，一つ目は起電力（電圧）の大きさが等しいことです．

二つ目は電源周波数が等しく，三つ目がそれぞれの位相も等しいことです．

（ア）は電圧で，（イ）は周波数となります．前者の条件が成立しても三つ目の条件である位相のずれによって，循環電流が流れます．

この電流が最大になるのは，位相が 180°（π〔rad〕）ずれたときが最大となり，（ウ）は 180 です．並行条件を調整するには，一つは，発電機の電圧を調整するために電圧調整装置があります．

周波数を変えるためには，電動機の回転速度を変える調速装置が必要です．（エ）は，前者の電圧調整装置です．

並行運転の条件だよ．

（p.84～87 の解答）　問題 6 →(5)　問題 7 →(2)　問題 8 →(4)　問題 9 →(5)

4・3 三相同期電動機の原理と構造

重要知識

出題項目 CHECK!

- □ 原理・構造と等価回路およびベクトル図の描き方
- □ 同期速度の求め方
- □ 電機子反作用
- □ 出力とトルクの求め方

4・3・1　三相同期電動機の原理

同期電動機の構造は同期発電機と同じであり，電機子巻線(固定子)に三相交流の電流を流すことで回転磁界ができます．なお，回転子の回転方向は相順で決まります．同期電動機に電源電圧を加えると回転磁界を生じても，始動トルクが零のため回転することができません．そのため，同期電動機を始動するには同期速度近くまで回転させるために起動装置が必要となります．

また，回転子の回転速度は同期速度と同じで負荷の変動にかかわらず常に一定です．

同期電動機は誘導機のように滑りは起こらないよ．

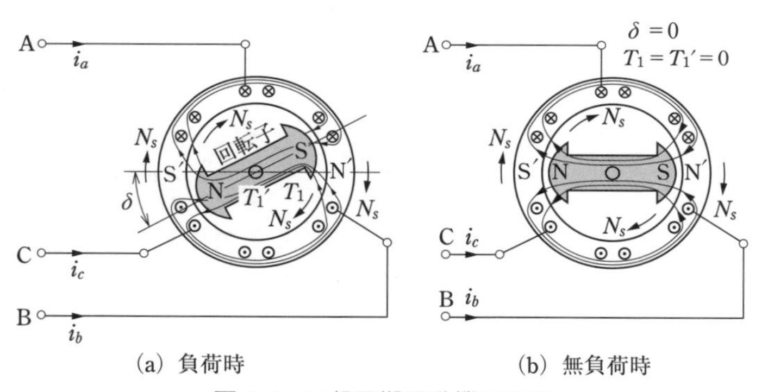

(a) 負荷時　　(b) 無負荷時

図 4.6　三相同期電動機の原理

回転磁界(N′−S′)と回転子磁極(N−S)と間にできる角 δ を負荷角(トルク角)といいます．この負荷角は負荷の増減によって変わります．

4・3・2　等価回路

三相同期電動機の等価回路は，図 4.7 のように表します．

なお，等価回路は一相分です．

$\dot{V}$〔V〕は端子電圧で，$\dot{E}$〔V〕は逆起電力で，r_a〔Ω〕は電機子巻線抵抗で，x_s〔Ω〕は漏れリアクタンスです．

$$\dot{V}=\dot{E}+(r_a+jx_s)\cdot\dot{I}\ \text{〔V〕} \quad \cdots (4.9)$$

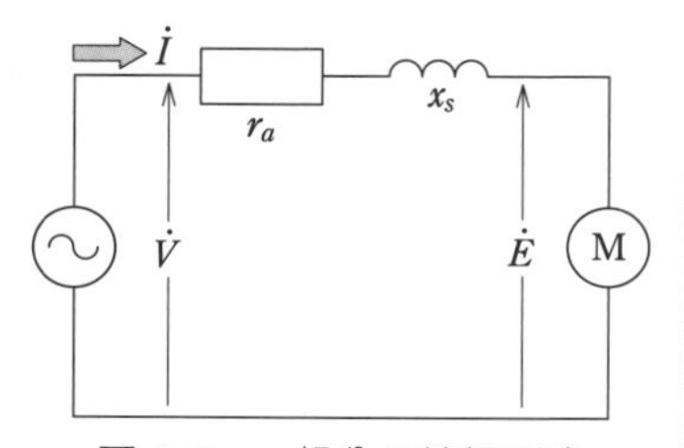

図 4.7　一相分の等価回路

負荷電流の流れる向きが違うよ．

4·3·3　電機子反作用

同期電動機の電機子電流の方向は，同期発電機とは反対方向になるので遅れ電流の位相では増磁作用となり，進み電流の位相では減磁作用となります．

4·3·4　入·出力とトルク

図 4.8 は，電機子巻線の抵抗 r_a を無視したときの一相分の等価回路とベクトル図です．三相同期電動機の一相分の入力 P〔kW〕は，$P = V \cdot I \cdot \cos\theta$ です．

ベクトル図から，

$V \cdot \sin\delta = I \cdot x_s \cdot \cos\phi$ であるから，一相分の出力 P_0〔W〕は，

$$P_0 = E \cdot I \cdot \cos\phi = \frac{V \cdot E}{x_s} \cdot \sin\delta \text{〔W〕} \quad \cdots\cdots (4.10)$$

出力は負荷角 δ の正弦($\sin\delta$)に比例します．

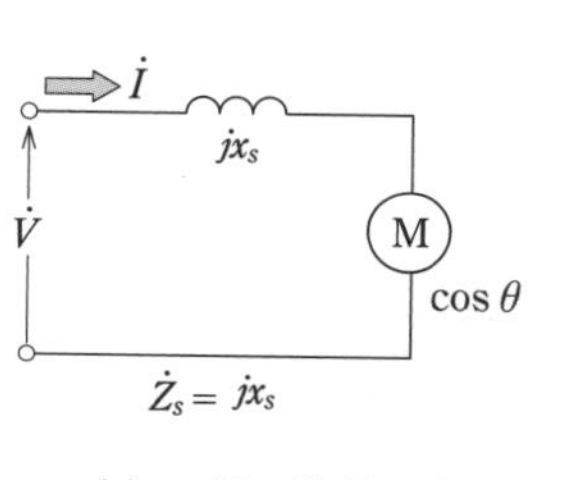

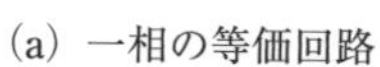

(a) 一相の等価回路

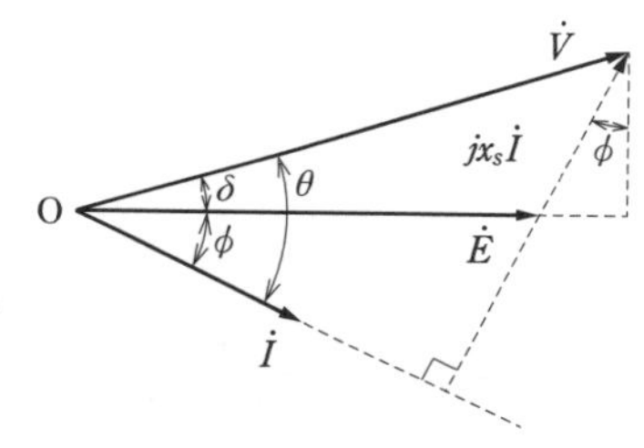

(b) ベクトル図

図 4.8　三相同期電動機の等価回路とベクトル図

出力は発電機も電動機も同じだよ．

三相同期電動機の全出力は，$3P_0$〔W〕からトルク T〔N·m〕は，

$$P_0 = \omega_N \cdot T = 2 \cdot \pi \cdot N_S \cdot T \text{〔kW〕} \quad \cdots\cdots (4.11)$$

ω_N ：同期角速度〔rad/s〕

$$T = \frac{P_0}{2 \cdot \pi \cdot N_S} = \frac{V \cdot E}{x_s \cdot \sin\delta} \cdot \frac{1}{2 \cdot \pi \cdot N_S} \text{〔N·m〕} \quad \cdots\cdots (4.12)$$

トルクも負荷角 δ の正弦($\sin\delta$)に比例し，δ〔rad〕が $\frac{\pi}{2}$〔rad〕で最大となります．さらに，負荷角が大きくなり π〔rad〕までずれるとトルクは小さくなり，同期電動機は停止します．これを同期はずれといい，このときのトルクを脱出トルクといいます．

また，負荷が急変すると負荷角 δ も変化し，変動後の次の負荷角 δ' に移行しようとします．しかし，回転体の慣性により速度が不安定となる現象を乱調といいます．この乱調を防止するために制動巻線やはずみ車を設けます．

● 試験の直前 ● CHECK!

- □ **出力≫**　$P = \sqrt{3} \cdot V \cdot I \cdot \cos\theta \cdot \eta$　　$P = \frac{V \cdot E}{x} \cdot \sin\delta$
- □ **トルク≫**　$P = \omega_N \cdot T = 2 \cdot \pi \cdot N_S \cdot T$

4・4 三相同期電動機の始動法

出題項目 CHECK!

- □ 始動法
- □ 位相特性曲線

4・4・1　同期電動機の始動法

同期電動機は始動トルクがないために，同期速度付近まで回転させる必要があります．その方法として，自己始動法と始動電動機法があります．

始動トルクがないために始動できないよ．

(1) 自己始動法

回転子の磁極面に制動巻線を施し，この巻線によりトルクを発生させる方法です．かご形誘導電動機のように全電圧始動を行うと大きな始動電流が流れるために，これを防ぐために始動補償器などを用いて，低電圧で始動します．

(2) 始動電動機法

始動用電動機(直流電動機または誘導電動機)によって始動し，同期速度付近まで上昇させた後，同期電動機を励磁して電動機として運転します．

4・4・2　同期電動機の位相特性曲線(V 曲線)

三相同期電動機の定格電圧 V_n，電機子電流 I_a，力率 $\cos\theta=1$ で運転したときのベクトル図は図 4.9(a)のようになります．負荷の変動にかかわらず，誘導起電力 $\dot{E}\cdot\sin\delta=jI_a\cdot x_s$ で，電機子電流が増加しても同期リアクタンスの電圧降下が小さく，E はほぼ一定です．E は X−X′ の線上を移動します．

仮に界磁電流 I_f を増加すると，増磁作用(電機子反作用)により E が増加することで電機子電流も増加し，力率も進み力率で，これが図 4.9 の(b)です．

次に界磁電流 I_f を減少すると，減磁作用(電機子反作用)により E が減少することで電機子電流が増加し，力率は遅れ力率で，これが図 4.9 図の(c)です．

電機子電流を縦軸に，界磁電流を横軸に描くと図 4.10 の三相同期電動機の位相特性曲線(V 曲線)になります．

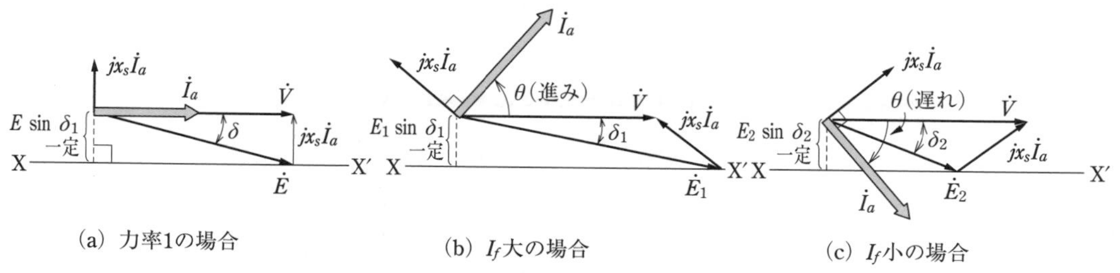

図 4.9　三相同期電動機の運転時(ベクトル図)

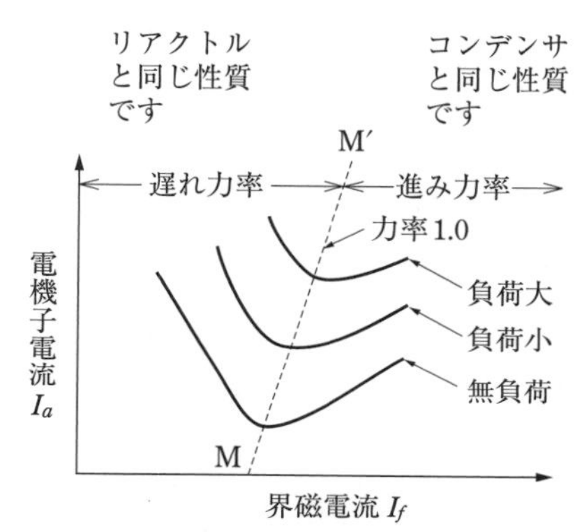

図 4.10　三相同期電動機の V 特性曲線

負荷が変動することで，電機子作用によってトルクが増減するよ．

界磁電流を調整して電機子電流が最小になるのは力率が 100% に相当する点で，図 4.10 の M〜M′ で示します．三相同期電動機を過励磁(界磁電流を調整して電機子電流の最小値より増加する)では進み力率となります．逆に不足励磁(界磁電流を調整して電機子電流の最小値より減少する)にすると遅れ力率となります．

試験の直前 ● CHECK!

- □ **同期電動機の始動法**≫≫自己始動法，始動電動機法
- □ **位相特性**≫≫界磁電流に対して負荷電流の関係を示す特性．

国家試験問題

問題 1

交流電動機に関する記述として，誤っているものを次の(1)～(5)のうちから一つ選べ．

(1) 同期機と誘導機は，どちらも三相電源に接続された固定子巻線(同期機の場合は電機子巻線，誘導機の場合は一次側巻線)が，同期速度の回転磁界を発生している．発生するトルクが回転磁界と回転子との相対位置の関数であれば同期電動機であり，回転磁界と回転子との相対速度の関数であれば誘導電動機である．

(2) 同期電動機の電機子端子電圧を V〔V〕(相電圧実効値)，この電圧から電機子電流の影響を除いた電圧(内部誘導起電力)を E_0〔V〕(相電圧実効値)，V と E_0 との位相角を δ〔rad〕，同期リアクタンスを X〔Ω〕とすれば，三相同期電動機の出力は，$3\times\left(E_0\cdot\dfrac{V}{X}\right)\cdot\sin\delta$〔W〕となる．

(3) 同期電動機では，界磁電流を増減することによって，入力電力の力率を変えることができる．電圧一定の電源に接続した出力一定の同期電動機の界磁電流を減少していくと，V 曲線に沿って電機子電流が増大し，力率 100〔%〕で電機子電流が最大になる．

(4) 同期調相機は無負荷運転の同期電動機であり，界磁電流が作る磁束に対する電機子反作用による増磁作用や減磁作用を積極的に活用するものである．

(5) 同期電動機では，回転子の磁極面に設けた制動巻線を利用して停止状態からの始動ができる．

《H23-5》

解 説

(1) 誘導電動機の固定子によって作られる回転磁界と回転子の位置関係は滑りが関係するので速度の相対関係であるに対して，三相同期電動機は回転磁界と界磁電流の間でトルクが発生することから回転磁界と回転子の位置の相対関係から，正しいです．

(2) 三相同期電動機の出力を求める計算式であるから，正しいです．

(3) 三相同期電動機の位相特性(V 曲線)に関するもので，界磁電流を調整すると電機子電流が変化(増減)し，この関係をグラフに表すと V(アルファベット)曲線を描きます．グラフより電機子電流の最小になる点が力率100%で，これより界磁電流を減少すると電機子電流は増加し，位相は遅れ力率となります．また，100 %より界磁電流を増加すると進み位相となり，電機子電流も増加します．したがって，電機子電流は力率100%では最小となるため，間違いとなります．

(4) 同期調速機の説明で界磁電流の増減によって，電機子電流の位相が遅れ位相から進み位相まで変化することを利用したものであるから，正しいです．

(5) 三相同期電動機のトルクが小さいため自己始動ができません．そこで，同期電動機に接続された駆動用電動機で始動するか，または電動機に制動巻線

同期機と誘導電動機との違いだよ．

を設け，三相誘導電動機と同様に始動する方法があるから，正しいです．

問題 2

三相同期電動機は，50〔Hz〕又は 60〔Hz〕の商用交流電源で駆動されることが一般的であった．電動機としては，極数と商用交流電源の周波数によって決まる一定速度の運転となること，[ア]電流を調整することで力率を調整することができ，三相誘導電動機に比べて高い力率の運転ができることなどに特徴がある．さらに，誘導電動機に比べて[イ]を大きくできるという構造的な特徴などがあることから，回転子に強い衝撃が加わる鉄鋼圧延機などに用いられている．

しかし，商用交流電源で三相同期電動機を駆動する場合，[ウ]トルクを確保する必要がある．近年，インバータなどパワーエレクトロニクス装置の利用拡大によって可変電圧可変周波数の電源が容易に得られるようになった．出力の電圧と周波数がほぼ比例するパワーエレクトロニクス装置を使用すれば，[エ]を変えると[オ]が変わり，このときのトルクを確保することができる．

さらに，回転子の位置を検出して電機子電流と界磁電流をあわせて制御することによって幅広い速度範囲でトルク応答性の優れた運転も可能となり，応用範囲を拡大させている．

上記の記述中の空白箇所(ア)，(イ)，(ウ)，(エ)および(オ)に当てはまる語句として，正しいものを組み合わせたのは次のうちどれか．

	(ア)	(イ)	(ウ)	(エ)	(オ)
(1)	励　磁	固定子	過負荷	周波数	定格速度
(2)	励　磁	固定子	始　動	電　圧	定格速度
(3)	電機子	空げき	過負荷	電　圧	定格速度
(4)	電機子	固定子	始　動	周波数	同期速度
(5)	励　磁	空げき	始　動	周波数	同期速度

《H22-5》

解 説

界磁(励磁)電流を調整することで力率が調整できることから，(ア)は励磁電流となります．

誘導電動機に比べて，ギャップ(空げき)が大きく，機械的に堅牢であり，磁極数が多い低速機においても効率が高く維持することができることから，(イ)は空げきです．

一方，電動機を始動する場合には始動トルクがほぼ零であるから，適切な始動法で同期速度近くまで上昇する必要があり，(ウ)は始動です．

近年，パワーエレクトロニクス技術が進歩して周波数 f を変えることが可能となり，その結果，同期速度 N_S も変化させることで始動が確保されるようになりました．したがって，(エ)は周波数で，(オ)は同期速度となります．

誘導機の特徴を考えるといいよ．

第4章 同期機

問題3

定格電圧200〔V〕，定格周波数60〔Hz〕，6極の三相同期電動機があり，力率0.9(進み)，効率80〔%〕で運転し，トルク72〔N·m〕を発生している．この電動機について，次の(a)及び(b)に答えよ．

(a) このときの出力〔kW〕の値として，最も近いのは次のうちどれか．

(1) 0.92　(2) 1.4　(3) 5.2　(4) 7.5　(5) 9.0

(b) このときの線電流〔A〕の値として，最も近いのは次のうちどれか．

(1) 3.7　(2) 19　(3) 30　(4) 36　(5) 63

《基本問題》

解説

出力はトルクに比例するよ．

(a) 出力 P を求めるもので，

出力　$P=\omega_N\cdot T$〔W〕より

同期角速度　$\omega_N=2\cdot\pi\cdot\dfrac{N_S}{60}=2\cdot\pi\cdot\dfrac{120\cdot\dfrac{f}{P}}{60}=2\cdot\pi\cdot120\cdot\dfrac{f}{60\cdot P}$

$=2\cdot\pi\cdot120\cdot\dfrac{60}{60\cdot6}=40\cdot\pi=125.6$〔rad/s〕

出力　$P=\omega\cdot T=125.6\cdot72=9043.2$〔W〕$\fallingdotseq9.0$〔kW〕

電動機の出力を求める式だよ．

(b) 出力の式は，次のとおりです．

出力　$P=\sqrt{3}\cdot V\cdot I\cdot\cos\theta\cdot\eta$　より，

線電流　$I=\dfrac{P}{\sqrt{3}\cdot V\cdot\cos\theta\cdot\eta}=\dfrac{9043.2}{\sqrt{3}\cdot200\cdot0.9\cdot0.8}$

$=36.26$〔A〕$\fallingdotseq36$〔A〕

問題4

6極，定格周波数60〔Hz〕，電機子巻線がY結線の円筒形三相同期電動機がある．この電動機の一相当たりの同期リアクタンスは3.52〔Ω〕である．また，電機子抵抗は無視できるものとする．端子電圧(線間)440〔V〕，定格周波数の電源に接続し，励磁電流を一定に保ち，この電動機を運転したとき，次の(a)及び(b)に答えよ．

(a) この電動機の同期速度を角速度〔rad/s〕で表した値として，最も近いのは次のうちどれか．

(1) 12.6　(2) 48　(3) 63　(4) 126　(5) 253

(b) 無負荷誘導起電力(線間)が400〔V〕，負荷角が60〔°〕のとき，この電動機のトルク〔N·m〕の値として，最も近いのは次のうちどれか．

(1) 115　(2) 199　(3) 345　(4) 597　(5) 1 034

《基本問題》

解説

(a) 三相同期電動機の角速度 ω〔rad/s〕を求めるもので，

$\omega=2\cdot\pi\cdot\dfrac{N_S}{60}$〔rad/s〕

ここで N_S〔rad/s〕は同期速度で，周波数 $f=60$〔Hz〕，極数 $P=6$ 極から，

$$N_S=120\cdot\frac{f}{P}=120\cdot\frac{60}{6}=1\,200\ \text{〔min}^{-1}\text{〕}$$

$$\omega=2\cdot\pi\cdot\frac{1\,200}{60}=40\pi=125.6\fallingdotseq126\ \text{〔rad/s〕}$$

(b) 三相同期電動機のトルク T〔N·m〕を求めるもので，

$$P=\omega_N\cdot T\ \text{〔W〕}$$

問題文には出力 P〔W〕は与えられていないので，無負荷電圧 $E=440$〔V〕，負荷電圧 $V=400$〔V〕，負荷角が 60〔°〕，同期リアクタンス $x=3.52$〔Ω〕から求めると，

$$P=\frac{V\cdot E}{x}\cdot\sin\delta=440\cdot\frac{400}{3.52}\cdot\sin60^\circ=43\,301\ \text{〔W〕}\fallingdotseq43.3\ \text{〔kW〕}$$

$$T=\frac{P}{\omega}=\frac{43\,301}{125.6}=344.75\fallingdotseq345\ \text{〔N·m〕}$$

出力を求め，負荷の変動に関係なく回転速度は一定からトルクは出力に比例するよ．

問題 5

次の文章は，同期電動機の特性に関する記述である．記述中の空白箇所の記号は，図中の記号と対応している．

図は同期電動機の位相特性曲線を示している．形がＶの字のようになっているのでＶ曲線とも呼ばれている．横軸は［ア］，縦軸は［イ］で，負荷が増加するにつれ曲線は上側へ移動する．図中の破線は，各負荷における力率［ウ］の動作点を結んだ線であり，この破線の左側の領域は［エ］力率，右側の領域は［オ］力率の領域である．

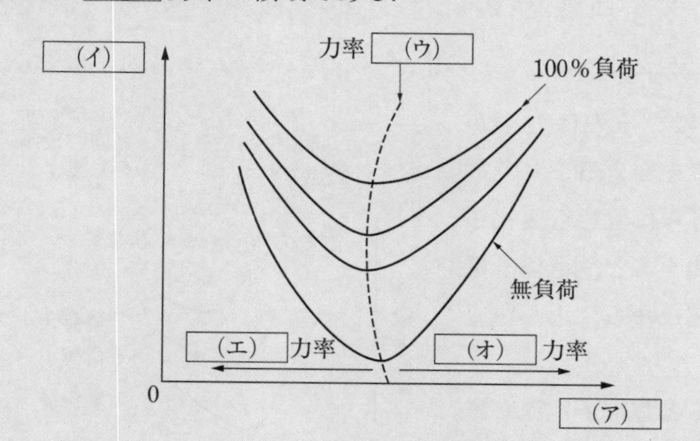

上記の記述中の空白箇所(ア)，(イ)，(ウ)，(エ)及び(オ)に当てはまる組合せとして，正しいものを次の(1)～(5)のうちから一つ選べ．

	(ア)	(イ)	(ウ)	(エ)	(オ)
(1)	電機子電流	界磁電流	1	遅れ	進み
(2)	界磁電流	電機子電流	1	遅れ	進み
(3)	界磁電流	電機子電流	1	進み	遅れ
(4)	電機子電流	界磁電流	0	進み	遅れ
(5)	界磁電流	電機子電流	0	遅れ	進み

《H28-5》

(p.92～95 の解答)　問題 1 →(3)　問題 2 →(5)　問題 3 →(a)−(5)，(b)−(4)　問題 4 →(a)−(4)，(b)−(3)

解説

三相同期電動機の位相特性曲線（V曲線）に関するもので，グラフの横軸は界磁電流で，縦軸は電機子電流から，（ア）は界磁電流，（イ）は電機子電流となります．

負荷が増加するほど，電機子電流が増加するのでグラフは上側に移動します．

各グラフの電機子電流の最小値が力率100%の位置を表すので（ウ）は1です．

力率100 %の位置から界磁電流を減少させる力率は遅れ力率となり，100 %の位置から右側に移動させると進み力率となります．

したがって，（エ）は遅れで，（オ）は進みとなります．

界磁電流に対して電機子電流の関係を表したものが位相特性だよ．

問題6

同期電動機が一定の負荷で，力率1の状態で運転されている．この状態から，負荷を一定に保って，界磁電流のみを増加させたとき，電機子電流の大きさと同期電動機の力率の変化に関する記述として，正しいのは次のうちどれか．

(1) 電機子電流は増加し，進み力率になる．
(2) 電機子電流は増加し，遅れ力率になる．
(3) 電機子電流は減少し，力率は変化しない．
(4) 電機子電流は減少し，進み力率になる．
(5) 電機子電流は変化せず，遅れ力率になる．

《基本問題》

解説

(1) 電機子電流が最小になるのは力率が100〔%〕で，界磁電流を変えることで電機子電流が変化し，さらに位相も変化します．界磁電流を増加すると，電機子電流が増加し，力率は進むから，正しいです．

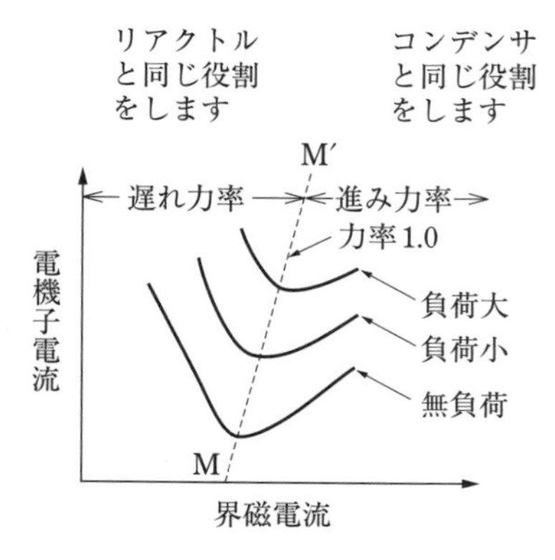

(2) 界磁電流を増加すると電機子電流が増えて力率は進みになるので，これは間違いです．

(3)，(4) 界磁電流を増加すると，電機子電流は力率100 %より電機子電流が増加するので，これは両方間違いで，さらに(3)では力率は変化しないことも間違いとなります．

(5) 界磁電流が増加させたとき，電機子電流が増加し，力率は進みになるから，これが間違いです．

界磁電流を変えると電機子電流が変化し，位相も変化するよ．

問題 7

回転界磁形同期電動機が停止している状態で，固定子巻線に対称三相交流電圧を印加すると回転磁界が生じる．しかし，励磁された回転子磁極が受けるトルクは，同じ大きさで向きが交互に変わるので，その平均トルクは零になり電動機は起動しない．これを改善するために，回転子の磁極面に［ア］を施す．これは，［イ］と同じ起動原理を利用したもので，誘導トルクによって電動機を起動させる．

起動時には，回転磁束によって誘導される高電圧によって絶縁が破壊するおそれがあるので，［ウ］を抵抗で短絡して起動する．回転子の回転速度が同期速度に近づくと，この短絡を切り放し［エ］で励磁すると，回転子は同期速度に引き込まれる．

上記の記述中の空白箇所(ア)，(イ)，(ウ)および(エ)に記入する語句として，正しいものを組み合わせたのは次のうちどれか．

	(ア)	(イ)	(ウ)	(エ)
(1)	補償巻線	巻線形誘導電動機	界磁巻線	交流
(2)	制動巻線	かご形誘導電動機	固定子巻線	直流
(3)	制動巻線	巻線形誘導電動機	界磁巻線	交流
(4)	制動巻線	かご形誘導電動機	界磁巻線	直流
(5)	補償巻線	かご形誘導電動機	固定子巻線	直流

《基本問題》

解 説

回転界磁形同期電動機を始動するとき，固定子巻線に三相交流の電流を流すと回転磁界が作られ，回転子には直流電源で励磁します．磁極との間にはトルクが発生しますが，その大きさが同じで交互に変わるため，自ら起動することができません．

そこで，何らかの始動方法で同期速度近くまで上昇させる必要があり，ここでは自己始動法について聞いています．回転子の磁極面に制動巻線を設け，始動トルクを発生させる方法で三相かご形誘導電動機と同じ原理で始動する方法です．

(ア)は制動巻線で，(イ)は三相かご形誘導電動機となります．また，界磁巻線を開放すると磁束(回転磁界によって作られる磁束)を切ることで巻線に高い電圧が誘導されます．巻線に抵抗を接続することから，(ウ)は界磁巻線となります．

同期速度近くまで回転速度が上昇したら，巻線の短絡を開放し，直流電流を流し励磁(運転時)することから，(エ)は直流です．

誘導電動機の始動特性との違いだよ．

第4章 同期機

(p.95～97の解答) 問題5 →(2) 問題6 →(1) 問題7 →(4)

第5章　パワーエレクトロニクス

5·1　パワーエレクトロニクスの概要……100
5·2　電力変換装置……101

5・1 パワーエレクトロニクスの概要

出題項目 CHECK!

- □ 半導体バルブデバイス
- □ 順変換(整流回路)
- □ 逆変換(インバータ回路)
- □ 直流変換(直流チョッパ回路)
- □ 交流変換(周波数変換回路)

5・1・1　半導体バルブデバイス

(1) 電力変換方式

パワーエレクトロニクスでは，高電圧，大電流を半導体素子(半導体バルブデバイス)のオン・オフ動作を用いて電力を制御します．表5.1は，電力変換方式と変換装置の関係を示したものです．

電力変換方式の働きを知ることだよ.

表5.1　電力変換装置

変換方式	変換装置
順変換(交流　→　直流)	整流装置(半波整流回路と全波整流回路)
逆変換(直流　→　交流)	インバータ装置
直流変換(直流　→　直流)	直流チョッパ装置
交流変換(交流　→　交流)	周波数変換装置，交流電力調整装置

半導体バルブデバイスを動作させるために，微弱な電気信号や光の信号を与えることで大電流を制御できることから，次のような特徴があります．

① 機械的接点がないために損失が少ない．

② 制御できる周波数が高い．

③ 変換効率が高い．

(2) 半導体バルブデバイスの種類

表5.2　半導体バルブデバイスの種類

半導体バルブデバイスの名称	半導体バルブデバイスの種類
ダイオード	ダイオード
サイリスタ	SCR(逆阻止三端子サイリスタ) GTO(ゲートターンオフサイリスタ) トライアック(双方向三端子サイリスタ)
トランジスタ	バイポーラトランジスタ MOSFET IGBT

5・2　電力変換装置

重要知識

出題項目 CHECK!

- □ 単相整流回路
- □ 三相整流回路
- □ インバータ回路
- □ 直流チョッパ回路

5・2・1　整流回路

(1) 単相整流回路

半波整流回路では，交流電力を直流電力に変換することを**順変換装置**(整流)といます．回路に用いる半導体バルブデバイスとしてサイリスタ(ダイオード)で，ゲート信号の位相を変えることで直流電圧の平均値を変えることができます．この回路の直流平均電圧 V_a〔V〕は

サイリスタを用いた整流回路で，位相制御すると出力電圧が変わるよ．

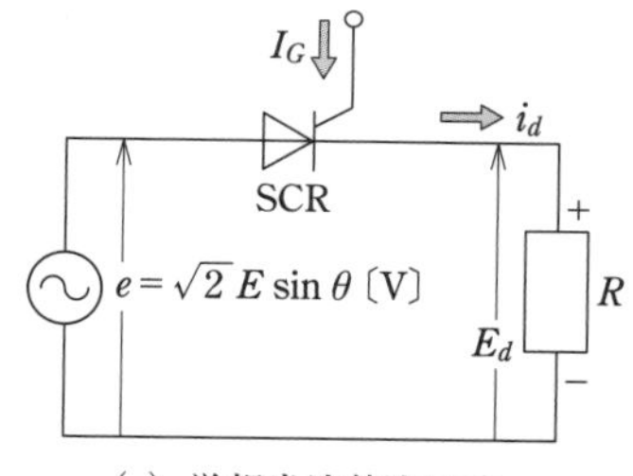

(a) 単相半波整流回路

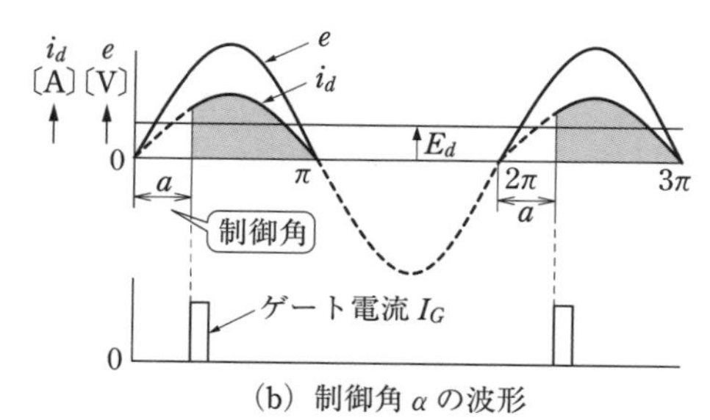

(b) 制御角 α の波形

図 5.1　サイリスタを用いた半波整流回路

$$V_a=\frac{\sqrt{2}}{\pi}\cdot V\cdot\frac{1+\cos\alpha}{2}\fallingdotseq 0.45\cdot V\cdot\frac{1+\cos\alpha}{2}\text{〔V〕} \quad \cdots\cdots (5.1)$$

α：制御角〔rad〕

全波整流回路の直流平均電圧は，

全波整流回路は省略するよ．

$$V_a=2\cdot\frac{\sqrt{2}}{\pi}\cdot V\cdot\frac{1+\cos\alpha}{2}\fallingdotseq 0.90\cdot V\cdot\frac{1+\cos\alpha}{2}\text{〔V〕} \quad \cdots\cdots (5.2)$$

(2) 三相全波整流回路

図 5.2 は，サイリスタを用いた全波整流回路です．

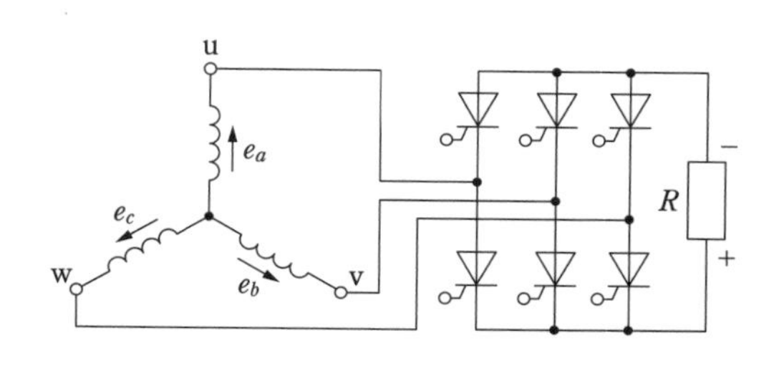

(a) 三相全波整流回路

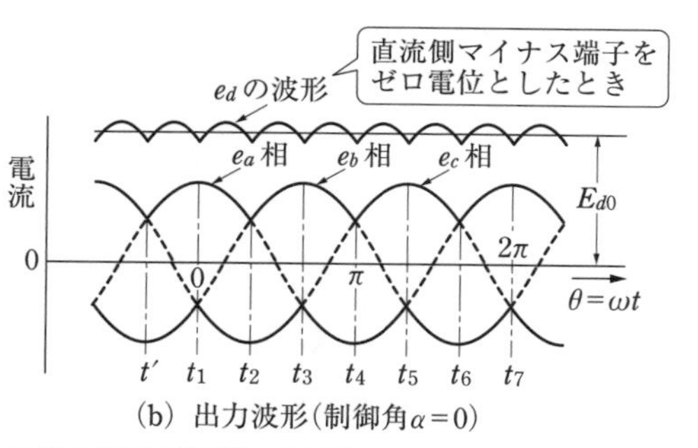

(b) 出力波形(制御角 α＝0)

図 5.2　サイリスタを用いた三相全波整流回路と波形

三相交流の直流平均電圧 V_a〔V〕は，

$$V_a = 1.35 \cdot V \cdot \cos\alpha \text{〔V〕} \quad \cdots\cdots (5.3)$$

V：線間電圧の実効値〔V〕

5·2·2　電力変換装置

(1)　インバータ回路

直流電源から単相交流を得る装置を**逆変換装置**(インバータ)といいます．動作は，図 5.3(a)の S_1 と S_4 を時間 t_0 にスイッチを閉じると，負荷抵抗 R に左側から右側に向けて電流が流れます．時間 t_1 だけ時間が経過後，スイッチを S_2 と S_3 に切り替わると電流の流れる方向は先ほどとは逆向きになります．これを繰り返すことで，図 5.3(b)のような方形波が得られます．

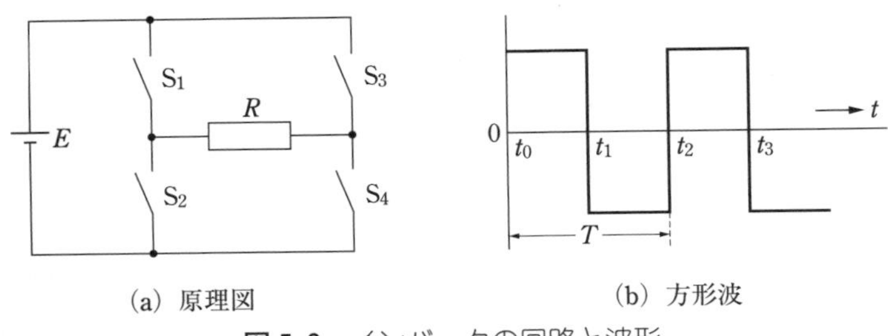

図 5.3　インバータの回路と波形

(2)　直流チョッパ回路

図 5.4 は直流チョッパの原理図である．スイッチ S が閉じている時間 T_{on}〔s〕だけ負荷に電流が流れることで，負荷抵抗 R に電圧 E_d〔V〕があらわれます．次に S が開く時間 T_{off}〔s〕の電圧 E_d は 0〔V〕となります．出力波形は図(b)のようになり，オンとオフの間隔を変えることで平均出力電圧も変わります．

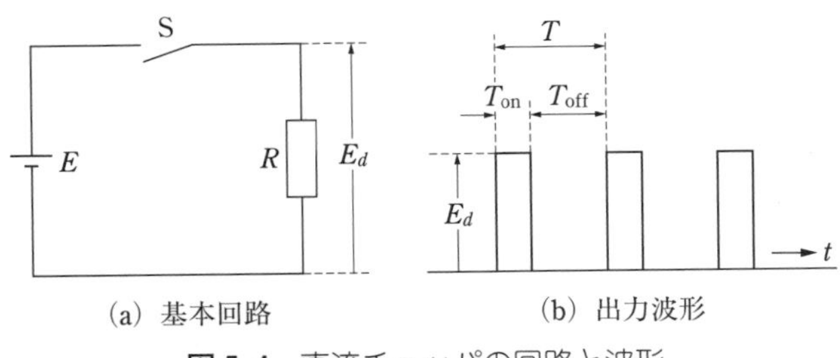

図 5.4　直流チョッパの回路と波形

直流チョッパには，直流降圧チョッパと直流昇圧チョッパの 2 種類があります．

図の基本回路のままでは負荷が抵抗のため，回路に流れる電流も電圧波形と相似のパルス状となります．この電流を平滑化するために，リアクトル L，ダイオード D を挿入します．回路例を図 5.5(a)に示します，この回路は降圧チョッパで，平均出力電圧 E_a〔V〕は次式で求められます．

$$E_a = k \cdot E = \frac{T_{\mathrm{on}}}{T_{\mathrm{on}} + T_{\mathrm{off}}} \cdot E\,〔\mathrm{V}〕 \quad \cdots\cdots (5.4)$$

k：通流率（1 周期にサイリスタの導通時間の割合）

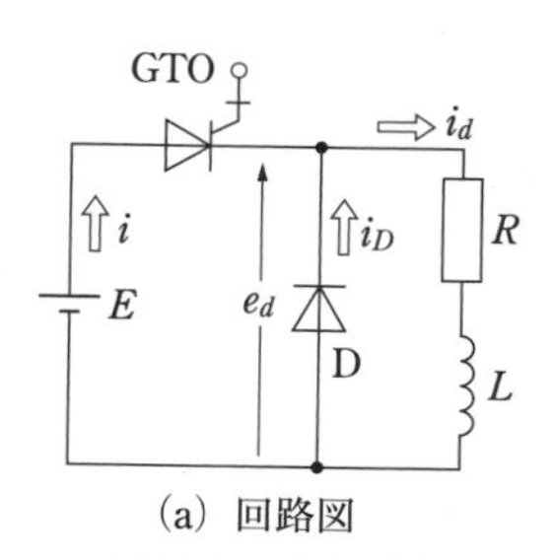

(a) 回路図

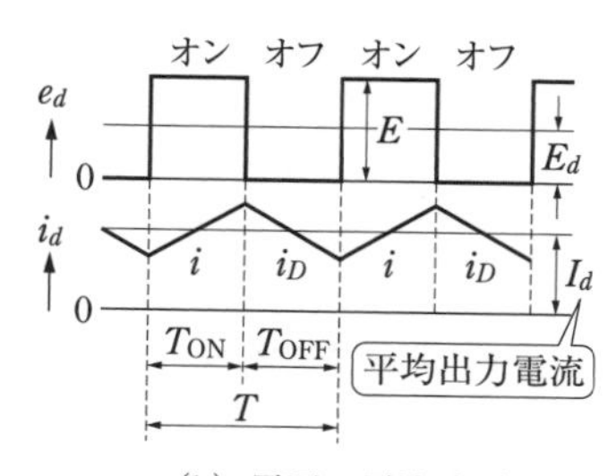

(b) 電圧・電流波形

図 5.5　直流降圧チョッパの回路例と直流平均出力電流

(3) 周波数変換装置

商用周波数などをもった交流電力を，任意の周波数の交流電力に変換する装置を**周波数変換装置**といいます．変換方法によって，交流を直流に変換し，これを別の周波数に変換する交流間接変換装置と交流を直接変換する交流直接変換装置があります．

前者の装置として，三相誘導電動機を可変速運転する場合に用いる VVVF（可変電圧可変周波数）があり，後者には大形交流電動機の可変速運転に用いるサイクロコンバータがあります．

● 試験の直前 ● CHECK!

- □ **電力変換装置**≫インバータ，DC チョッパ，サイクロコンバータ．
- □ **順変換**≫交流を直流に変換する装置．
- □ **逆変換**≫直流を交流に変換する装置．
- □ **単相半波整流回路**≫半波整流回路　$V_d = 0.45 \cdot V \cdot \dfrac{1+\cos\alpha}{2}$
- □ **単相全波整流回路**≫半波整流回路　$V_d = 0.9 \cdot V \cdot \dfrac{1+\cos\alpha}{2}$
- □ **三相全波整流回路**≫　$V_d = 1.35 \cdot V \cdot \cos\alpha$
- □ **直流チョッパ回路**≫　$E_a = \dfrac{T_{\mathrm{on}}}{T_{\mathrm{on}} + T_{\mathrm{off}}}$

国家試験問題

問題 1 

電力変換装置では，各種のパワー半導体デバイスが使用されている．パワー半導体デバイスの定常的な動作に関する記述として，誤っているものを次の(1)～(5)のうちから一つ選べ．

(1) ダイオードの導通，非導通は，そのダイオードに印加される電圧の極性で決まり，導通時は回路電圧と負荷などで決まる順電流が流れる．

(2) サイリスタは，オンのゲート電流が与えられて順方向の電流が流れている状態であれば，その後にゲート電流を取り去っても，順方向の電流に続く逆方向の電流を流すことができる．

(3) オフしているパワー MOSFET は，ボディーダイオードを内蔵しているのでオンのゲート電圧が与えられなくても逆電圧が印加されれば逆方向の電流が流れる．

(4) オフしている IGBT は，順電圧が印加されていてオンのゲート電圧を与えると順電流を流すことができ，その状態からゲート電圧を取り去ると非導通となる．

(5) IGBT と逆並列ダイオードを組み合わせたパワー半導体デバイス，IGBT にとって順方向の電流を流すことができる期間を IGBT のオンのゲート電圧を与えることで決めることができる．IGBT にとって逆方向の電圧が印加されると，IGBT のゲート状態にかかわらず IGBT にとって逆方向の電流が逆並列ダイオードに流れる．

《H29-10》

解説

(1) ダイオードの動作について解説したもので，正しいです．

(2) サイリスタの動作について解説したもので，A(アノード)－K(カソード)間に順方向に電圧を加え，G(ゲート)電圧を加えると電流が流れます(ターンオンという)．また，一度ターンオン状態で再度ゲート電圧を加えても，現状を維持します．サイリスタをターンオフ(導通状態(ON 状態)から非導通(OFF 状態)に変える)するには，導通電流を保持電流以下に減らすかまたは，A－K 間に逆方向電圧をターンオフ時間以上に加えます．したがって，(2) の説明は，間違いです．

(3) MOSFET の動作に関するもので，正しいです．

(4) IGBT の動作に関するもので，正しいです．

(5) パワー半導体デバイスに関するもので，正しいです．

半導体(スイッチング)の働きを知ることだよ．

問題 2 

図に示す出力電圧波形 v_R を得ることができる電力変換回路として，正しいのは次のうちどれか．ただし，回路中の交流電源は正弦波交流電圧源とする．

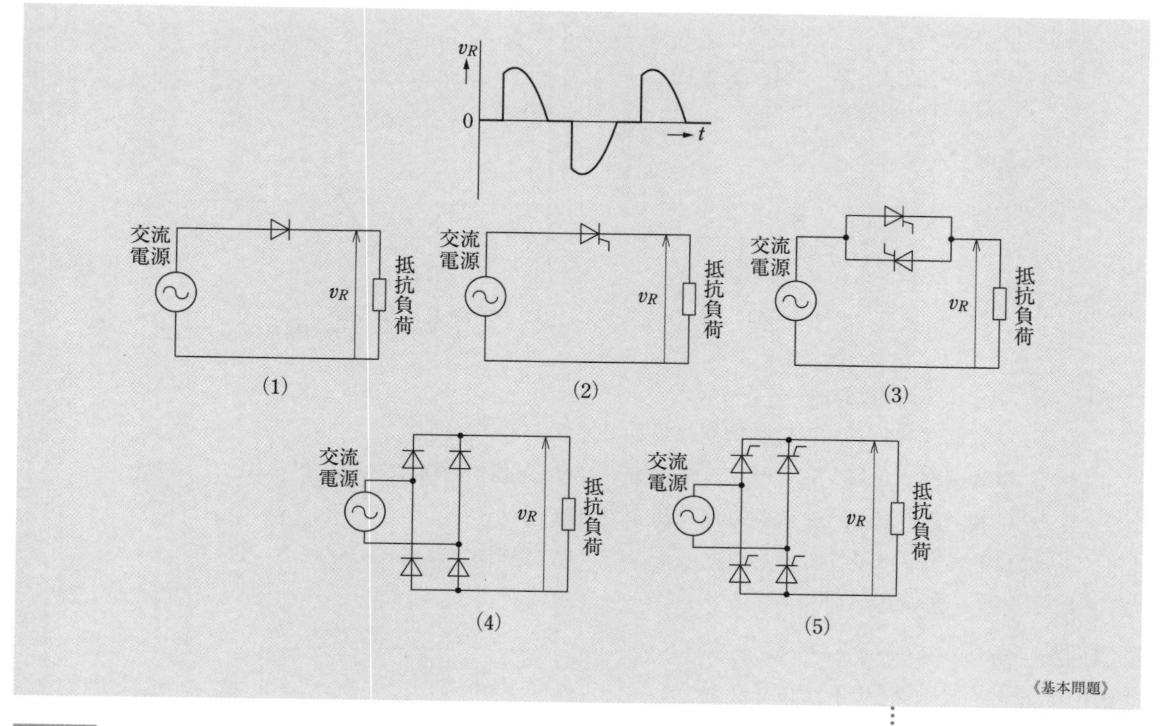

《基本問題》

解説

題意より，入力波形は正弦波で出力波形は位相制御(入力と出力波形が異なっている)であることから，ダイオードは位相制御ができません．位相制御ができる素子は，サイリスタとトライアック(サイリスタ２個を逆並列に接続したもの)です．

(1)の回路は，ダイオード１個による半波整流回路(交流を直流に変換する回路)で間違いです．

(2)の回路は，サイリスタによる半波整流回路で出力波形の上半分が出力されるだけで，これは間違いです．

(3)は正弦波の両方が位相制御されるので，これが正しいです．

(4)の波形は，ダイオード４個による全波整流回路で，これは間違いです．

(5)の回路は，サイリスタによる全波整流回路で，これは間違いです．

抵抗負荷の場合は，電圧と電流には位相差(電圧と電流は比例)ができないよ．

問題３

次の文章は，単相双方向サイリスタスイッチに関する記述である．

図１は，交流電源と抵抗負荷との間にサイリスタ S_1，S_2 で構成された単相双方向スイッチを挿入した回路を示す．図示する電圧の方向を正とし，サイリスタの両端にかかる電圧 v_{th} が図２(下)の波形であった．

サイリスタ S_1，S_2 の運転として，このような波形となりえるものを次の(1)～(5)のうちから一つ選べ．

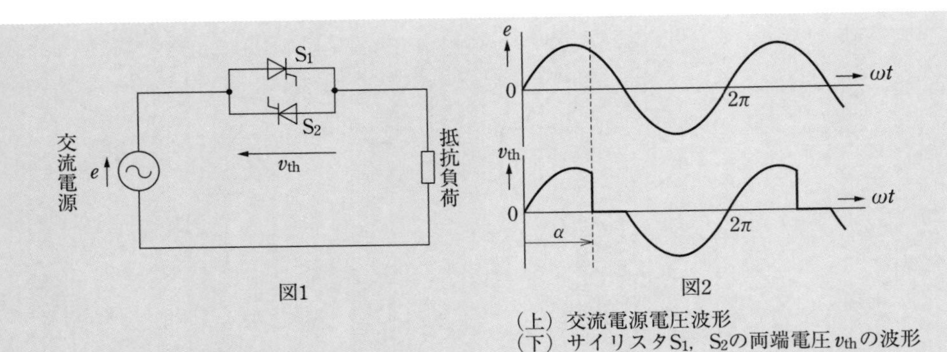

(上) 交流電源電圧波形
(下) サイリスタS_1, S_2の両端電圧v_{th}の波形

(1) S_1, S_2とも制御遅れ角αで運転

(2) S_1は制御遅れ角α, S_2は制御遅れ角0で運転

(3) S_1は制御遅れ角α, S_2はサイリスタをトリガ(点弧)しないで運転

(4) S_1は制御遅れ角0, S_2は制御遅れ角αで運転

(5) S_1はサイリスタをトリガ(点弧)しないで, S_2は制御遅れ角αで運転

《H23-9》

解説

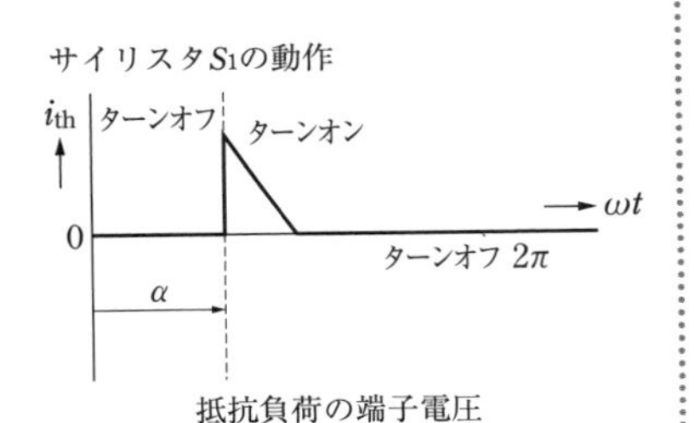

単相双方向サイリスタとサイリスタとの違いだよ.

図1はトライアック(サイリスタ2個を逆接続した素子)で, 単相交流電圧を双方向に位相制御できる回路です. サイリスタS_1の電極は左側がアノード(A)で, 右側がカソード(K)で, ゲート(G)はカソードの下側です. なお, サイリスタS_2の電極は反対です.

トライアックの動作は, 交流電圧の正の半サイクル(0～π〔rad〕)ではサイリスタS_1に順方向電圧(アノードが + の電圧で, カソードには − の電圧を加えた状態)が加わり, サイリスタS_2には逆方向電圧(アノードが − の電圧で, カソードには + の電圧を加えた状態)が加わります. この状態でゲート(ゲートに + の電圧で, カソードに − の電圧を加える)に + の電圧を加えるとサイリスタは導通(ターンオン)します. また, サイリスタを非導通(ターンオフ)にするには順方向の電流を保持電流以下または逆方向電圧を加えない限り非導通にはなりません. したがって, 制御信号の制御角(ゲートに加わる電圧の位置)αは0～αまではサイリスタS_1は導通しません. 導通するのは, 制御角がα～πまでの正の半サイクルの区間です. 負の半サイクル(π～2π〔rad〕)はA−K間に逆方向電圧が加わるので導通しません. 図の下側のサイリスタS_2の動作はS_1の動作は反対となります. また, 制御遅れ角はαは1箇所で正の半サイクル区間から負の半サイクルからS_2は動作しません.

次に, 図2の波形図はサイリスタの両端子間の電圧(A−K間)で入力波形と出力波形が同じときは非導通(スイッチ回路でいえばoff状態)を表し, 0のときは導通状態(on 状態)を表します.

(1)は正の半サイクルではサイリスタ S_1 は A−K 間に順方向電圧が加わり，制御遅れ角 α で導通しますが，S_2 のでは A−K 間には逆方向電圧で制御角 α でゲート信号が入力されても動作しないので間違いです．なお，負の半サイクルでは制御信号がないので動作しません．(2)以降の A−K 間の説明は省略します.

(2)はサイリスタ S_1 の制御遅れ角は α で，S_2 の制御遅れ角がないから運転しないので間違いです.

(3)はサイリスタ S_1 の制御遅れ角は α で，S_2 はトリガ(点弧)しないから正しいです.

(4)はサイリスタ S_1 の制御遅れ角は 0 で，S_2 の制御遅れ角が α でないから運転しないので間違いです.

(5)はサイリスタ S_1 の制御遅れ角は α で，S_2 の制御遅れ角がないから運転できないから間違いです.

直流チョッパ回路には昇圧チョッパと降圧チョッパの二つあるよ.

問題 4

図は直流昇圧チョッパ回路であり，スイッチングの周期を T〔s〕とし，その中での動作を考える．ただし，直流電源 E の電圧を E_0〔V〕とし，コンデンサ C の容量は十分に大きく出力電圧 E_1〔V〕は一定とみなせるものとする．半導体スイッチ S がオンの期間 T_{on}〔s〕では，E− リアクトル L−S−E の経路と C− 負荷 R−C の経路の二つで電流が流れ，このときに L に蓄えられるエネルギーが増加する．S がオフの期間 T_{off}〔s〕では，E−L− ダイオード D−(C と R の並列回路)−E の経路で電流が流れ，L に蓄えられたエネルギーが出力側に放出される．次の(a)および(b)の問に答えよ.

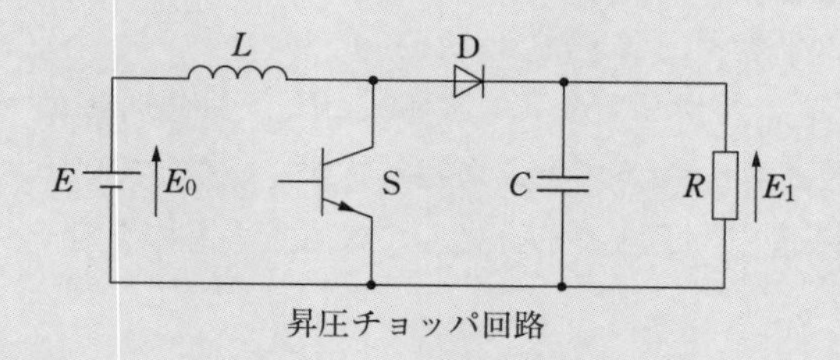

昇圧チョッパ回路

(a) この動作において，L の磁束を増加させる電圧時間積は［ア］であり，磁束を減少させる電圧時間積は［イ］である．定常状態では，増加する磁束と減少する磁束が等しいとおけるので，入力電圧と出力電圧の関係を求めることができる.

上記の記述中の空白箇所(ア)及び(イ)に当てはまる組合せとして，正しいものを次の(1)〜(5)のうちから一つ選べ.

(p.104〜107 の解答) 問題 1 →(2) 問題 2 →(3) 問題 3 →(3)

	（ア）	（イ）
(1)	$E_0 \cdot T_{on}$	$(E_1-E_0) \cdot T_{off}$
(2)	$E_0 \cdot T_{on}$	$E_1 \cdot T_{off}$
(3)	$E_0 \cdot T$	$E_1 \cdot T_{off}$
(4)	$(E_0-E_1) \cdot T_{on}$	$(E_1-E_0) \cdot T_{off}$
(5)	$(E_0-E_1) \cdot T_{on}$	$(E_1-E_0) \cdot T$

(b) 入力電圧 $E_0=100$ V，通流率 $\alpha=0.2$ のときに，出力電圧 E_1 の値〔V〕として，最も近いものを次の(1)～(5)のうちから一つ選べ．

(1) 80　(2) 125　(3) 200　(4) 400　(5) 500

《R1-16》

解説

(a) L（インダクタンス）により磁束を増加させる電圧時間積は $E_0 \cdot T_{on}$ で，磁束を減少させる電圧時間積は $(E_1-E_0) \cdot T_{off}$ であり，増加する磁束と減少する磁束は等しい．

(b) 通流率 α は，通流率は1周期（$T=T_{on}+T_{off}$）の中に含まれる T_{on} の割合から

$$\alpha=\frac{T_{on}}{T_{on}+T_{off}}=0.2$$

T_{on} は0.2で，$T_{off}=(1-T_{on})=(1-0.2)=0.8$

直流昇圧チョッパの出力電圧 E_d〔V〕は，

$$E_d=\frac{E_{on}+E_{off}}{E_{off}} \cdot E_0=\frac{1}{0.8} \cdot 100=125〔V〕$$

昇圧チョッパは電源電圧より大きくなるよ．通流率の範囲は $d≧1$ だよ．

問題5

図のような直流チョッパがある．

直流電源電圧 $E=400$〔V〕，平滑リアクトル $L=1$〔mH〕，負荷抵抗 $R=10$〔Ω〕，スイッチSの動作周波数 $f=10$〔kHz〕，通流率 $d=0.6$ で回路が定常状態にいなっている．Dはダイオードである．このとき負荷抵抗に流れる電流の平均値〔A〕として最も近いものを(1)～(5)のうち一つ選べ．

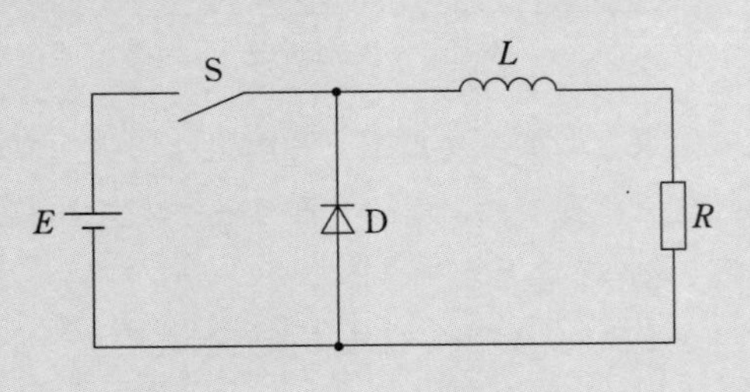

(1) 2.5　(2) 3.8　(3) 16.0　(4) 24.0　(5) 40.0

《H27-10》

解説

この問題はチョッパに関するもので，通流率 d（スイッチの動作周期 T とス

イッチのオン時間 t_{on} との比)で表し,

$$d=\frac{t_{on}}{T}$$

スイッチのオフ時間 t_{off}〔s〕は,

$$t_{off}=T-t_{on}=\frac{1}{f}-dT=\frac{1-d}{f}$$
$$=\frac{1-0.6}{10\times10^{3}}=4.0\times10^{-5}〔s〕$$

この $R-L$ 直列回路(半導体デバイス(S)の内部抵抗を考えない)の時定数 T は,

$$T=\frac{L}{R}=\frac{10^{-3}}{10}=10^{-4}〔s〕$$

スイッチのオフ時間($T>t_{off}$)が時定数より短いため,スイッチがオフ期間中も回路のインダクタンスLの作用により,ダイオードDの閉回路には電流 i が流れ続け,動作が持続されます.

そして十分時間が経過すると,スイッチのオン·オフにより i の変動幅は一定となり,i の1周期間平均値が I になります.これが直流降圧チョッパの動作原理で,降圧チョッパの出力電圧(R に加わる電圧の平均値)E_R は $E_R=dE$ となります.よって,十分時間が経過した後の回路の平均電流 I は,次式で求められます.

$$I=\frac{E_R}{R}=\frac{dE}{R}=\frac{0.6\cdot400}{10}=24〔A〕$$

降圧チョッパは電源電圧より小さくなるよ.通流率の範囲は $d≦1$ だよ.

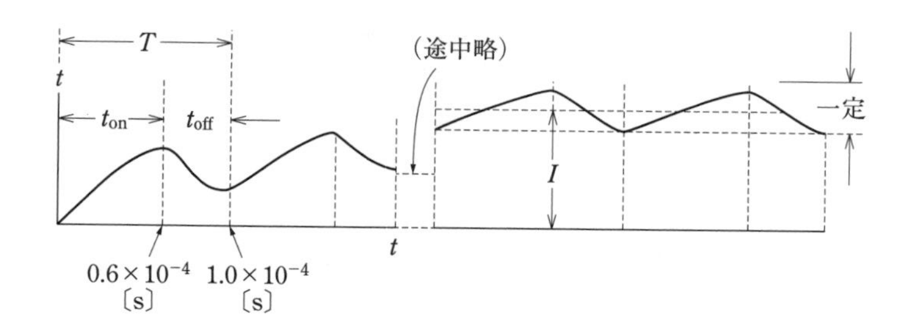

問題 6

図1は,誘導性負荷が接続されたトランジスタインバータの基本回路である.この回路を構成するバルブデバイスは,トランジスタ Tr_1,Tr_2,Tr_3 及び Tr_4 とダイオード D_1,D_2,D_3 及び D_4 である.

図2は,この回路が方形波インバータとして定常動作をしているときの図1の中の出力電圧 v 及び負荷電流 i の波形を示す.

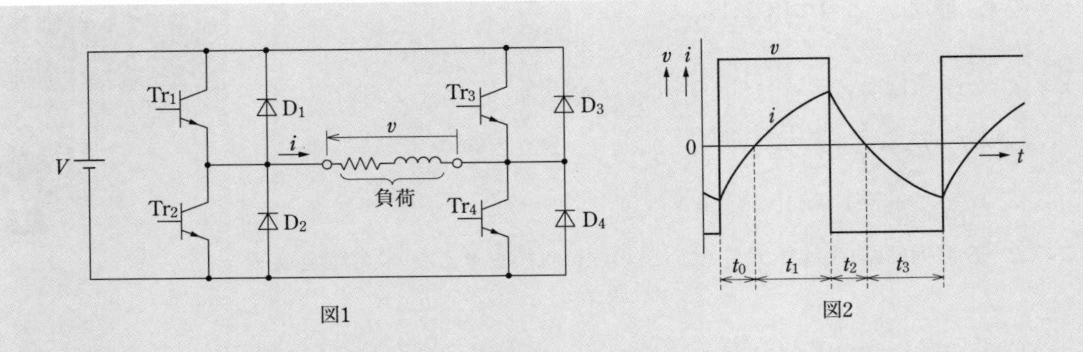

図1　　　図2

下表は，図2の t_0，t_1，t_2 及び t_3 の各期間にベース電流が与えられているトランジスタと通電状態にあるバルブデバイスの関係を示したものである．

期間 / バルブデバイスの状態	t_0	t_1	t_2	t_3
ベース電流が与えられているトランジスタ	Tr_1，Tr_4		Tr_2，Tr_3	
通電状態にあるバルブデバイス	ア	Tr_1，Tr_4	イ	Tr_2，Tr_3

上表の空白箇所(ア)及び(イ)に記入するバルブデバイスとして，正しいものを組み合わせたのは次のうちどれか．

	(ア)	(イ)
(1)	D_1，D_4	D_2，D_3
(2)	D_2，D_3	D_1，D_4
(3)	Tr_1，D_4	Tr_2，D_3
(4)	Tr_1，D_1	Tr_2，D_2
(5)	Tr_1，Tr_4	Tr_2，Tr_3

《基本問題》

解説

インバータに関するもので，負荷が誘導性リアクタンス(インダクタンスを含む)と電圧と電流の間には位相のずれが起き，図2の t_0 のとき電圧波形は正のサイクルで(方形波が電圧の波形)，流れる電流は遅れ位相で Tr_1 (および Tr_4)は逆方向電流のため流すことができません．図1を参照すると，Tr_1 (同様に Tr_4 に動作する．なお，これ以降，説明は省略)のC(コレクタ)—E(エミッタ)間にダイオード D_1 が Tr_1 に対して逆方向に接続されており，これによって，逆方向に電流を流すことができます．

したがって，(ア)は，D_1 と D_4 となる．なお，負の半サイクルについて説明を省略します．(イ)は，D_2 と D_3 となります．

インバータ回路でスイッチング素子(トランジスタ)の対角線が交互に動作するよ．

問題 7

図は，パルス幅変調制御(PWM 制御)によって 50〔Hz〕の交流電圧を出力するインバータの回路及びその各部電圧波形である．直流の中点 M からみて端子 A 及び B に発生する瞬時電圧をそれぞれ v_A〔V〕及び v_B〔V〕とする．端子 A と B との間の電圧 $v_{A-B}=v_A-v_B$〔V〕に関する次の(a)及び(b)の問に答えよ．

(a) v_A〔V〕及び v_B〔V〕の 50〔Hz〕の基本波成分の振幅 V_A〔V〕及び V_B〔V〕は，それぞれ $\dfrac{V_S}{V_C}\times\dfrac{V_d}{2}$〔V〕で求められる．ここで，$V_C$〔V〕は搬送波(三角波)$v_C$〔V〕の振幅で 10〔V〕，$V_S$〔V〕は信号波(正弦波)$v_{sA}$〔V〕及び v_{sB}〔V〕の振幅で 9〔V〕，V_d〔V〕は直流電圧 200〔V〕である．

v_{A-B}〔V〕の 50〔Hz〕基本波成分の振幅は $V_{A-B}=V_A+V_B$〔V〕となる．v_{A-B}〔V〕の基本波成分の実効値〔V〕の値として，最も近いものを次の(1)～(5)のうちから一つ選べ．

(1) 64　　(2) 90　　(3) 127　　(4) 141　　(5) 156

(b) v_{A-B}〔V〕は，高調波を含んでいるため，高調波も含めた実効値 V_{rms}〔V〕は，小問(a)で求めた基本波成分の実効値よりも大きい．波形が 5〔ms〕ごとに対称なので，実効値は最初の 5〔ms〕の区間で求めればよい．5〔ms〕の区間で電圧を出力している時間の合計値を T_s〔ms〕とすると実効値 V_{rms}〔V〕は次の式で求められる．

$$V_{rms}=\sqrt{\frac{T_s}{5}\times V_d{}^2}=\sqrt{\frac{T_s}{5}}\times V_d〔V〕$$

実効値 V_{rma}〔V〕の値として，最も近いものを次の(1)～(5)のうちから一つ選べ．

(1) 88　　(2) 127　　(3) 141　　(4) 151　　(5) 163

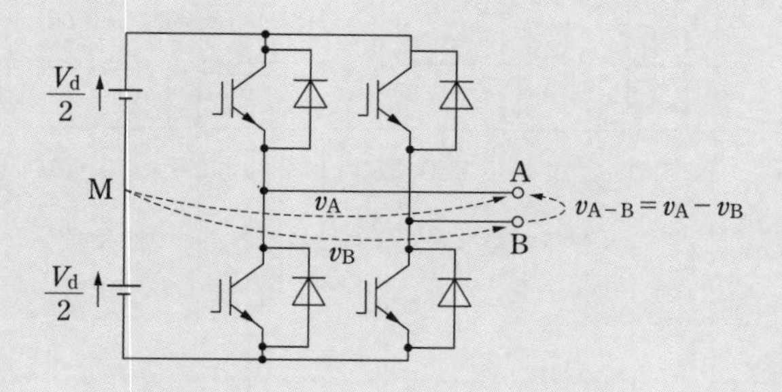

(p.107～110 の解答) 問題 4→(a)-(1)，(b)-(2)　問題 5→(4)　問題 6→(1)

第5章 パワーエレクトロニクス

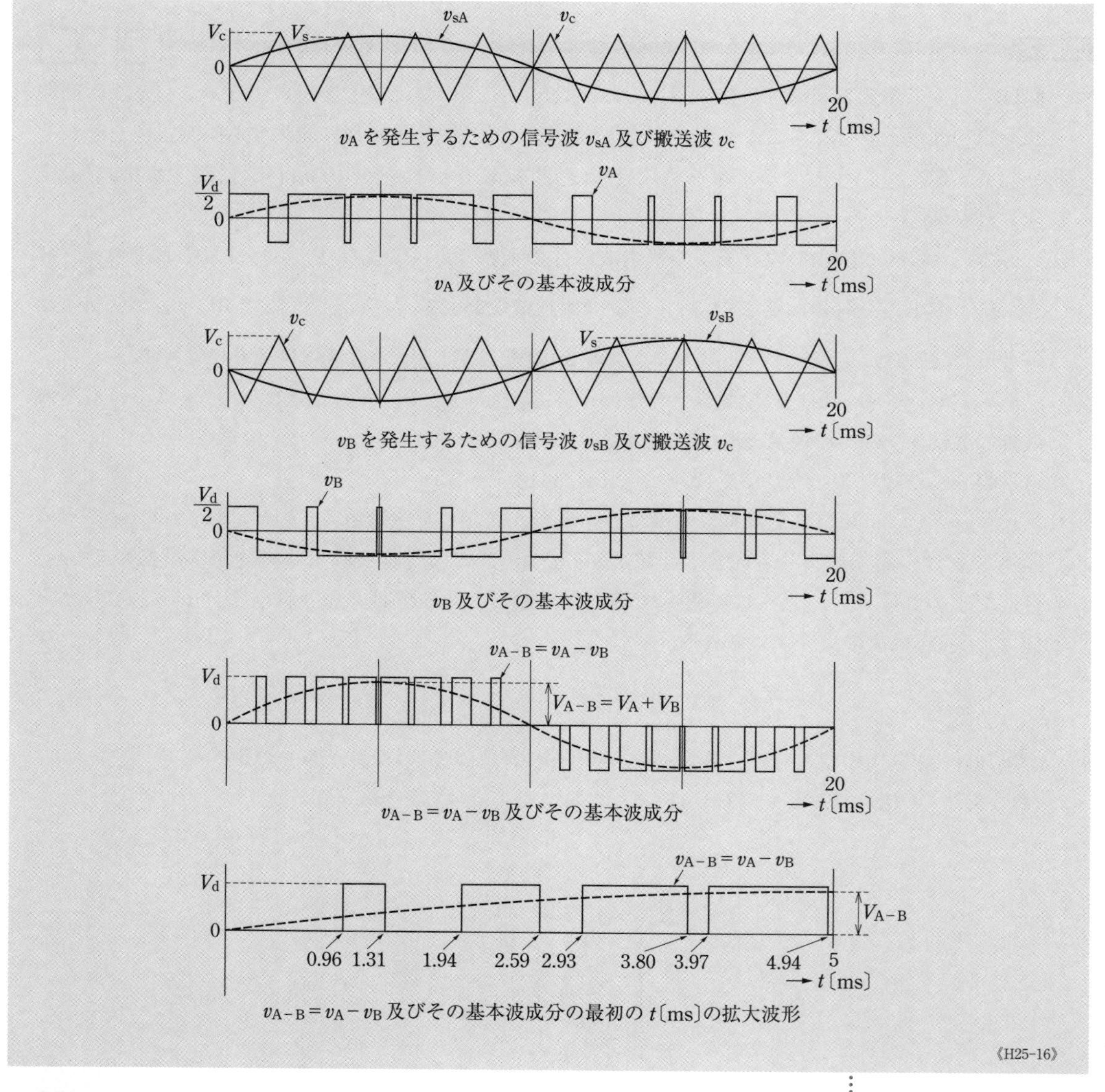

《H25-16》

解説

電圧形逆変換装置(インバータ)に関する問題で，

(a) 基本波成分の振幅は，題意の式より，

直流電圧　$V_d=200$〔V〕，搬送波の振幅　$V_C=10$〔V〕，

信号波の振幅　$V_S=9$〔V〕

$$V_A=V_B=\frac{V_S}{V_C}\times\frac{V_d}{2}=\frac{9}{10}\cdot\frac{200}{2}=90\,〔\mathrm{V}〕$$

v_{A-B} の基本波成分の振幅 V_{A-B} は V_A+V_B で求められます．また，図(v_{A-B})は正弦波交流から実効値を求めるには $1/\sqrt{2}$ 倍すれば計算できます．

$$v_{A-B}=\frac{V_A+V_B}{\sqrt{2}}=\frac{90+90}{\sqrt{2}}=127.3\fallingdotseq 127\,〔\mathrm{V}〕$$

(b) 高調波を含めた実効値 V_{rms}〔V〕を求めるには，

図の$(v_{\mathrm{A-B}}=v_{\mathrm{A}}-v_{\mathrm{B}})$0～5〔ms〕までの電圧が出力される期間の時間 T_{S}〔s〕を計算します．

$$T_{\mathrm{S}}=(1.31-0.96)+(2.59-1.94)+(3.80-2.93)+(4.94-3.97)$$
$$=2.84\text{〔ms〕}$$

題意の式に当てはめると，　なお，時間 T_{S} は〔ms〕のままでよい．

$$V_{\mathrm{rms}}=\frac{\sqrt{T_{\mathrm{S}}}}{5\cdot V_{\mathrm{d}}}=\frac{\sqrt{2.84}}{5\cdot 200}=150.7\fallingdotseq 151\text{〔V〕}$$

問題8

誘導電動機を VVVF(可変電圧可変周波数)インバータで駆動するものとする．このときの一般的な制御方式として［ア］が用いられる．いま，このインバータが 60〔Hz〕電動機用として，60〔Hz〕のときに 100〔%〕電圧で運転するように調整されていたものとする．このインバータを用いて，50〔Hz〕用電動機を 50〔Hz〕にて運転すると電圧は約［イ］〔%〕となる．トルクは電圧のほぼ［ウ］に比例するので，この場合の最大発生トルクは，定格電圧印加時の最大発生トルクの約［エ］〔%〕となる．

ただし，両電動機の定格電圧は同一である．

上記の記述中の空白箇所(ア)，(イ)，(ウ)及び(エ)に当てはまる語句又は数値として，正しいものを組み合わせたのは次のうちどれか．

	(ア)	(イ)	(ウ)	(エ)
(1)	$\frac{V}{f}$一定制御	83	2 乗	69
(2)	$\frac{V}{f}$一定制御	83	3 乗	57
(3)	電流一定制御	120	2 乗	144
(4)	電圧位相制御	120	3 乗	69
(5)	電圧位相制御	83	2 乗	69

《基本問題》

解説

インバータに関する問題で，VVVF インバータは，電源電圧と周波数の比 $\frac{V}{f}$ が一定になるように制御する方法が $\frac{V}{f}$ 一定制御です．したがって，(ア)は $\frac{V}{f}$ 一定制御となります．

可変電圧可変周波数インバータは，電圧と周波数の比が一定になるように制御するよ．

(イ)は $\frac{100}{60}=\frac{V'}{50}$ が成立するので，$V'=100\cdot\frac{50}{60}=83.33\fallingdotseq 83$〔%〕です．

(ウ)は $P=3\cdot I_2{'}^2\cdot\frac{1-s}{s}\cdot r_2{'}=3\cdot\left(\frac{V}{r_2{'}/s}\right)^2\cdot\frac{1-s}{s}\cdot r_2{'}$

$$=3\cdot s\cdot\frac{V^2}{r_2{'}}\cdot(1-s)\cdot r_2{'}=\omega_S\cdot T$$ 　角速度 ω_S の変化は小さいと考える

(p.111～113 の解答)　問題7 →(a)－(3)，(b)－(4)

とトルクはほぼ電圧 V の2乗に比例することから，（ウ）は，2乗となります．

（エ）は滑り s の変化は小さいと考え，出力とトルクの関係は，$T \propto V^2$ にほぼ比例することから，T は $0.83^2 = 0.6889 \fallingdotseq 0.69$（69％）です．

（p.113～114 の解答）　問題8 →(1)

第 6 章　情報・自動制御

6･1　数値変換と論理回路……………………116
6･2　自動制御……………………………………136

6・1 数値変換と論理回路

重要知識

出題項目 CHECK!

- □ 数値変換の仕方
- □ 基本論理回路(図記号および真理値表)
- □ 組合せ論理回路
- □ 順序回路
- □ アルゴリズム

6・1・1 ハードウェア

(1) 数値変換

(a) 純2進数　コンピュータで扱う情報は，電流が流れるか・流れないかをパルスで表しています．それぞれの状態を“0”と“1”で表す2進数が用いられます．2進数で表すことができる最小数値(1桁で2通り“0”，“1”)を1ビットといいます．コンピュータ内部では8ビット単位で処理することが多く，8ビットを1バイトといいます．なお，われわれが用いる10進数(数値を0〜9を用いて表す法)に比べて，2進数で表示する場合は10進数の桁数より大きくなります．

表6.1　10進数，2進数，16進数

10進数	2進数	16進数
0	0	0
1	1	1
2	10	2
3	11	3
4	100	4
5	101	5
6	110	6
7	111	7
8	1000	8
9	1001	9
10	1010	A
11	1011	B
12	1100	C
13	1101	D
14	1110	E
15	1111	F

(b) 10進数を2進数に変換　10進数を2進数に変換するには，10進数を2の剰余計算で求められます．なお，その計算方法は次のとおりです．なお，2進数を10進数に変換するときは，この逆の手順で求めることができます．

10進数$(13)_{10}$ →

$13\div2$　商　6　余り　1(2進数の数値の重み　$2^0=1$)

$6\div2$　商　3　余り　0(　〃　$2^1=2$)

$3\div2$　商　1　余り　1(　〃　$2^2=4$)

$1\div2$　商　0　余り　1(　〃　$2^3=8$)

2進数の書き方は，余りを下から上へ，左端から順に書き，$(1101)_2$となります．

2進数を10進数に変換する場合は，

$1\times2^3+1\times2^2+0\times2^1+2^0\times1=8+4+0+1=13$　となります．

(c) 16進数　4ビットで表現できる10進数は，表6.1より16進数であることから，10進数の数値0〜9と10をA，11をB，12をC，13をD，14をE，15をFで表した数値を16進数といいます．なお，10進数を4ビットで表現する場合に，組合せの中で用いない組合せがありま

情報(2進数)で取り扱う数値は我々が扱う数値(10進数)と違うよ．

す.

(2) 2進数の加算および減算

(a) **加算**　2進数の加算は10進数の加算と同様に行うことができます.

1桁の場合

被加数	0	1	0	1	
加数	+0	+0	+1	+1	
和	0	1	1	10	1+1のときだけ,桁上げが発生します.

(b) **減算**　2進数の減算は10進数の減算と同様に行うことができます.

1桁の場合

被減数	0	1	0	1	
減数	−0	−0	−1	−1	
差	0	1	11	0	0−1のときには,(被減数が減数より小さいため)上位の桁から借りが発生します.

計算するために,加算するときは加算器を用い,減算のときは減算器を用いず,補数を利用して加算する方法で計算します.

補数には1の補数と2の補数があります.1の補数では,計算したい減数を反転すればよく,2の補数にするには1の補数に1を加えることで求められます.

1の補数

1	1	←2進数の最大値
−0	−1	←減数
1	0	←補数

6·1·2　論理回路

(1) **基本論理回路**

基本論理回路には,論理和回路(OR回路),論理積回路(AND回路),否定回路(NOT回路)の3種類があります.その他に,論理和回路の出力側に否定回路を接続した否定論理和回路(NOR回路)と,論理積回路の出力側に否定回路を接続した否定論理積回路(NAND回路)があります.この素子を用いて回路を構成したものを組合せ論理回路といいます.この回路は,入力の2値(0,1)の組合せによって出力が決まります.

基本論理回路の動作を覚えるよ.

(a) **論理和回路**(OR回路)　入力の一つ以上に"1"が入力されたとき,"1"が出力される回路です.

(b) **論理積回路**(AND回路)　入力のすべてに"1"が入力されたとき,"1"が出力される回路です.

(c) **否定回路**(NOT回路)　入力の否定された値が出力される回路です.

(d) **否定論理和回路**(NOR回路)　入力のすべてに"0"が入力されたとき,"1"が出力される回路です.

(e) **否定論理積回路**(NAND回路)　入力のすべてが"1"が入力されたと

き，“0” が出力される回路です．

(f) 排他的論理和回路（EX－OR 回路）　入力が同じときは出力が “0” で，入力が異なるときは “1” 出力される回路です．なお，否定排他的論理和回路は一致回路ともいいます

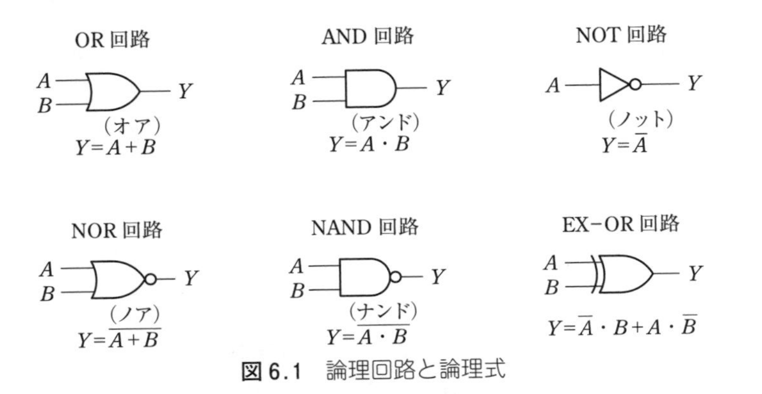

図 6.1　論理回路と論理式

(2) 真理値表

入力と出力の関係を表したものが真理値表という．

表 6.2　基本論理回路の真理値表

OR 回路の真理値表

入力		出力
A	B	Y
0	0	0
1	0	1
0	1	1
1	1	1

AND 回路の真理値表

入力		出力
A	B	Y
0	0	0
1	0	0
0	1	0
1	1	1

NOT 回路の真理値表

A	Y
0	1
1	0

NOR 回路の真理値表

入力		出力
A	B	Y
0	0	1
1	0	0
0	1	0
1	1	0

NAND 回路の真理値表

入力		出力
A	B	Y
0	0	1
1	0	1
0	1	1
1	1	0

EX-OR 回路の真理値表

入力		出力
A	B	Y
0	0	0
1	0	1
0	1	1
1	1	0

(3) NAND 変換

論理回路を作る場合，工夫することで素子数を減らすことができます．また，同一素子で回路を組むことも可能になります．

① NAND回路でNOT回路を作ります ② NAND回路でAND回路を作ります

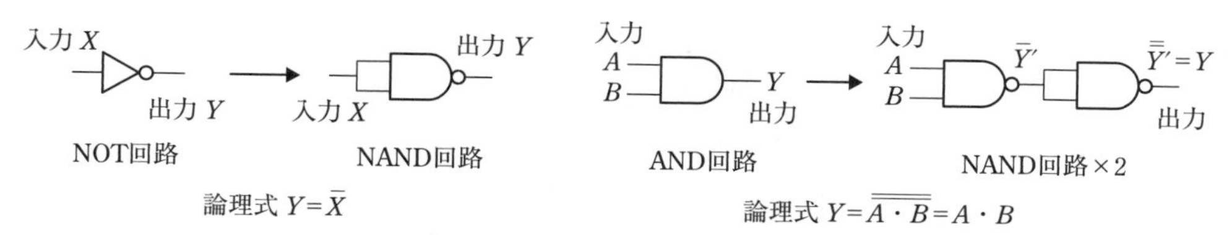

図6.2 NAND素子による変換

③ NAND回路でOR回路を作ります

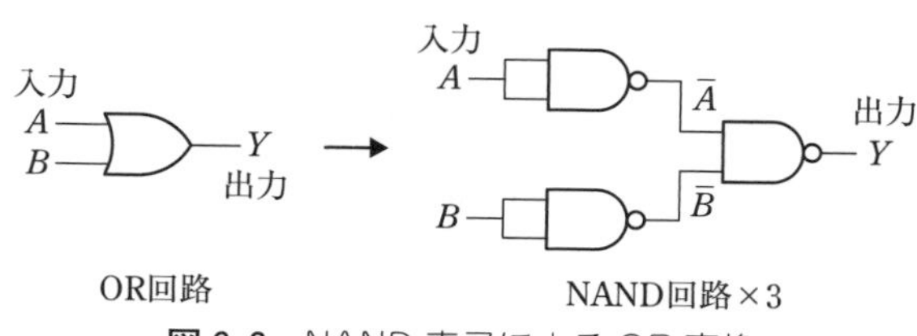

図6.3 NAND素子によるOR変換

$$\text{論理式}\quad Y=\overline{\overline{A}\cdot\overline{B}}=\overline{\overline{A+B}}=A+B$$

④ NAND回路だけを用いて論理回路を組むことができます(NAND変換).

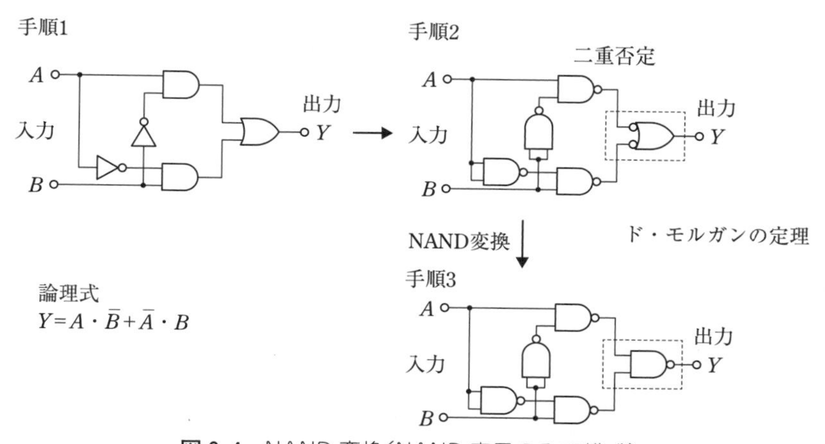

図6.4 NAND変換(NAND素子のみで構成)

(4) 論理回路の簡単化

論理式の基本的な性質をまとめたものをブール代数といい，この性質を用いると論理回路を簡単化(論理回路をできるだけ少なく構成)することができます.

① **ブール代数(定理)の性質**

性質1(対合則) $\overline{\overline{A}}=A$

性質2(べき等則) $A\cdot A=A,\ A+A=A$

ブール代数で簡単化する方法だよ.
それ以外にカルノー図があるよ.

性質 3（交換則） $A \cdot B = B \cdot A$, $A + B = B + A$

性質 4（結合則） $(A \cdot B) \cdot C = A \cdot (B \cdot C)$

$(A + B) + C = A + (B + C)$

性質 5（分配則） $A \cdot (B + C) = A \cdot B + A \cdot C$

$A + B \cdot C = (A + B) \cdot (A + C)$

性質 6（吸収則） $A \cdot (A + B) = A$, $A + A \cdot B = A$

性質 7（ド・モルガン則） $\overline{A \cdot B} = \overline{A} + \overline{B}$, $\overline{A + B} = \overline{A} \cdot \overline{B}$

性質 8（補元則） $\overline{A} \cdot A = 0$, $\overline{A} + A = 1$

性質 9（単位補元則） $A \cdot 1 = A$, $A + 0 = A$

性質 10 $A \cdot 0 = 0$, $A + 1 = 1$

性質 11 $\overline{0} = 1$, $\overline{1} = 0$

② **論理回路の簡単化**

加法標準形に展開(それぞれの論理積の論理和でまとめた回路)

$$f = \underbrace{\underline{(A \cdot B)}}_{\text{論理積}} + \underbrace{\underline{(A \cdot C)}}_{\text{論理積}}$$ 論理和

AND 回路が 2 個と，論理和回路が 1 個で構成されている．

分配則(性質 5)より

$$f = A \cdot (B + C)$$

同じ動作で，回路数が AND 回路 1 個と，論理和回路が 1 個で構成できます．

(5) 順序回路

(a) フリップ・フロップ 入力信号の値(0 と 1)を記憶できることから，計数器やコンピュータの演算回路等に用いられるのがフリップ・フロップ(F・F)です．回路には，R(リセット)－S(セット)F・F や J－KF・F などがあります．

(b) R－S フリップ・フロップ 入力信号が入力されると，その値(0 または 1)を保持(記憶)することができます．ここでは，代表的なものを紹介します．一つは R－SF・F です．

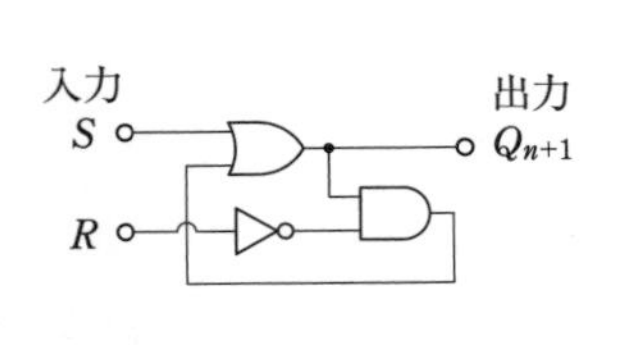

図 6.5 R－S・FF

真理値表

入力		出力	
S	R	Q_{n+1}	
		$Q_n=0$	$Q_n=1$
0	0	0	1
0	1	0	0
1	0	1	1
1	1	*	*

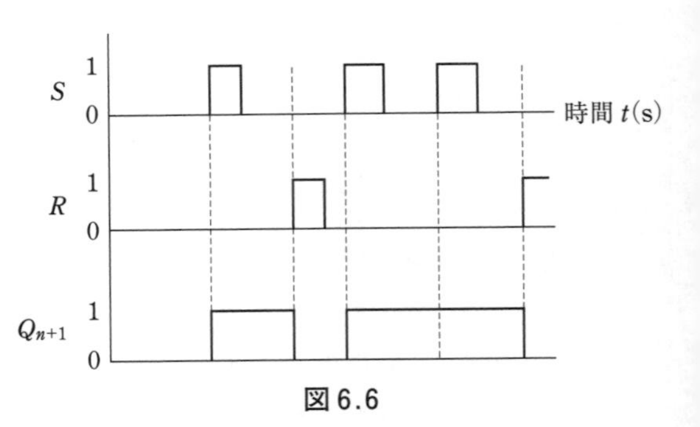

図 6.6

動作は，セット(S)入力信号が“1”入力されると出力(Q_{n+1})には必ず“1”がセットされ，リセット(R)入力信号が“1”入力されると出力

(Q_{n+1}) は必ず“0”にリセットされます．組合せ論理回路との違いは，入力信号と入力される前の出力 Q_n との組み合わせで出力が決まります．なお，S と R の両方に入力信号が“1”が入力されると不明となります．

OR･AND･NOT 回路で R−SF･F を構成したものに対して，NAND 回路で構成したものについて簡単に説明します．

この回路の動作は，$\overline{S}$(セット信号)を“1”から“0”に変わるときに出力 Q_{n+1} に“1”を出力する．リセットについても同様に考えます．

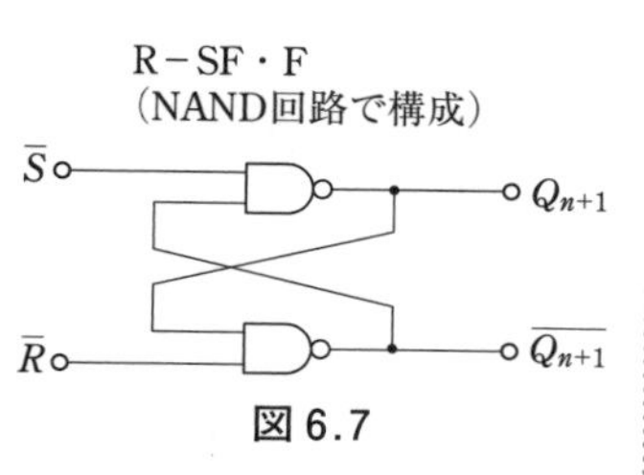

図 6.7

(c) **J−KF･F** J−KF･F は R−SF･F の入力信号 $R=S=1$ のとき，動作しないものを改良したものです．$J=1$，$K=0$ のときは，出力“1”が出力され，$J=0$，$K=1$ のときは，出力“0”が出力されます．$J=K=1$ を入力すると出力は反転します．

図記号

真理値表

入力			出力		動作
CK	J	K	Q	$\overline{Q}$	
1↓0	0	0	変化なし		保持
1↓0	0	1	0	1	リセット
1↓0	1	0	1	0	セット
1↓0	1	1	反転		トグル動作

図 6.8 J−K･FF 図記号と真理値表

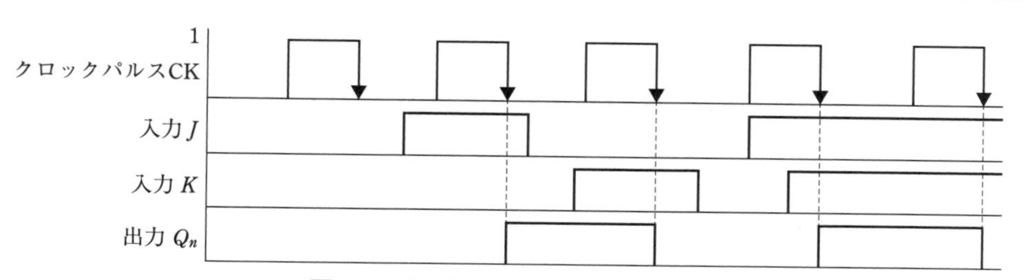

図 6.9 J−K･FF のタイムチャート

(6) コンピュータの計測･制御

(a) **A−D 変換** コンピュータで扱える数値は 2 進数(0 と 1 のデジタル量)です．コンピュータで処理する場合はアナログ信号(連続的に変化する信号)をデジタル信号に変換する必要があります．その操作を A−D 変換といい，その装置を A−D 変換装置(A−D コンバータ)といいます．図 6.10 は PCM(パルス符号変調)方式の変換の原理です．A−D 変換は以下のように行います．

① **標本化** アナログ信号を図(a)のように，一定時間ごとに区切り，その大きさをパルス波形として抜き出します．

② **量子化** 図(b)のように標本化されたパルスを何段階かに定められた振幅値(1，2，4，8，16，2^n の値)の和で表します．アナログ振幅

の入力電圧の範囲をFSR(フルスケールレンジ)といい，これをある割合で分割(精度を高くするには分割数を増やすことで対応できますが，回路が複雑になります)することを量子化といいます．アナログ振幅の最小単位は量子化幅といいますが，FSRを2^n等分で量子化した場合，量子化幅qは，

$$q=\frac{\mathrm{FSR}}{2^n-1}=\frac{\text{最大値}-\text{最小値}}{2^n-1} \quad \cdots\cdots (6.1)$$

③　**符号化**　量子化された信号を，図(c)のように2進符号で表します．これを符号化といい，これがパルス符号変調(PCM)波です．

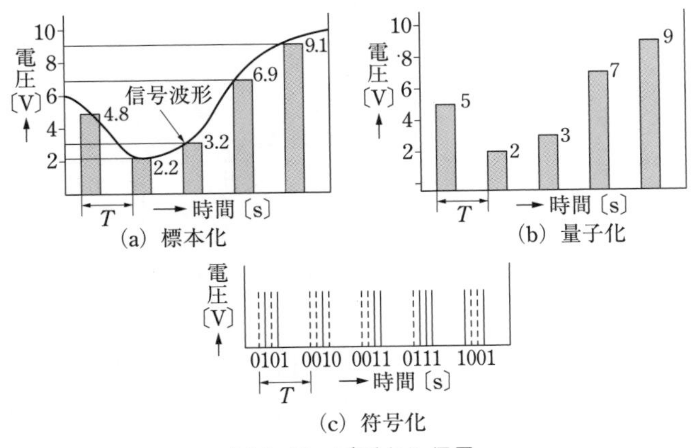

図6.10　デジタル信号

(b)　**D−A変換**　デジタル信号をアナログ信号に変換する操作をD−A変換といい，変化する装置をD−A変換装置(D−Aコンバータ)といいます．4ビット変換の一例です．

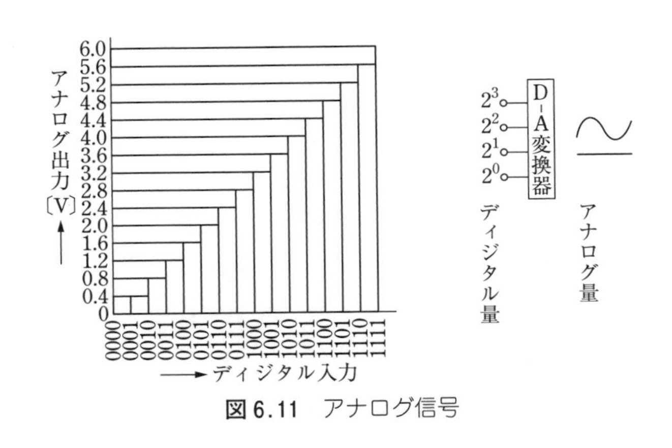

図6.11　アナログ信号

6・1・3　ソフトウェア

(1)　アルゴリズム

コンピュータは，さまざまな仕事を効率的に行うために，産業界をはじめ一

般家庭まで幅広く利用されています．与えられた課題をどのように解決するかが大切で，解決するための手法がアルゴリズムです．

その手法の流れを表すために，流れ図(フローチャート)を用いられます．ここで，基本的な流れ図を紹介します．

① 端子：はじめと終わりに用います．

② 準備：各変数のセット

1 → A

変数 A の値として 1 を代入します．

③ 処理：計算などを行います．

$a+1$ → a

(累計　ほか)

④ 判断：条件式により分岐する

たとえば，

条件式　$a>b$

a が b より大きいときは真(YES)であるから処理 1 を行います．

b が a より大きいか等しいときは処理 2 を行います．

⑤ 入出力：データの読み込みまたは書き出しなどに用います．

⑥ 繰り返し処理：I が 5 より小さいか，等しくなるまで繰り返し処理 1(5 回)が実行されます．

ここでは，基本的な考え方を二つ紹介します．

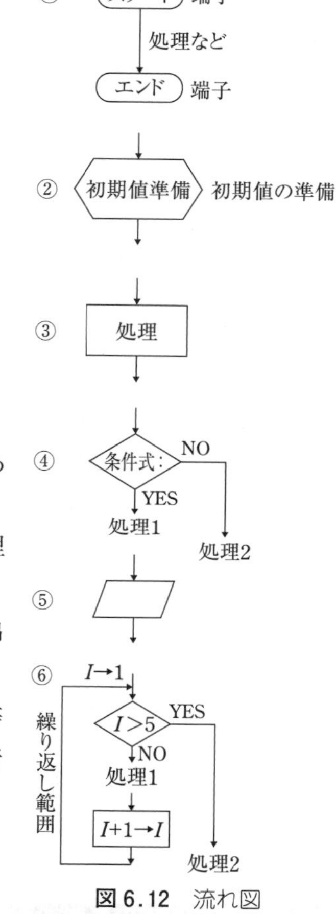

図 6.12　流れ図

情報処理装置を用いて課題を解決するための手法がアルゴリズムだよ．

(a) 昇順または降順の並び替え(ソート)　右表の数値を降順(または昇順)に並び変えることを考えます．

どのように一番大きい数値を，どう見つけ出すか．

数値が入っているテーブル(表)の一番目から順に大きい順に並び変えます．

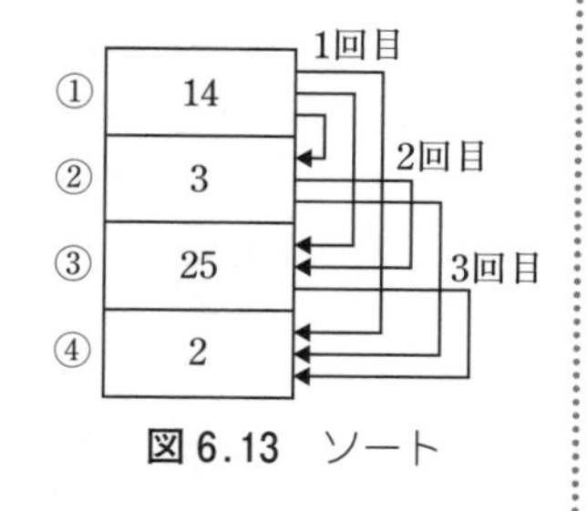

図 6.13　ソート

手順 1　①と②を比較して，条件(①より②の方が大きいときは,)が成立するときは処理を実行(数値を入れ替える)し，条件が成立しないときは実行(数値は変化しない)しません.
次に，①と③を比較して，条件が成立するときは入れ換えを実行(数値を入れ替える)し，条件が成立しないときは実行しません.
さらに，①と④を比較して，条件が成立するときは処理を実行し，条件が成立しないときは実行しません.
このときに，①の値が確定(一番大きい数値が①に入る)します.

手順 2 および**手順 3**　同様に②～④まで繰り返し，次に③と④を並び変えます.

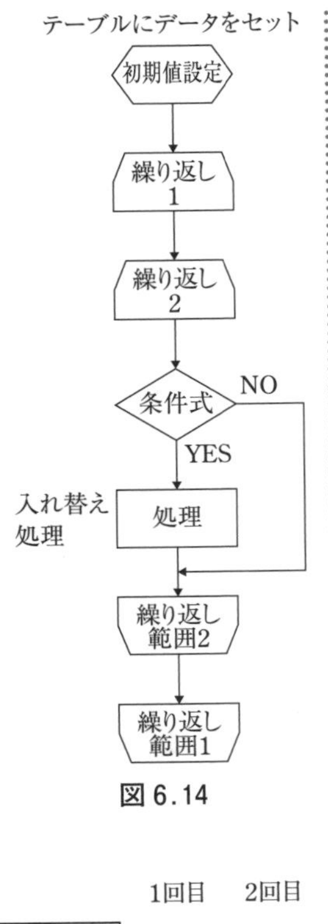

図 6.14

(b) 検索　仮に 15 の数値を検索したとき，データ数の $\frac{1}{2}$ の番目のデータと比較する．②のデータは 10 で，15 より小さいから③以降にあることが分かり，③番目と④番目の 1/2 から③番を選択し，検索したいデータと一致するので決定できます.

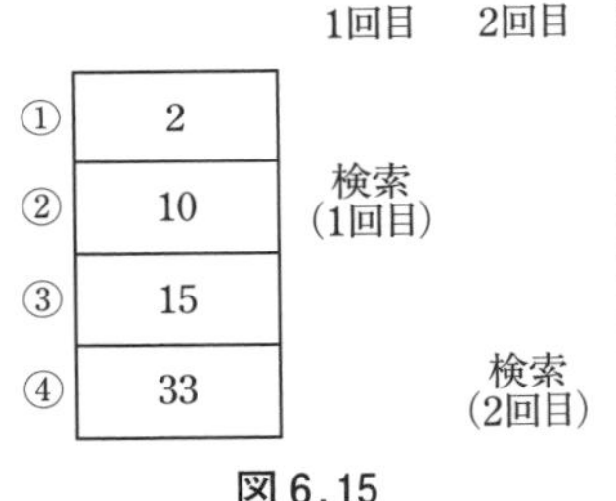

図 6.15

試験の直前 CHECK!

- □ **数値変換**≫2 進数変換，10 進数，16 進数変換，(8 変換)
- □ **論理回路**≫基本論理回路，真理値表，論理式，組合わせ論理回路
- □ **順序回路**≫R-SFF，J-KFF，計数回路
- □ **アルゴリズム**≫ソート，2 分検索

国家試験問題

問題 1

次の文章は，基数の変換に関する記述である．

・ 2 進数 00100100 を 10 進数で表現すると［ ア ］である．

・ 10 進数 170 を 2 進数で表現すると［ イ ］である．

・ 2進数111011100001を8進数で表現すると［ウ］である．

・ 16進数［エ］を2進数で表現すると11010111である．

上記の記述中の空白箇所(ア)，(イ)，(ウ)及び(エ)に当てはまる組合せとして，正しいものを(1)〜(5)のうちから一つ選べ．

	(ア)	(イ)	(ウ)	(エ)
(1)	36	10101010	7321	D7
(2)	37	11010100	7341	C7
(3)	36	11010100	7341	D7
(4)	36	10101010	7341	D7
(5)	37	11010100	7321	C7

《H28-14》

解説

2進数(00100100)を10進数に変換すると，

桁の重みについて考えると，1が立っているのは3桁目($2^2=4$)，6桁目($2^5=32$)であるので，その和を求められます．$2^5+2^2=36$

よって，$(36)_{10}$です．

10進数(170)を2進数に変換(剰余計算)すると，

$(10101010)_2$です．

2進数を8進数(表現できる数値は0〜7)に変換するには，2進数を3桁ごとに区切り，3桁ごとの値を求めます．

$(111011100001)_2=(111\quad 011\quad 100\quad 001)_2$

$\rightarrow(7341)_8$です．

2進数を16進数に変換するには，2進数を4桁ごとに区切り，4桁ごとの値を求めます．

$(11010111)_2=1101\quad 0111)_2\rightarrow(D7)_{16}$です．

10進数を2進数に変換

	商	余り	
2)	170		
2)	85	…… 0	下位 (2^0)
2)	42	…… 1	
2)	21	…… 0	
2)	10	…… 1	
2)	5	…… 0	
2)	2	…… 1	
2)	1	…… 0	
	0	…… 1	上位 (2^7)

数値変換だよ．

問題2

2進数AとBがある．それらの和が$A+B=(101010)_2$，差が$A-B=(1100)_2$であるとき，Bの値として，正しいものを次の(1)〜(5)のうちから一つ選べ．

(1) $(1110)_2$　(2) $(1111)_2$　(3) $(10011)_2$　(4) $(10101)_2$　(5) $(11110)_2$

《R1-14》

解説

この問題は2進数の四則計算で，

Bの値を求めるには，

$(A+B)_2-(A-B)_2=(2B)_2$の関係から

$(101010)_2-(1100)_2=(11110)_2$

2進数の加減算だよ．

$(2B)_2$ を2で割りますが，小数点の位置を左に1桁（bit）左シフトすると同じ結果になります．

$$(11110.)_2 \rightarrow (1111.0)_2$$

問題3

図の論理回路に，図に示す入力 A，B 及び C を加えたとき，出力 X として正しいものを次の(1)～(5)のうちから一つ選べ．

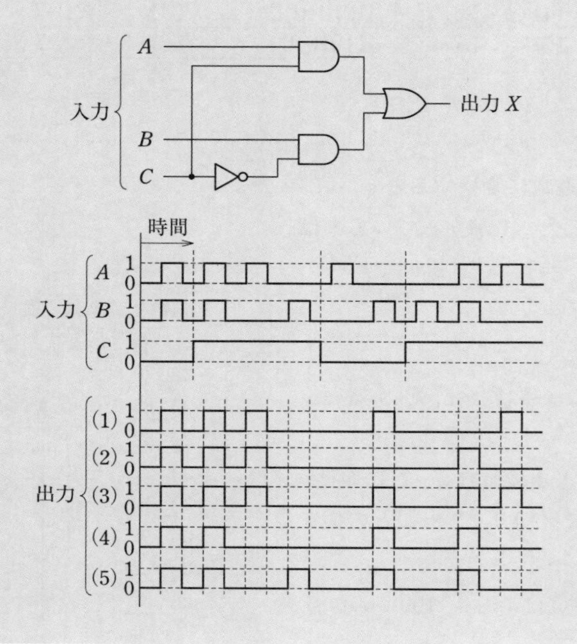

《H25-14》

解説

図より論理式を求めると，

$X = A \cdot C + B \cdot \overline{C}$ で　　X が出力（$X=1$）されるのは $A=C=1$ と $B=1$ で $\overline{C}=0$（$C=1$）のときです．図のタイムチャートから，

組合わせ論理回路の動作だよ．

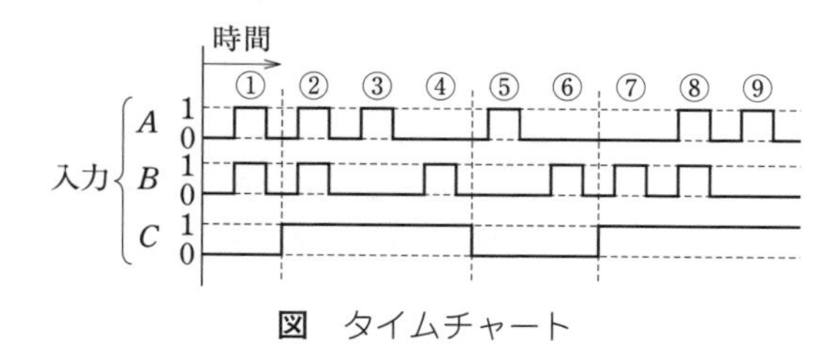

図　タイムチャート

$X' = A \cdot C$（両方とも"1"）　条件が成立するのは②，③，⑧および⑨の4箇所

次に，$X'' = B \cdot \overline{C}$ が成り立つのは①，⑥の2箇所

$$X = X' + X'' = (A \cdot C) + (B \cdot \overline{C})$$

答えは，①，②，③，⑥，⑧，⑨　から，(3)となります．

問題 4

入力信号が A，B 及び C，出力信号が X の論理回路として，次の真理値表を満たす論理回路は次のうちどれか．

真理値表

入力信号			出力記号
A	B	C	X
0	0	0	1
0	0	1	0
0	1	0	1
0	1	1	0
1	0	0	1
1	0	1	1
1	1	0	0
1	1	1	0

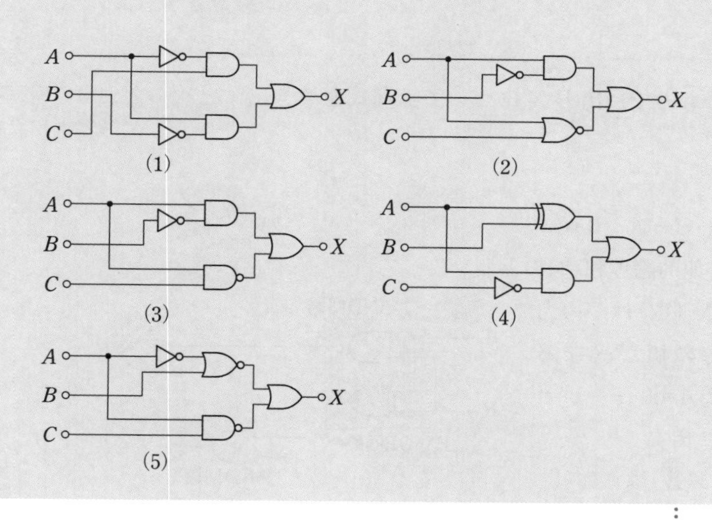

《H22-14》

解説

真理値表から論理式を導き出すと，

出力される入力の組み合わせを調べると四つ（論理積で括る）あり，

真理値表から　0·0·0，0·1·0，1·0·0，1·0·1 を $0=\overline{A}$，$1=A$ と表せば，

$$X=\overline{A}\cdot\overline{B}\cdot\overline{C}+\overline{A}\cdot B\cdot\overline{C}+A\cdot\overline{B}\cdot\overline{C}+A\cdot\overline{B}\cdot C$$

性質 5（分配則），性質 8（補原則）

$$=\overline{A}\cdot\overline{C}\cdot(\overline{B}+B)+A\cdot\overline{B}\cdot(\overline{C}+C)=\overline{A}\cdot\overline{C}+A\cdot\overline{B}=(\overline{A+C})+A\cdot\overline{B}$$

性質 7（ド・モルガン則）

真理値表から論理式を導くよ．

（p.124～126 の解答）問題 1 →(4)　問題 2 →(2)　問題 3 →(3)

第6章 情報・自動制御

問題5

図のような論理回路において，入力 A，B，C に対する出力 X の論理式，及び入力を A="0"，B="1"，C="1" としたときの出力 Y の値として，正しいものを組み合わせたのは次のうちどれか．

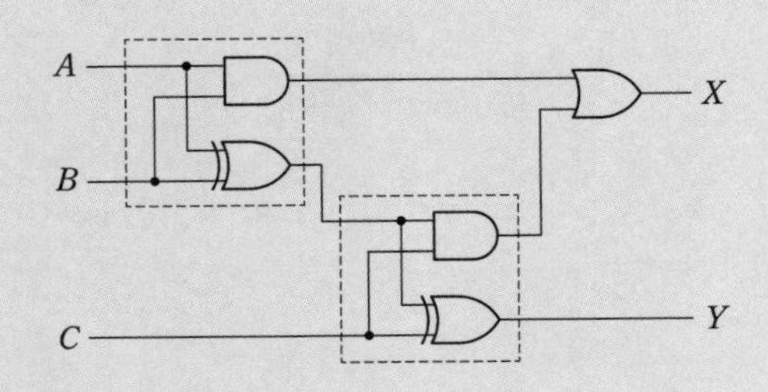

(1)	$X=A\cdot B+(A\cdot B+\overline{A}\cdot\overline{B})\cdot C$	$Y=0$
(2)	$X=A\cdot B+(A\cdot B+\overline{A\cdot B})\cdot C$	$Y=1$
(3)	$X=A\cdot B+(A\cdot\overline{B}+\overline{A}\cdot B)\cdot C$	$Y=1$
(4)	$X=A\cdot B+(A\cdot B+\overline{A}\cdot\overline{B})\cdot C$	$Y=1$
(5)	$X=A\cdot B+(A\cdot\overline{B}+\overline{A}\cdot B)\cdot C$	$Y=0$

《基本問題》

解説

論理回路に関するもので，出力 X について論理式を導き出すと次のとおりです．

論理式：

$$X=A\cdot B+\underline{(A\cdot\overline{B}+\overline{A}\cdot B)}\cdot C$$

排他的論理和(図の上側)

排他的論理和(EX-OR)は，入力 A および B の入力の値が異なる($A=1\cdot B=0$ または $A=0\cdot B=1$)ときに出力($X=1$)されます．

出力 Y の論理式(解答)は，

$$Y'=\overline{A}\cdot B+A\cdot\overline{B}$$
$$=\overline{0}\cdot 1+1\cdot\overline{0}=1$$
$$Y=\overline{Y'}\cdot C+Y'\cdot\overline{C}$$
$$=\overline{1}\cdot 1+1\cdot\overline{1}=0$$

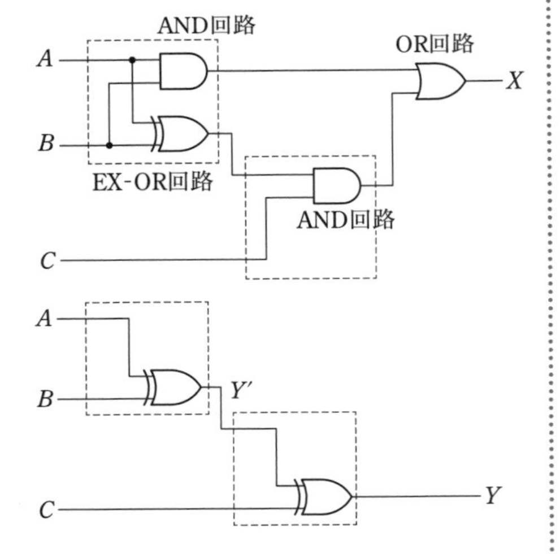

排他的論理和回路の動作だよ．

問題 6

図1の論理回路の動作を表すタイムチャートが図2である．図3は図1と同じ働きをするリレーシーケンス回路である．次の(a)及び(b)に答えよ．

(a) 図1の回路において，スイッチA，B，Cに図2の入力スイッチA，B，C信号を加えたとき，LED出力Dの出力信号を図2の出力D信号(ア)，(イ)又は(ウ)より選び，また，LED出力Eの出力信号を図2の出力E信号(エ)，(オ)又は(カ)より選ぶとすれば，その正しいものを組み合わせたのは次のうちどれか．

ただし，スイッチCはリセット信号であり，出力D及びEの初期値は“0”であるとする．

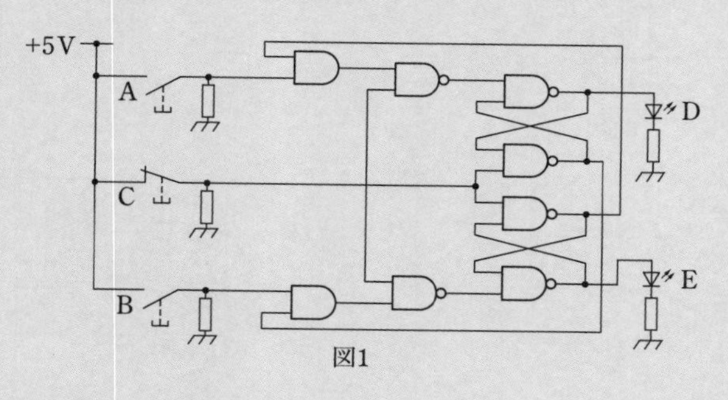

図1

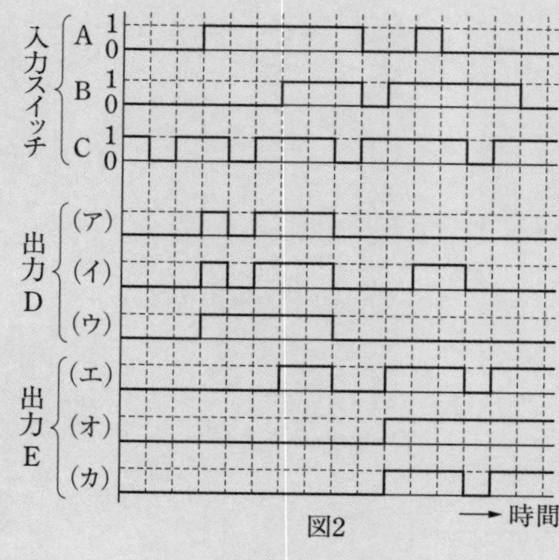

図2

(a)の選択肢

	D	E
(1)	(ア)	(カ)
(2)	(イ)	(エ)
(3)	(ア)	(エ)
(4)	(ウ)	(オ)
(5)	(イ)	(カ)

(b) 図3は，図1と同じ働きをするリレーシーケンス回路である．図3の破線の部分(A)に当てはまるシーケンス回路として，正しいのは次の(1)〜(5)のうちどれか．

ただし，図3でR1，R2〔─□─〕はリレーコイル，D，E〔─⊗─〕は出力表示ランプ，V〔─|├─〕はシーケシス回路の電源である．また，シーケンス回路中のスイッチA及びBを押すとそれぞれの信号は“1”になり，スイッチCを押すとその信号は“0”になる．

また，選択肢(1)から(5)でR1，R2〔‾／‾〕はそれぞれのリレー接点である．

(p.127〜128の解答) 問題4→(2) 問題5→(5)

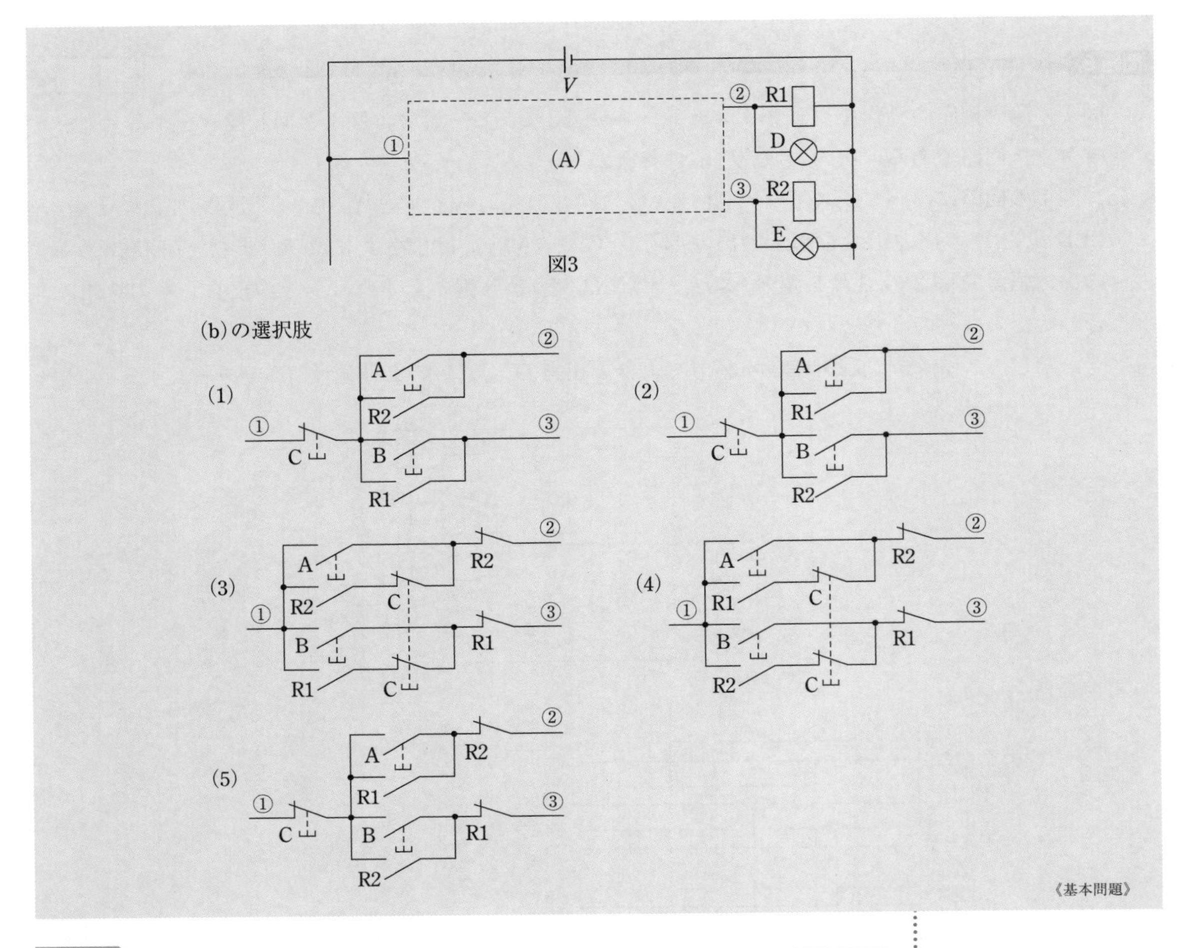

解説

(a) 順序回路(R−SF･F)に関するもので，R−SF･F の動作となる．

$\overline{S}$(セット信号)が立ち下がったら Q_n に1がセットされます．

$\overline{R}$(リセット信号)が立ち下がったら Q_n に0がセットされます．

したがって，R−SF･F は，セット信号またはリセット信号を記憶します．F･F の前に接続されている回路はインターロック回路です．動作は，スイッチ C を入力すると出力 D と E は“0”(消灯)となります．スイッチ A を入力すると出力 D のみが“1”(点灯)となり，次にスイッチ B を入力するとインターロック回路によって($\overline{S}=(B\cdot\overline{Q_A})\cdot\overline{C}$)変化しません．つまり，上部の F･F によって入力が受け付けされません．反対の操作も同様です．

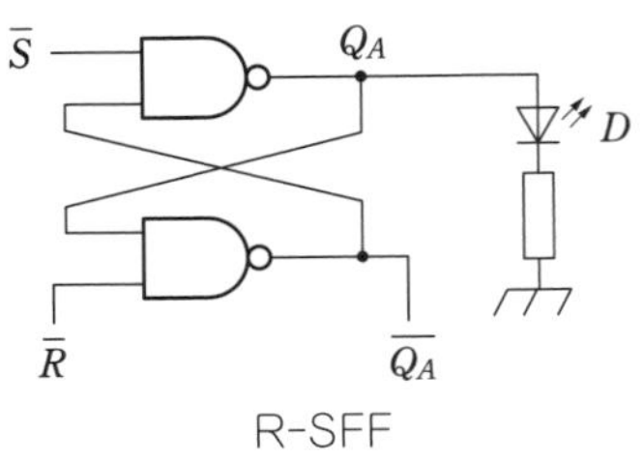

R-SFF

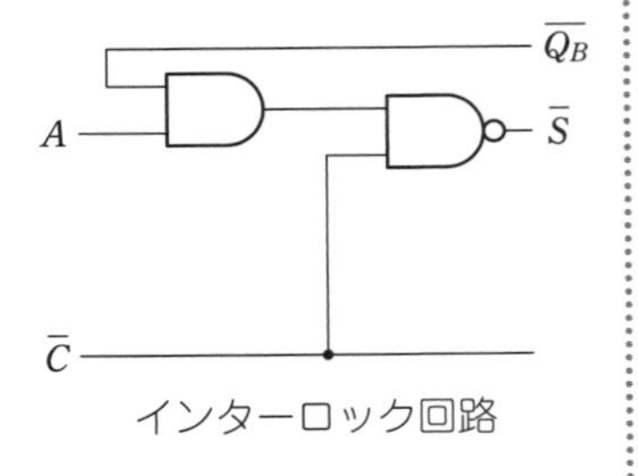

インターロック回路

入力信号の組み合わせによって LED が点灯するよ．

インターロック回路は先に押されたスイッチが優先されるよ．

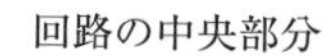

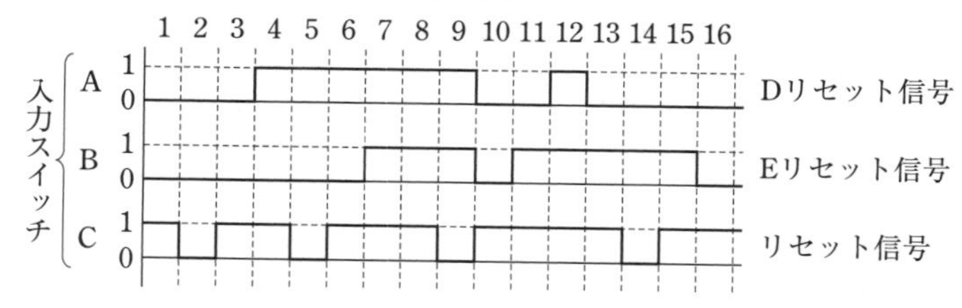

1では入力A，Bがないので変化しません．

次に2でD，EのLEDはリセット（消灯）し，4でDのLEDは，セット（点灯）されます．5でリセット信号が優先されるのでDのLEDは消灯します．6でスイッチCは切れますが，Aは9まで入力されているのでDは再度点灯します．9でCが入力されたことにより消灯します．スイッチBは7で入力されるがインターロック回路によってBは動作しません．Bは11以降入力されてLEDEは点灯します．このように，他の回路が動作しないようにする回路をインターロック回路といいます．出力Dは（ア）となります．

次にLEDEについても，$S=(B\cdot\overline{Q_A})\cdot\overline{C}$から$C$が関係するから，出力Eは（カ）となります．

(b) シーケンス制御に関するもので，リレー$R1$および$R2$のb接点をクロスにすることでインターロック回路が構成できます．

1より前の状態は電源スイッチを入れた瞬間によって決まるよ．

問題 7

図は，マイクロプロセッサの動作クロックを示す．マイクロプロセッサは動作クロックと呼ばれるパルス信号に同期して処理を行う．また，マイクロプロセッサが1命令当たりに使用する平均クロック数をCPIと呼ぶ．1クロックの周期T〔s〕をサイクルタイム，1秒当たりの動作クロック数fを動作周波数と呼ぶ．

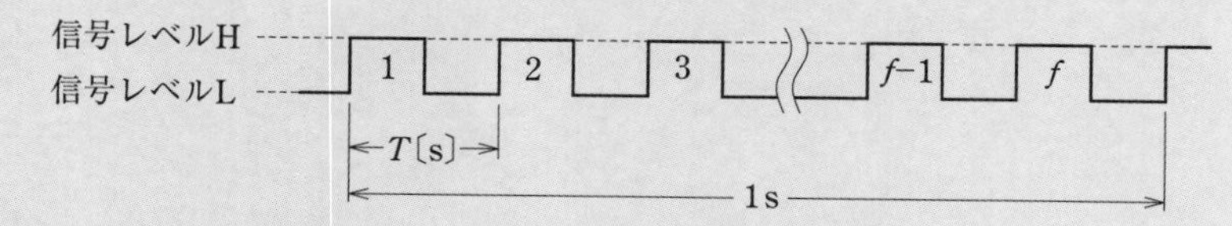

次の(a)及び(b)の問に答えよ．

(a) 2.5〔GHz〕の動作クロックを使用するマイクロプロセッサのサイクルタイム〔ns〕の値として，正しいものを次の(1)～(5)のうちから一つ選べ．

(1) 0.0004　(2) 0.25　(3) 0.4　(4) 250　(5) 400

(b) CPI=4のマイクロプロセッサにおいて，1命令当たりの平均実行時間が0.02〔μs〕であった．このマイクロプロセッサの動作周波数〔MHz〕の値として，正しいものを次の(1)～(5)のうちから一つ選べ．

(1) 0.0125　(2) 0.2　(3) 12.5　(4) 200　(5) 12 500

《H24-18》

(p.129～130の解答)　問題6 →(a)−(1)，(b)−(5)

解説

(a) マイクロコンピュータの動作クロックは周波数 f〔Hz〕と同じであり，サイクルタイムは周期 T〔s〕と同じから，

$$T=\frac{1}{f}=\frac{1}{2.5\times10^{9}}=0.4\times10^{-9}〔\mathrm{s}〕=0.4〔\mathrm{ns}〕$$

(b) このプロセッサの平均実行時間(1命令あたりに使用する平均クロック数CPI＝1)は，0.02〔μs〕であり，ここから周波数 f を求めると，

$$f=\frac{1}{T}=\frac{1}{0.02\times10^{-6}}=50\times10^{6}〔\mathrm{Hz}〕=50〔\mathrm{MHz}〕$$

この問では　CPI＝4から

$$f'=4\cdot f=4\cdot 50=200〔\mathrm{MHz}〕$$

問題 8

図のフローチャートで表されるアルゴリズムについて，次の(a)及び(b)の問に答えよ．変数は全て整数型とする．

このアルゴリズム実行時の読込み処理において，$n=5$ とし，$a[1]=2$，$a[2]=3$，$a[3]=8$，$a[4]=6$，$a[5]=5$ とする．

(a) 図のフローチャートで表されるアルゴリズムの機能を考えて，出力される $a[5]$ の値を求めよ．その値として正しいものを次の(1)～(5)のうちから一つ選べ．

(1) 2　(2) 3　(3) 5　(4) 6　(5) 8

(b) フローチャート中のXで示される部分の処理は何回行われるか，正しいものを次の(1)～(5)のうちから一つ選べ．

(1) 3　(2) 4　(3) 5　(4) 8　(5) 10

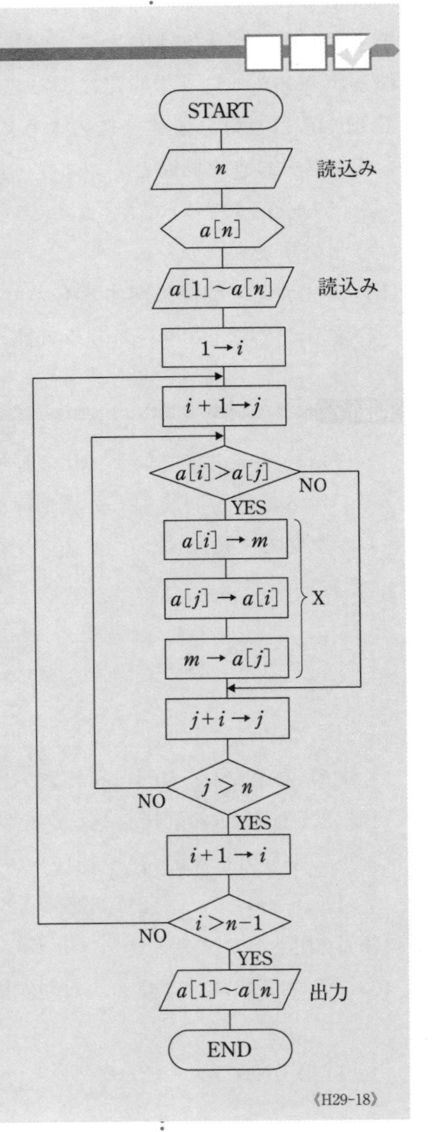

《H29-18》

解説

(a) この流れ図は，繰り返し処理が二重から並び替えであることが分かります．次に，並び替えが昇順か，降順かは判定の条件式で決まります．

条件式　$a(1)>a(2)$ の値はテーブル（変数名を共通で，添え字「括弧内の数字」で指定された場所のデータを指す．）a の1番目と2番目を比較し，$a(1)$ の方が大きい場合は条件が成立（YES）することから真下に移動（ジャンプ）し，処理 X を行います．X の部分では該当データ（数値）を入れ替えます．条件が成立（NO）しないときは何もしないで，次のデータと比較します．最終的には一番小さい数値が $a(1)$ に入ります．したがって，昇順に並び変えるものです．問題(a)は，$a(5)=8$ となります．

(b) 繰替え処理を何回繰り返したかを数えると求められます．

繰返し処理　$i=1$ 回目

$j=i+1 \sim n$（n は5である．）4回

条件が成立する回数を数えます．

$a(1)=2$ より小さい数値はないので，ここでは処理 X は実行されません．

繰返し処理　$i(i+1 \rightarrow i)=2$ 回目

$j=i+1 \sim n$（n は5である．）3回

$a(2)=3$ より小さい数値はないので，ここでは処理 X は実行されません．

繰返し処理　$i(i+1 \rightarrow i)=3$ 回目

$j=i+1 \sim n$（n は5である．）2回

$a(3)=8$ より小さい数値が4番目にあるので，ここで1回目の処理 X を実行します．

$a(3)=6$ より小さい数値が5番目にあるので，ここで2回目の処理 X を実行します．

繰返し処理　$i(i+1 \rightarrow i)=4$ 回目

$j=i+1=n$（n は5である．）1回

$a(4)=8$ より小さい数値が5番目にあるので，ここで3回目の処理 X を実行します．

処理 X を実行する回数は，3回となります．

数値の並び替え（昇順）だよ．

（p.131～133 の解答）**問題7**→(a)－(3)，(b)－(4)　**問題8**→(a)－(5)，(b)－(1)

問題 9

分解能が2〔mV〕のD-A変換器について，図を参考にして次の(a)及び(b)に答えよ．

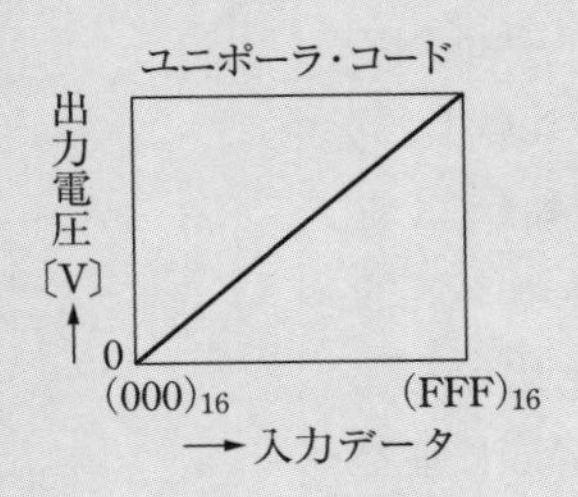

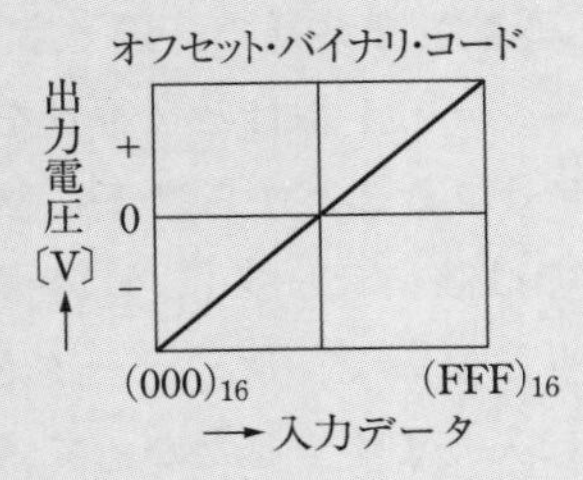

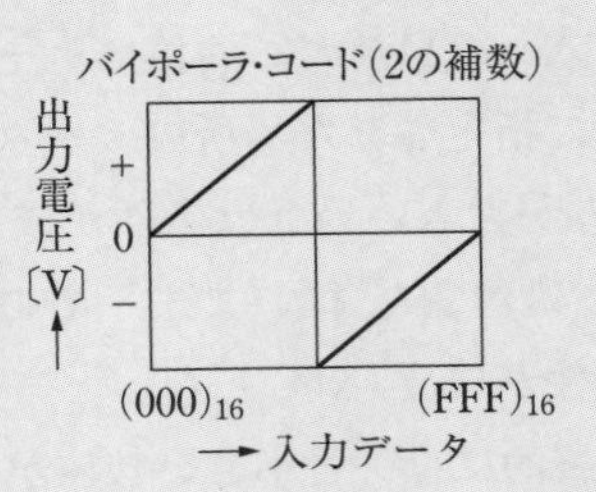

(a) 12ビットのディジタル入力量の$(000)_{16}$を0〔V〕の出力電圧として，正の電圧のみを扱うユニポーラ・コードによるD-A変換器の場合，ディジタル入力量の$(9C4)_{16}$は，［ア］〔V〕の出力電圧になる．

ディジタル入力量の$(000)_{16}$から$(FFF)_{16}$の範囲で，$(800)_{16}$を0〔V〕の出力電圧とし，$(000)_{16}$側を負，$(FFF)_{16}$側を正とするオフセット・バイナリ・コードによるD-A変換器の場合，出力電圧の範囲は，［イ］〔V〕となる．

また，2の補数を用いて正負の電圧を扱うバイポーラ・コードによるD-A変換器では，ディジタル入力量の$(A24)_{16}$は，［ウ］〔V〕の出力電圧になる．

上記の記述中の空白箇所(ア)，(イ)及び(ウ)に当てはまる数値として，正しいものを組み合わせたのは次のうちどれか．

	(ア)	(イ)	(ウ)
(1)	4.968	−4.094 ～ 4.096	−3.000
(2)	4.968	−4.094 ～ 4.096	−2.998
(3)	5.000	−4.096 ～ 4.096	−3.000
(4)	5.000	−4.096 ～ 4.094	−2.998
(5)	5.000	−4.096 ～ 4.094	−3.000

(b) このD-A変換器がユニポーラ・コードのD-A変換器の場合，出力電圧1.250〔V〕を得るためのディジタル入力量は，［エ］となる．このD-A変換器がオフセット・バイナリ・コードのD-A変換器の場合，出力電圧1.250〔V〕を得るためのディジタル入力量は，［オ］，出力電圧−1.250〔V〕を得るためのディジタル入力量は，［カ］となる．

このD-A変換器が2の補数によるバイポーラ・コードのD-A変換器の場合，出力電圧−1.250〔V〕を得るためのディジタル入力量は，［キ］となる．

上記の記述中の空白箇所(エ)，(オ)，(カ)及び(キ)に当てはまる数値として，正しいものを組み合わせたのは次のうちどれか．

	(エ)	(オ)	(カ)	(キ)
(1)	$(271)_{16}$	$(A71)_{16}$	$(58F)_{16}$	$(D8F)_{16}$
(2)	$(271)_{16}$	$(271)_{16}$	$(58F)_{16}$	$(58F)_{16}$
(3)	$(271)_{16}$	$(A71)_{16}$	$(D8F)_{16}$	$(58F)_{16}$
(4)	$(625)_{16}$	$(271)_{16}$	$(D8F)_{16}$	$(D8F)_{16}$
(5)	$(625)_{16}$	$(A71)_{16}$	$(D8F)_{16}$	$(D8F)_{16}$

《基本問題》

解説

(a) 16進数を10進数に変換すると

$(9C4)_{16} \rightarrow 9\times16^2+12\times16^1+4\times16^0=9\times256+12\times16+4\times1=(2\,500)_{10}$

2〔mV〕の分解能は，1ステップ当たりのアナログ量を表すから，

2〔mV〕×2 500＝5 000〔mV〕＝5.000〔V〕

オフセットバイナリコードで表示できる数値の範囲は

$(800)_{16}$ が0であるから

正の数値(組合せ)は $(FFF)_{16}-(800)_{16}=(7FF)_{16}$ を10進数に変換すると，

$(7FF)_{16} \rightarrow 7\times16^2+15\times16^1+15\times16^0=7\times256+15\times16+15\times1=(2\,047)_{10}$

2〔mV〕×2 047＝4 094〔mV〕＝4.094〔V〕……(ア)の解答

負の数値は $(800)_{16}-1(0)_{16}=(7FF)_{16}$ を10進数に変換すると，

正の数と同じ数値に $(000)_{16}$ の数値を加える必要があります．負の数値は2 048となり

2〔mV〕×(−2 048)＝−4 096〔mV〕＝−4.096〔V〕

オフセットバイナリ·コードで表現できる数値の範囲は，

−4.096～4.094〔V〕……(イ)の解答

2の補数(負の数値から)を求めると，

$(FFF)_{16}-(A24)_{16}+(1)_{16}=-(5DC)_{16}$

$(-5DC)_{16} \rightarrow -(5\times16^2+13\times16^1+11\times16^0)$

$=-(5\times256+13\times16+12\times1)=(-1\,500)_{10}$

2〔mV〕×−(1 500)＝−3 000〔mV〕＝−3.000〔V〕……(ウ)の解答

(b) ディジタル信号をアナログ信号に変換するもので

$(1.250)_{10}$〔V〕をディジタル信号の数値を求めると，

$\dfrac{1.250}{0.002}=625$　この数値を16進数に変換する．

$(625)_{10}$ を $(271)_{16}$ ……(エ)の解答

次に，オフセットバイナリ·コードで表示するには，16進数の値　1.250 V は $(271)_{16}$ 同じで符号が異なるため，$(800)_{16}$ を加えると正の値となります．

したがって，

$(271)_{16}+(800)_{16}=(A71)_{16}$ ……(オ)の解答

出力電圧　−1.250〔V〕を得るには，

出力電圧　0〔V〕をディジタル信号では $(800)_{16}$ であり，

0−1.250＝−1.250　より　$(800)_{16}-(271)_{16}=(58F)_{16}$ ……(カ)の解答

バイポラ・コード(2の補数)に変換するには

$(FFF)_{16}-(271)_{16}+1=(D8F)_{16}$ ……(キ)の解答

アナログ信号をデジタル信号(A-D変換)およびデジタル信号をアナログ信号(D-A変換)だよ．

(p.134～135の解答)　問題9 →(a)−(5)，(b)−(1)

6・2 自動制御

重要知識

出題項目 CHECK!

- □ フィードバック制御
- □ ブロック線図と伝達関数の求め方
- □ 周波数伝達関数とステップ応答
- □ ボード線図と位相特性

6・2・1　フィードバック制御

フィードバック制御の概論だよ.

フィードバック制御系(閉ループ制御)は，図 6.16 のような各要素から構成されます．矢印は信号の流れを表し，制御の動作は下記のとおりです．

① 制御対象部の出力である制御量を検出部で検出します．

② 検出信号を主フィードバック信号として比較部に戻します．

③ 主フィードバック信号を設定部の基準入力と比較し，その制御偏差が調整部に入力され，制御偏差に応じた操作信号を操作部に送ります．

④ 制御偏差が少なくなるように操作部の操作量を調整します．

⑤ その結果，制御量はしだいに目標値(設定値)に近づきます．

なお，制御量を乱そうとする外的な原因を外乱といいます．

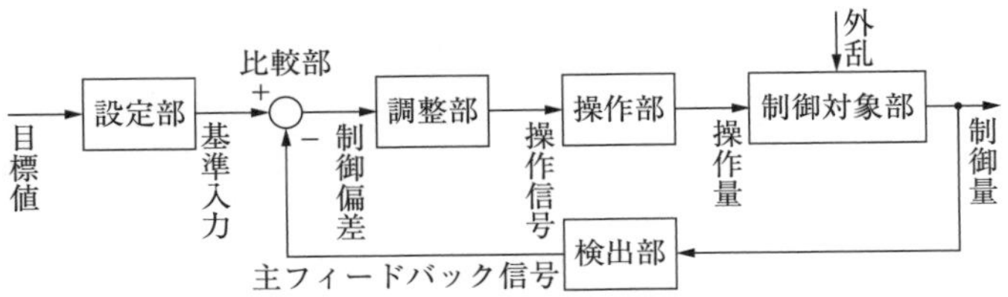

図 6.16　フィードバック制御系の基本構成

図 6.16 のフィードバック制御のように閉ループ制御では，外乱の影響で修正動作を何回も繰り返すことで時間がかかります．このような欠点を補うものがフィードフォワード制御であり，外乱が生じると検出回路からも信号が調整部に直接加わり，速やかに制御量が修正されます．フィードフォワード制御は，制御系が閉じていないので開ループ制御といいます．

表 6.3　自動制御の種類等

分　類	制御の名称	制御内容
目標値	定値制御	目標値(設定値)が一定の制御
	追従制御	目標値の任意の変化に追従する制御
	比率制御	目標値が他の量と一定比率で変化する制御
	プログラム制御	目標値があらかじめ定められた値に変化する制度
信　号	アナログ制御	時間的，量的に連続したアナログ信号の制御
	デジタル制御	アナログ量からデジタル量に変換して行われる制御
	サンプル値制御	制御量，操作量などを一定時間ごとに取り出す制御
使用分野(制御量)	自動調整	負荷の変動に対して目標値が一定の制御
	サーボ機構	位置，回転角などの機械量の制御
	プロセス制御	温度，流量，圧力などのプロセス量の制御

6・2・2　ブロック線図と伝達関数

図 6.17 に示すように，フィードバック制御系を構成する各要素は，いずれも入力信号に対して出力信号の比を伝達要素として扱い，この伝達要素を一つのブロックとして表します．また，信号の伝達方向は矢印で表し，ブロックの中には伝達要素の伝達関数 G(ブロックの特性を示す)を書き入れます．

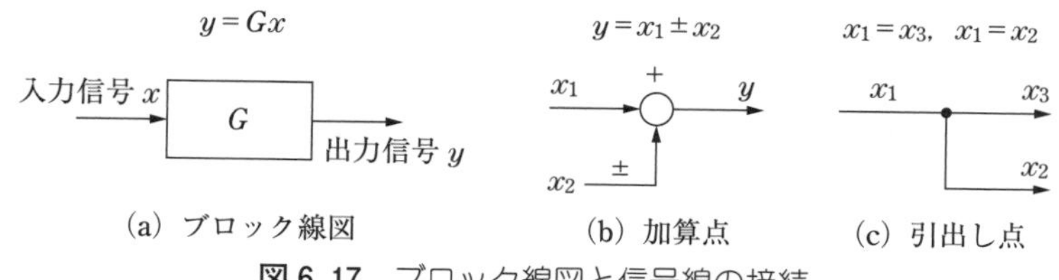

図 6.17　ブロック線図と信号線の接続

(1) 伝達要素

比例要素 K(P 動作)，微分要素 s(D 動作)，積分要素 $\dfrac{1}{s}$(I 動作)のほか一次遅れ要素 $\left(\dfrac{K}{1+Ts}\right)$ と二次遅れ要素があります．なお，一次遅れ要素の T〔s〕は時定数を表します．

(2) 等価変換

ブロック線図は伝達関数を図形化したもので，多くのブロックから構成され，簡略化することで全体の伝達関数や特性を知ることができます．図 6.18 は等価変換したブロック線図を示したものです．

伝達関数の求め方だよ．

・直列接続

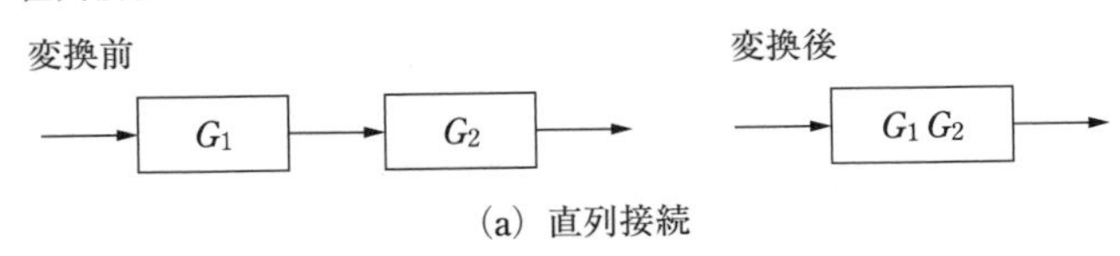

(a) 直列接続

・並列接続

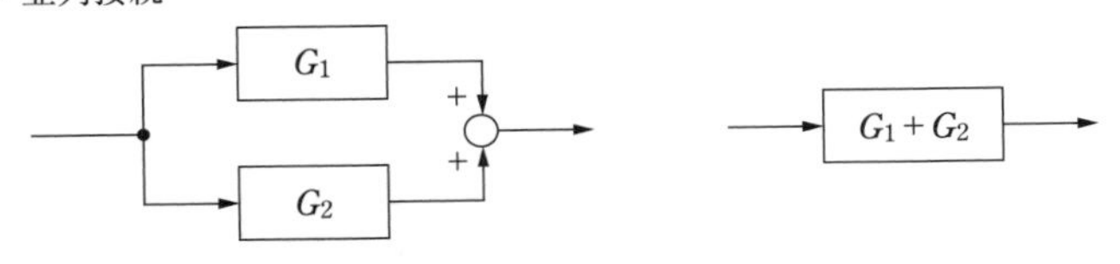

(b) 並列接続

・フィードバック結合

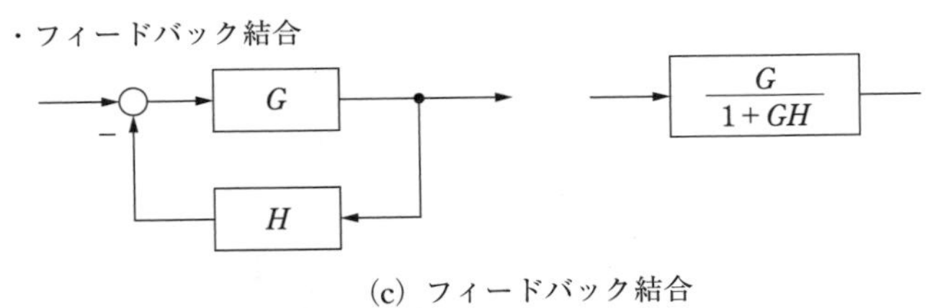

(c) フィードバック結合

図 6.18　ブロック線図と伝達関数

(3) 周波数伝達関数

伝達関数は，次式のように入力信号 $R(s)$ と出力信号 $C(s)$ の比で表します．ただし，s はラプラス演算子です．

$$G(s)=\frac{C(s)}{R(s)} \quad \cdots\cdots (6.2)$$

周波数伝達関数は，伝達要素に角周波数 ω〔rad/s〕の正弦波入力を加えたときの入出力の比 $G(j\omega)$ で表されます．したがって，伝達関数 $G(s)$ の(　)内の，s を $j\omega$ とおくと，次式で表されます．

$$G(j\omega)=\frac{C(j\omega)}{R(j\omega)} \quad \cdots\cdots (6.3)$$

(4) 周波数伝達関数の利得（ゲイン）と位相角

周波数伝達関数の振幅比は，次式のゲイン G〔dB〕で表されます．

$$G = 20\log_{10}|G(j\omega)| \text{〔dB〕} \quad \cdots\cdots (6.4)$$

また，入出力の位相のずれ θ〔°〕を位相角と呼び，次式のように表されます．

$$\theta \angle G(j\omega) \text{〔°〕} \quad \cdots\cdots (6.5)$$

(5) 基本要素の周波数伝達関数とステップ応答

ステップ入力を加えたときの過渡応答をステップ応答（インディシャル応答）といいます．次に，正弦波入力に対する出力側の変化を，その周波数における周波数応答といいます．

表 6.2 基本要素の周波数伝達関数およびステップ応答

基本要素	周波数伝達関数	インディシャル応答（ステップ応答）	電気回路の例
比例要素	K（定数）	出力　入力　0　→ t	$\dot{I}$〔A〕 R〔Ω〕 $\dot{V}$〔V〕　$\dot{I}$ → R → $\dot{V}$
積分要素	$\dfrac{1}{j\omega}$	出力　入力　0　→ t	$\dot{I}$〔A〕 C〔F〕 $\dot{V}$〔V〕　$\dot{I}$ → $\dfrac{1}{j\omega C}$ → $\dot{V}$
微分要素	$j\omega$	出力　入力　0　→ t	$\dot{I}$〔A〕 L〔H〕 $\dot{V}$〔V〕　$\dot{I}$ → $j\omega L$ → $\dot{V}$
一次遅れ要素	$\dfrac{1}{1+j\omega T}$	入力　出力　0　→ t	$\dot{I}$〔A〕 R〔Ω〕 V_i C〔F〕 $\dot{V}_o$　$\dot{V}_i$ → $\dfrac{1}{1+j\omega T}$ → $\dot{V}_o$

(6) ボード線図

図 6.19 に示す RC 直列回路において，入力信号 $V_i(j\omega)$，出力信号 $V_o(j\omega)$ とすると，周波数伝達関数 $G(j\omega)$ は，次のように求めることができます．

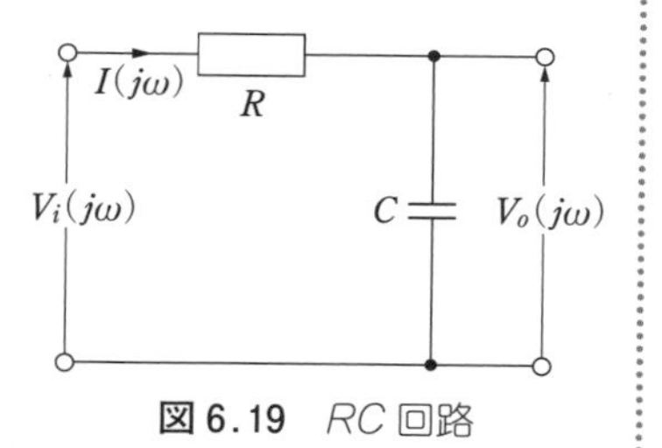

図 6.19 RC 回路

回路に流れる電流 $I(j\omega)$ とすると，

入力信号 $V_i(j\omega)$ は，

$$V_i(j\omega)=I(j\omega)\left\{R+\frac{1}{j\omega C}\right\}$$

出力信号 $V_o(j\omega)$ は，

$$V_o(j\omega)=\frac{I(j\omega)}{j\omega C}$$ となります．

よって，

$$G(j\omega)=\frac{V_o(j\omega)}{V_i(j\omega)}=\frac{\dfrac{1}{j\omega C}}{R+\dfrac{1}{j\omega C}}=\frac{1}{1+j\omega CR}$$

一般形として，

$$G(j\omega)=\frac{K}{1+j\omega T} \qquad \cdots\cdots (6.6)$$

ここで，K をゲイン定数，$T=CR$〔s〕を時定数といい，式(6.6)で表されます．この伝達関数を一次遅れ要素といいます．

なお，伝達関数は $G(s)=\dfrac{K}{1+Ts}$ で表します．

周波数伝達関数から角周波数 ω〔rad/s〕に対する利得と位相角を求め，片対数グラフで表します．グラフの横軸には角周波数 ω を対数目盛($\log_{10}$)でとり，縦軸は利得 G〔dB〕で表わしたものがゲイン特性曲線です．また，ω に対する位相角 θ〔°〕の変化を描いたものが位相特性曲線です．この特性曲線をボード線図と呼びます．

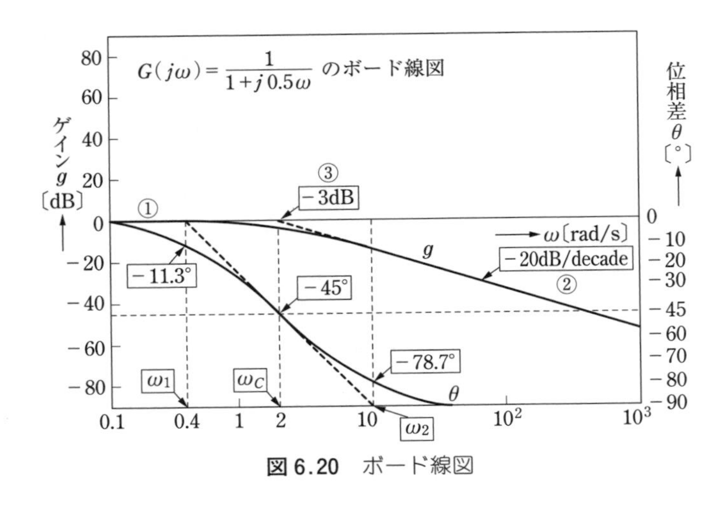

図 6.20　ボード線図

一次遅れ要素の周波数伝達関数 $G(j\omega)=\dfrac{1}{1+j0.5\omega}$ のボード線図は，図6.20のようになります．なおグラフ内の直線で描いた破線は近似式で表したものです．

ボード線図を近似的に描くためには周波数伝達関数の分母の虚数部を $0.5\omega=1$ とおいて，折れ点角周波数 ω_c〔rad/s〕を求めます．折れ点角周波数 $\omega_c=\dfrac{1}{0.5}=2$〔rad/s〕となります．次に，① ω が ω_c より小さいとき($\omega << \omega_c$)，② ω が ω_c より大きいとき($\omega >> \omega_c$)，③ $\omega=\omega_c$ の三つに分けてゲイン G〔dB〕と位相角 θ〔°〕の変化について求めてみると，次のようになります．

① 利得は0〔dB〕の直線で，位相差は $\dfrac{\omega_c}{5}=\dfrac{2}{5}=0.4$〔rad/s〕まで0〔°〕の直線となります．

② 利得は -20〔dB/decade〕の直線で，位相差は $5\omega_c=5\times2=10$〔rad/s〕以降 -90〔°〕の直線となります．

③ 折れ点角周波数の利得は実際の値より $+3$〔dB〕高い位置で，位相差は -45〔°〕の点となります．この位置では，利得の誤差が最大(-3〔dB〕)となります．また，位相角は $\omega=\omega_c=2$〔rad/s〕のとき，-45〔°〕を中心に $\omega_1=\dfrac{1}{5}\omega_c$ では0〔°〕，$\omega_2>5\omega_c$ のときは $\theta=-90$〔°〕の直線で，実際は実線のように，なめらかな曲線となります．

6·2·3 シーケンス制御

シーケンス制御の概要だよ.

定量的な制御の各段階(制御対象の始動·稼働·停止)を, あらかじめ定められた順序や条件に従って, 逐次進めていく制御です. シーケンス制御は逐次制御といいます.

(1) 制御用機器と接点記号

シーケンス制御に用いられる代表的な有接点制御用機器の接点記号を表6.3に示します.

接点には2種類あり, メーク接点(a接点)は動作したときに接点が閉じ, ブレーク接点(b接点)は動作接点が開きます.

表6.3 代表的な有接点制御用機器と接点記号

名称	メーク接点	ブレーク接点
押しボタンスイッチBS (手動操作自動復帰接点)		
リミットスイッチLS (機械的接点)		
電磁リレーMC	コイルR	コイルR
限時動作形タイマT		
限時復帰形タイマT		
サーマルリレーThR (過負荷継電器)		

(2) 自己保持回路とインターロック回路

(a) 自己保持回路 自己保持回路(記憶回路ともいいます)とは, 始動押しボタンスイッチで回路を閉じ, 停止押しボタンスイッチが押されるまで, その状態を維持する回路をいいます.

図6.21のBS_aとMC_{a1}の並列接続部分が自己保持回路(MC_{a1})を構成します.

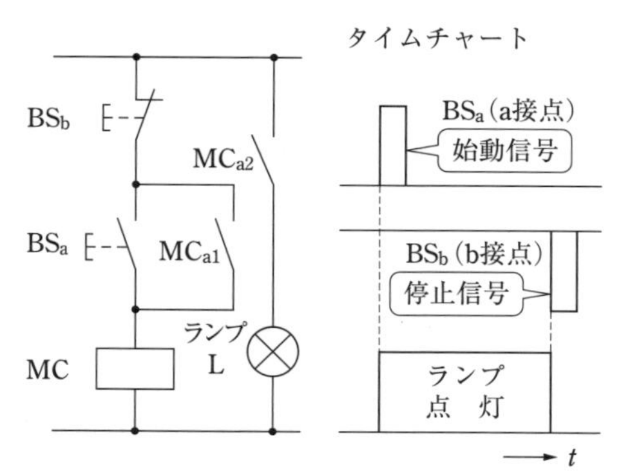

図 6.21　自己保持回路

(b) インターロック回路　インターロック回路とは，一方の押しボタンスイッチが動作しているとき他方の押しボタンスイッチを押しても動作しない回路をいいます．

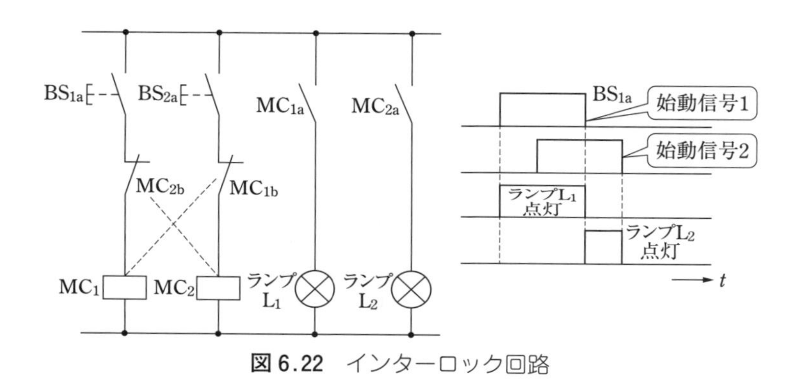

図 6.22　インターロック回路

● 試験の直前 ● CHECK!

- □ **ブロック図**≫ボックス(伝達関数)と矢印で表した図．
- □ **伝達関数**≫入力信号と出力信号の比．
- □ **等価変換**≫複雑なブロック線図をまとめたもの．
- □ **時定数**≫　$T = C \cdot R$
- □ **一次遅れ要素**≫　$G = \dfrac{K}{1 + T_s}$
- □ **ボード線図**≫制御の安定性を判別する．(ゲイン特性と位相特性)

国家試験問題

問題 1

図のようなブロック線図で示す制御系がある．入力信号 $R(j\omega)$ と出力信号 $C(j\omega)$ 間の合成の周波数伝達関数 $\dfrac{C(j\omega)}{R(j\omega)}$ を表す式として，正しいのは次のうちどれか．

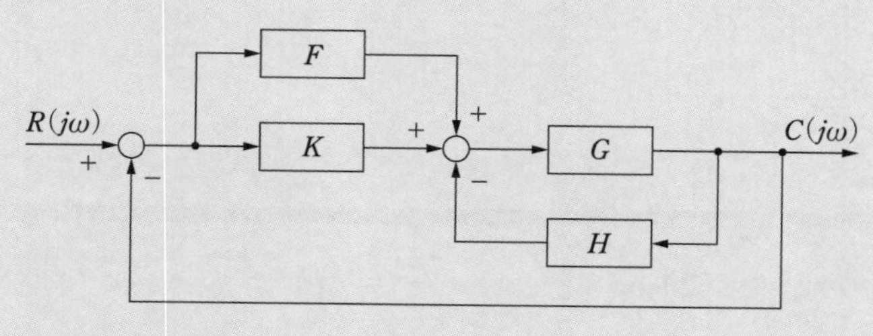

(1) $\dfrac{G(F+K)}{1+G(H+F+K)}$　(2) $\dfrac{G(F-K)}{1+G(H+F-K)}$

(3) $\dfrac{G(F+K)}{1-G(H+F+K)}$　(4) $\dfrac{GH(F+K)}{1-GH(H+F+K)}$

(5) $\dfrac{GHK}{1+G(H+F+K)}$

《基本問題》

解説

ブロック線図の上部を次のように変更する．

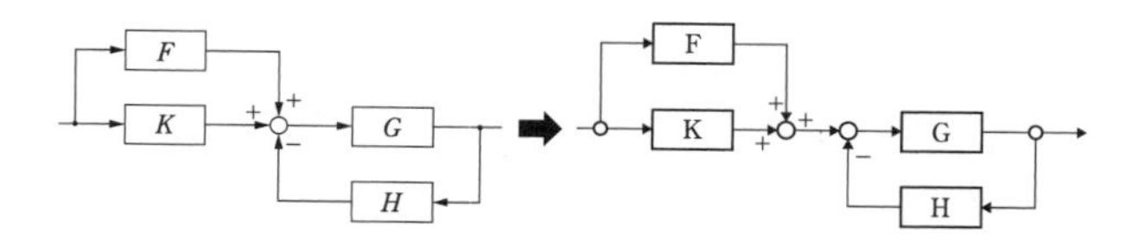

中央の加算点を二つに分けたものが右図です．

左側の加算点の伝達関数（並列接続）は $(F+K)$ で，右側の加算点の伝達関数（フィードバック結合）は $\dfrac{G}{1+G\cdot H}$ となり，接続は直列接続です．

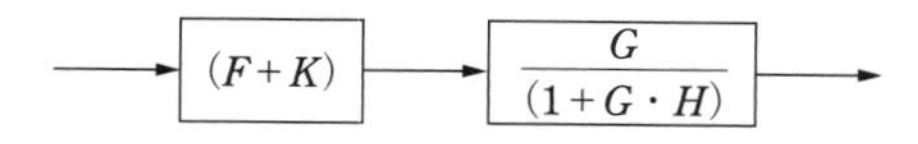

合成した伝達関数は二つの伝達関数の積で表します．

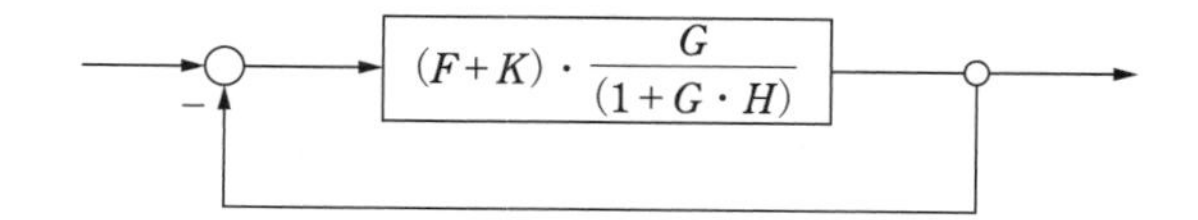

伝達関数を合成するよ．

フィードバック結合から

$$G_0=\frac{G}{1+G\cdot H}より$$

$$G_0=\frac{(F+K)\cdot\dfrac{G}{1+G\cdot H}}{1+(F+K)\cdot\dfrac{G}{1+G\cdot H}}$$

$$=\frac{(F+K)\cdot G}{1+G\cdot H+(F+K)\cdot G}$$

$$=\frac{(F+K)\cdot G}{1+(H+F+K)\cdot G}$$

問題 2

ある一次遅れ要素のゲインが $20\log_{10}\dfrac{1}{\sqrt{1+(\omega T)^2}}=-10\log_{10}(1+\omega^2T^2)$〔dB〕で与えられるとき，その特性をボード線図で表す場合を考える.

角周波数 ω〔rad/s〕が時定数 T〔s〕の逆数と等しいとき，これを（ア）角周波数という.

ゲイン特性は $\omega\ll\dfrac{1}{T}$ では 0〔dB〕，$\omega\ll\dfrac{1}{T}$ の範囲では角周波数が 10 倍になるごとに（イ）〔dB〕減少する直線となる．また，$\omega=\dfrac{1}{T}$ におけるゲインは約 −3〔dB〕であり，その点における位相は（ウ）〔°〕の遅れである.

上記の記述中の空白箇所(ア)，(イ)及び(ウ)に記入する語句又は数値として，正しいものを組み合わせたのは次のうちどれか.

	（ア）	（イ）	（ウ）
(1)	折れ点	10	45
(2)	固　有	10	90
(3)	折れ点	20	45
(4)	固　有	10	45
(5)	折れ点	20	90

《基本問題》

解説

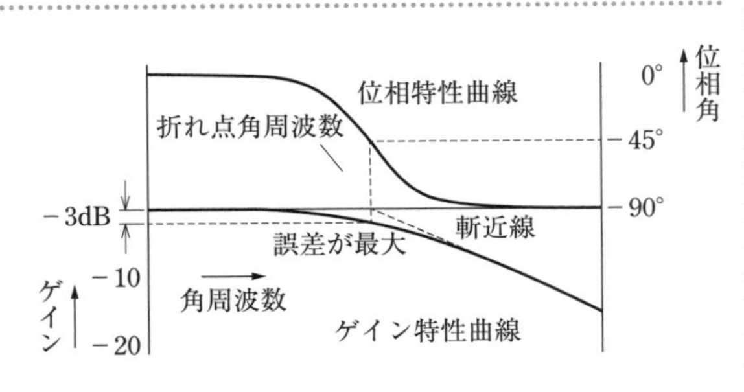

角周波数 ω が時定数 T の逆数より小さい場合と ω と $\dfrac{1}{T}$ が等しいとき，ゲインは 0〔dB〕で，これ以降角周波数を 10 倍(decade)大きくとすると −20 dB ゲインは減少します．したがって，ゲイン特性の変化が起こる位置を折れ点角周波数であるから，(ア)は折れ点となります．ゲインの公式より，$-10\log_{10}(1+\omega^2T^2)$〔dB〕の近似式($-10\log_{10}(\omega^2T^2)$)から角周波数 10 倍ごとにゲインは

−20 dB 減少するので，(イ)は 20 dB です．折れ点角周波数のときの位相は $\theta=\tan^{-1}(\omega T)=\tan^{-1}(1)=45$〔°〕で，(ウ)は 45 です．

問題 3

図 1 に示す $R-L$ 回路において，端子 a，a′ 間に単位階段状のステップ電圧 $v(t)$〔V〕を加えたとき，抵抗 R〔Ω〕に流れる電流を $i(t)$〔A〕とすると，$i(t)$は図 2 のようになった．この回路の R〔Ω〕，L〔H〕の値及び入力を a，a′ 間の電圧とし，出力を R〔Ω〕に流れる電流としたときの周波数伝達関数 $G(j\omega)$の式として，正しいものを組み合わせたのは次のうちどれか．

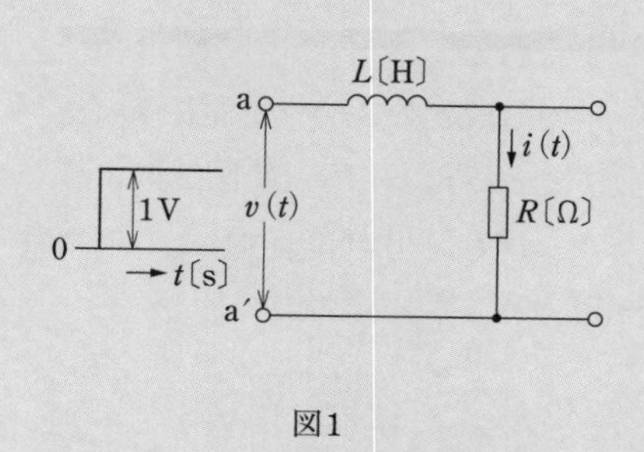

図1

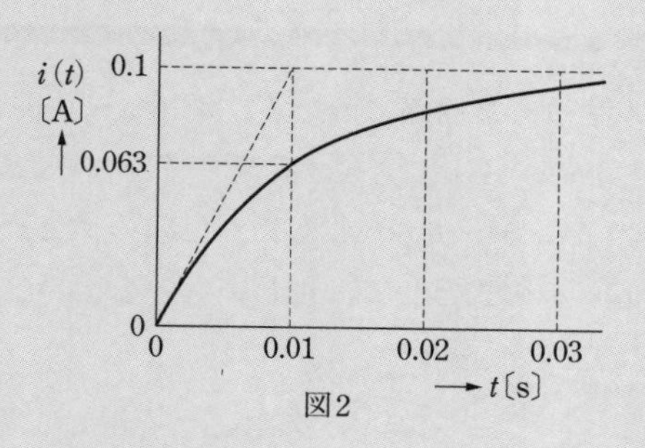

図2

	R〔Ω〕	L〔H〕	$G(j\omega)$
(1)	10	0.1	$\dfrac{0.1}{1+j0.01\omega}$
(2)	10	1	$\dfrac{0.1}{1+j0.1\omega}$
(3)	100	0.01	$\dfrac{1}{10+j0.01\omega}$
(4)	10	1	$\dfrac{1}{10+j0.01\omega}$
(5)	100	0.01	$\dfrac{1}{100+j0.01\omega}$

《基本問題》

解 説

周波数伝達関数を求めるもので，グラフより

$e_L=L\cdot\dfrac{di}{dt}$より　tを十分時間が経過したとき，e_Lは 0〔V〕となり，

抵抗の両端の電圧は入力電圧と出力電圧が等しくなります．

抵抗 R〔Ω〕の値は，

$$R=\frac{v(t)}{i(t)}=\frac{1}{0.1}=10\ 〔\Omega〕$$

$T=\dfrac{L}{R}$　が時定数〔s〕で，グラフから T は 0.01〔s〕です．

$$L=T\cdot R=0.01\cdot 10=0.1\ 〔H〕$$

グラフより電圧と電流から抵抗が求まるよ．また，時定数から自己インダクタンスを計算し，伝達関数を求めるよ．

(p.143〜145 の解答)　問題 1 →(1)　問題 2 →(3)

周波数伝達関数 $G(j\omega)$ は，

$$G(j\omega)=\frac{i(t)}{v(t)}=\frac{i}{(R+j\omega L)\cdot i}=\frac{1}{R+j\omega L}$$

$$=\frac{1}{10+j0.1\omega}$$

$\boxed{G(j\omega)=\frac{K}{1+j\omega T}}$ に置き換えます（1次遅れ要素）．

$$=\frac{0.1}{1+j0.01\omega}$$ です．

問題 4

図1に示す $R-L$ 回路において，端子 a－a′ 間に 5 V の階段状のステップ電圧 $v_1(t)$〔V〕を加えたとき，抵抗 R_2〔Ω〕に発生する電圧を $v_2(t)$〔V〕とすると，$v_2(t)$〔V〕は図2のようになった．この回路の R_1〔Ω〕，R_2〔Ω〕及び L〔H〕の値と，入力を $v_1(t)$，出力を $v_2(t)$ としたときの周波数伝達関数 $G(j\omega)$ の式として，正しいものを次の(1)～(5)のうちから一つ選べ．

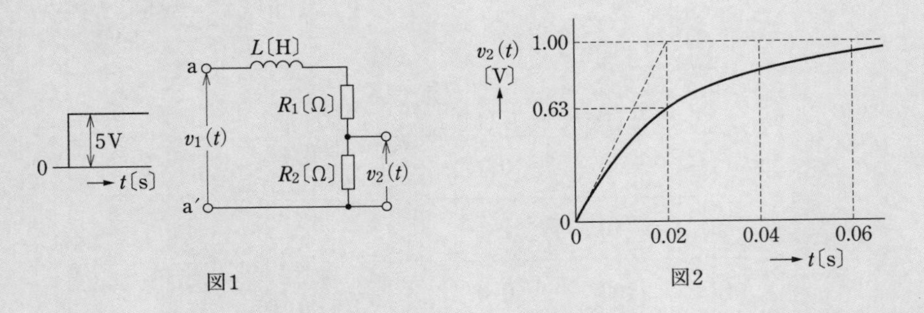

図1　図2

	R_1	R_2	L	$G(j\omega)$
(1)	80	20	0.2	$\frac{0.5}{1+j0.2\omega}$
(2)	40	10	1.0	$\frac{0.5}{1+j0.02\omega}$
(3)	8	2	0.1	$\frac{0.2}{1+j0.2\omega}$
(4)	4	1	0.1	$\frac{0.2}{1+j0.02\omega}$
(5)	0.8	0.2	1.0	$\frac{0.2}{1+j0.2\omega}$

《R1-13》

解説

$R-L$ 直列回路(一次遅れ要素)の時定数　$T=\dfrac{L}{R_1+R_2}=0.02$〔s〕　…①式

時間 t を十分時間が経過($t=\infty$)したとき,

R_2 の端子電圧は, $v_2(t)=1$〔V〕で, R_1 の端子電圧は $5-1=4$〔V〕となり,

抵抗 R_1 と R_2 の関係(直列接続から流れる電流は一定)は, $R_1:R_2=4:1$ より　$R_1=4R_2$

$L=0.02\cdot5R_2=0.1\cdot R_2$　…②式

②式を時定数に代入すると,

$$T=\frac{L}{R_1+R_2}=\frac{0.1R_2}{5R_2}=\frac{0.1}{5}=0.02\text{〔s〕}$$

$L=0.1$〔H〕, $R_1=4$〔Ω〕, $R_2=1$〔Ω〕

周波数伝達関数 $G(j\omega)$ は,

$$G(j\omega)=\frac{v_2(t)}{v_1(t)}=\frac{R_2}{Tj\omega+(R_1+R_2)}=\frac{R_2}{Lj\omega+5R_2}$$

$5R_2$ で分子・分母を割る(一次遅れ要素の形で表す).

$$=\frac{\dfrac{R_2}{5R_2}}{1+\dfrac{Lj\omega}{5R_2}}=\frac{0.2}{1+j0.02\omega}$$

電圧の比は抵抗の比に等しいから, 抵抗を求めるよ. グラフより時定数を求まり, 伝達関数も計算できるよ.

問題5

一般のフィードバック制御系においては, 制御系の安定性が要求され, 制御系の特性を評価するものとして, [ア] 特性と過渡特性がある.

サーボ制御系では, 目標値の変化に対する追従性が重要であり, 過渡特性を評価するものとして, [イ] 応答の遅れ時間, 立上り時間, [ウ] などが用いられる.

上記の記述中の空白箇所(ア), (イ)及び(ウ)に記入する語句として, 正しいものを組み合わせたのは次のうちどれか.

	(ア)	(イ)	(ウ)
(1)	定常	ステップ	定常偏差
(2)	追従	ステップ	定常偏差
(3)	追従	インパルス	行過ぎ量
(4)	定常	ステップ	行過ぎ量
(5)	定常	インパルス	定常偏差

《基本問題》

解説

自動制御(フィードバック系)の特性を評価するもので, 次のとおりです.

自動制御系の安定性が重要で, その特性を評価する方法として定常特性と過渡特性があります.

(p.145〜147 の解答)　問題3 →(1)　問題4 →(4)

サーボ系では追従性が大切で，そのためにステップ入力を加えたときのステップ応答が用いられます．また，この応答の評価方法には，遅れ時間，立ち上がり時間及び行過ぎ量があります．

したがって，(ア)は定常特性で，(イ)はステップ応答，(ウ)は評価項目として行過ぎ量となります．

制御系の安定制を判別するのは定常特性で分かるよ．また，制御量の変化する過程を重視するのが過渡特性だよ．

(p.147～148 の解答)　問題5 →(4)

第7章　照明・電気加熱

7·1　照明の概論……………………………150
7·2　照明の計算……………………………159
7·3　電気加熱……………………………164

7・1 照明の概論

重要知識

出題項目 CHECK!

- □ 可視光線と放射
- □ 熱放射とルミネセンス
- □ 光度・照度の求め方
- □ 光束発散度・輝度の求め方

7・1・1　可視光線と放射

可視光線(光)は電磁波の一種で，**可視光線**(われわれが目で認識できる光を指します)の波長は380～760〔nm〕です．可視光線や赤外線(可視光線より波長が長いもの)および紫外線(可視光線より波長が短いもの)のように，エネルギーが太陽から電磁波として伝わる現象を**放射**といいます．なお，放射エネルギーは時間に対する放射束ϕ〔W〕といい，放射束の内，視覚に基づき測った量を光束F〔lm〕(ルーメン)といいます．

可視光線の性質は大切だよ．

7・1・2　熱放射とルミネセンス

白熱電球のように，物体を加熱して発光させる放射を**熱放射(温度)**といいます．熱放射による光束は連続スペクトルとなります．一方，発光する原理としては熱放射以外に**ルミネセンス**があり，その種類として放射ルミネセンス，電気ルミネセンス，電界ルミネセンスおよび陰極ルミネセンスがあります．

① 放射ルミネセンスは蛍光物質に紫外線などを照射することで発光する原理

② 電気ルミネセンスは気体中の放電に伴って発光する原理

③ 電界ルミネセンスは電界の作用によって発光する現象

④ 陰極線ルミネセンスは蛍光体に高速の電子流を照射することで発光する現象

があり，代表的な光源として蛍光灯(蛍光灯ランプ)の発光原理は，放射ルミネセンスです．

光(発光現象)を作る方法には二つの方式があるよ．一つは熱放射で効率が悪いよ(電気エネルギーから取り出せる光の量)．

入射した放射のすべてが，吸収する性質をもつ物体が黒体(炭素，白金)といい，温度を上昇させると発光色が白くなります．黒体の単位表面積から放射される放射束J〔W/m^2〕は，絶対温度をT〔K〕とすると，

$$J=\sigma\cdot T^4〔\mathrm{W/m^2}〕 \quad \cdots\cdots (7.1)$$

式(7.1)のσは，ステファン・ボルツマン定数で5.67×10^{-8}〔W/(m^2・K^4)〕です．

光源の光色を表すのに色温度を用いて表すことがあります．また，ある光で物体を照らすとき，その物体の色の見え方を**演色性**といいます．見え方が自然光に近いほど演色性がよく，光源の演色性は，**平均演色評価** R_aで評価され，100 に近いほど演色性がよく，一般的には 80 以上あれば支障はありません．

7·1·3 白熱電球と蛍光灯

発光原理の違いを知ることが大切だよ．

(1) ガス入り白熱電球

一般照明用のガス入りタングステン電球のガラス球（石英ガラス）の内部は，排気してほぼ真空にします．

フィラメントの蒸発（黒化現象「フィラメントが蒸発してガラス球の内壁に付着して黒くなります」）を抑制するために不活性ガス（アルゴンなど）を封入します．発光（ランプ）効率（12～15〔lm/W〕）は低く，供給される電気エネルギーの多くは熱エネルギーとして消費されます．また，寿命（1 000 時間程度）も短いことから近年は使用されるのが少なくなりました．

(2) ハロゲン電球

白熱電球の管内にハロゲン元素を封入し，フィラメント（タングステン）との化合（低温時）と分解（高温時）を繰り返す（ハロゲンサイクル）ことで黒化現象の発生を防ぐことができます．そのため，ランプ効率（15～30〔lm/W〕）が高く，寿命（2000 時間程度）も長いです．

(3) LED ランプ

LED（PN 接合発光ダイオード）に順方向電圧を加えると，PN 接合部分でホール（正孔）と電子（自由電子）との再結合により発光するものです．発光原理は，電界ルミネセンスによるものです．発光色は物質の種類で決まり，単色光です．白色を発光させるために，光の 3 原色である赤色·青色および緑色の 3 色の LED を組み合わせて発光させる方法と青色 LED に黄色の蛍光体を発光（疑似白色光）させる方法があります．

(4) 蛍光

フィラメントは，二重コイルタングステン線に酸化バリウム（熱電子を放出しやすい）を塗布したもので，管内に適量の水銀と放電を容易にするためにアルゴンが封入されています．

蛍光体
電子
水銀原子
電極（フィラメント）

図 7.1 蛍光灯管

水銀蒸気中のアーク放電により 253.7〔nm〕の紫外線（可視光線より波長は短い）を放射し，管壁の内側に塗布してある蛍光物質を刺激して発光させます．なお，発光原理は放射ルミネセンスで，線スペクトルとなります．また，蛍光物質によって発光色を変えることができます．

7·1·4　光源の配光

光源の光度 I〔cd〕の空間分布を配光といい，各方向の光度分布を曲線で表したものを配光曲線といいます．配光曲線には，水平面配光曲線と鉛直面配光曲線がありますが，表7.1は円柱光源（直線光源）と球面光源（点光源）の配光曲線を示します．

大きく分けて，光源には点光源（一点で発光する光源「例：白熱電球」）と線光源（直線）で発光する光源「例：蛍光灯」があるよ．

表7.1　鉛直面配光曲線

	円柱光源（直線光源）	球面光源
光源の形状	I_{90}, I_θ, θ	I_{90}, I_θ, θ, I_0
配光面配光曲線	180°, 90°, 0°	180°, 90°, 0°
I_θ〔cd〕	$I_{90}\sin\theta$	I_0
全光束〔lm〕	$\pi^2 I_{90}$	$4\pi I_0$

7·1·5　測光量

(1)　光度 I〔cd〕（カンデラ）

光源のもっている光の強さ（明るさ）を表すものに光度があり，点光源からすべての方向に放射される光束のうち，任意の方向（立体角）に放射される光束量となります．光度 I〔cd〕は，次式で表されます．

用語の意味を知ることだよ．

$$I=\frac{F}{\omega}\text{〔cd〕} \quad \cdots\cdots (7.2)$$

ω：立体角　（$\omega=4\pi$〔sr〕（ステラジアン））

(2)　照度 E〔lx〕（ルクス）

任意の照射面に入射する単位面積当たりの光束で表したものが照度となり，その場所の明るさを表します．照度 E〔lx〕で表し，次式となります．

$$E=\frac{F}{S}\text{〔lx〕} \quad \cdots\cdots (7.3)$$

(3)　光束発散度 M〔lm/m^2〕

発光面が新たな発光面となる場合（グローブ），その単位面積から発散する光束の割合を光束発散度といい，面積 S〔m^2〕の面から F〔lm〕の光束が発散しているとき，その面の光束発散度 M〔lm/m^2〕は，次式で表されます．

$$M=\frac{F}{S}〔lm/m^2〕 \quad \cdots\cdots (7.4)$$

(4) 輝度 L 〔cd/m^2〕

光源の輝きの度合いを表すものとして輝度があり，光源のある方向からみた投影面の単位面積当たりの光度で表します．光度 I〔cd〕の光源を見たとき，その光源の見かけの面積(正射影面積)を S'〔m^2〕とすると，その光源の輝度 L〔cd/m^2〕は，次式で表されます．

$$M=\frac{F}{S'}=\pi\cdot\frac{I}{S'}=\pi\cdot\frac{L\cdot S'}{S'}=\pi\cdot L〔cd/m^2〕 \quad \cdots\cdots (7.5)$$

(5) 反射率 ρ，透過率 τ，吸収率

白紙のような材料の入射光束 F〔lm〕は，反射光束を F_A〔lm〕，透過光束を F_B〔lm〕，吸収光束を F_C〔lm〕とすると，各光束は次のような関係が成り立ちます．

$$全光束 \quad F_0=F_A+F_B+F_C〔lm〕 \quad \cdots\cdots (7.6)$$

ここで，$\frac{F_A}{F_0}$ を反射率 ρ，$\frac{F_B}{F_0}$ を透過率 τ，$\frac{F_C}{F_0}$ を吸収率 σ といい，これらの間には次のような関係が成り立ちます．

$$\rho+\tau+\sigma=1$$

また，光束発散度 M と間には，次のような関係が成り立ちます．

$$M=\rho\cdot E〔lm/m^2〕 \quad \cdots\cdots (7.7)$$

$$M=\sigma\cdot E〔lm/m^2〕 \quad \cdots\cdots (7.8)$$

試験の直前 CHECK!

- □ **可視光線，赤外線，紫外線**
- □ **立体角**
- □ **ルミネセンス**
- □ **蛍光灯の原理**
- □ **光束と光度≫** $I=\frac{F}{\omega}$
- □ **照度≫** $E=\frac{F}{S}=\frac{I}{r^2}$
- □ **光束発散度≫** $M=\frac{F}{S}$
- □ **輝度≫** $M=\pi L$

国家試験問題

問題 1

ハロゲン電球では，［ ア ］バルブ内に不活性ガスとともに微量のハロゲンガスを封入してある．

点灯中に高温のフィラメントから蒸発したタングステンは，対流によって管壁付近に移動するが，管壁付近の低温部でハロゲン元素と化合してハロゲン化物となる．管壁温度をある値以上に保っておくと，このハロゲン化物は管壁に付着することなく，対流などによってフィラメント近傍の高温部に戻り，そこでハロゲンと解離してタングステンはフィラメント表面に析出する．このように，蒸発したタングステンを低温部の管壁付近に析出することなく高温部のフィラメントへ移す循環反応を，［イ］サイクルと呼んでいる．このような化学反応を利用して管壁の［ウ］を防止し，電球の寿命や光束維持率を改善している．

また，バルブ外表面に可視放射を透過し，［エ］を［オ］するような膜（多層干渉膜）を設け，これによって電球から放出される［エ］を低減し，小形化，高効率化を図ったハロゲン電球は，店舗や博物館などのスポット照明用や自動車前照灯用などに広く利用されている．

上記の記述中の空白箇所（ア），（イ），（ウ），（エ）及び（オ）に当てはまる語句として，正しいものを組み合わせたのは次のうちどれか．

	（ア）	（イ）	（ウ）	（エ）	（オ）
(1)	石英ガラス	タングステン	白濁	紫外放射	反射
(2)	鉛ガラス	ハロゲン	黒化	紫外放射	吸収
(3)	石英ガラス	ハロゲン	黒化	赤外放射	反射
(4)	鉛ガラス	タングステン	黒化	赤外放射	吸収
(5)	石英ガラス	ハロゲン	白濁	赤外放射	反射

《H21-11》

解説

ハロゲン電球は，石英ガラス球に不活性ガスと微量のハロゲン元素を封入したものです．（ア）は石英ガラスで，（イ）はハロゲンとなります．電球では，発光体のフィラメントが蒸発してガラス球の内壁に付着する現象が黒化です．

（ウ）は黒化です．この電球では，消灯（低温）時ではハロゲンとタングステンとが化合（管壁に付着しない）し，点灯（高温）時では分解する性質を利用したもので，この作用をハロゲンサイクル（可逆反応を繰り返す）といいます．この作用によって，管壁は黒化を防ぐことができ，高効率で寿命も白熱電球より長いのが特徴です．

また，外表面に赤外放射を反射させる膜を設けることで小型化されたものです．（エ）は赤外放射で，（オ）は反射となります．

白熱電球の欠点である黒化現象を抑える方法だよ．

問題 2

蛍光ランプの始動方式の一つである予熱始動方式には，電流安定用のチョークコイルと点灯管より構成されているものがある．

点灯管には管内にバイメタルスイッチと［ア］を封入した放電管式のものが広く利用されてきている．点灯管は蛍光ランプのフィラメントを通してランプと並列に接続されていて，点灯回路に電源を投入すると，点灯管内で［イ］が起こり放電による熱によってスイッチが閉じ，蛍光ランプのフィラメントを予熱する．スイッチが閉じて放電が停止すると，スイッチが冷却し開こうとする．このとき，チョークコイルのインダクタンスの作用によって［ウ］が発生し，これによってランプが点灯する．

この方式は，ランプ点灯中はスイッチは動作せず，フィラメントの電力損がない特徴を持つが，電源投入から点灯するまでに多少の時間を要すること，電源電圧や周囲温度が低下すると始動し難いことの欠点がある．

上記の記述中の空白箇所(ア)，(イ)及び(ウ)に記入する語句として，正しいものを組み合わせたのは次のうちどれか．

	(ア)	(イ)	(ウ)
(1)	アルゴン	グロー放電	振動電圧
(2)	ナトリウム	アーク放電	インパルス電圧
(3)	窒素	アーク放電	スパイク電圧
(4)	ナトリウム	火花放電	振動電圧
(5)	アルゴン	グロー放電	スパイク電圧

《基本問題》

解説

蛍光灯の点灯原理に関するもので，蛍光灯の点灯方式の一つである予熱始動式(グロースターター)で，点灯管内にバイメタルとアルゴンガスを封入した点灯管が，蛍光管，チョークコイルおよび蛍光管が並列に接続します．

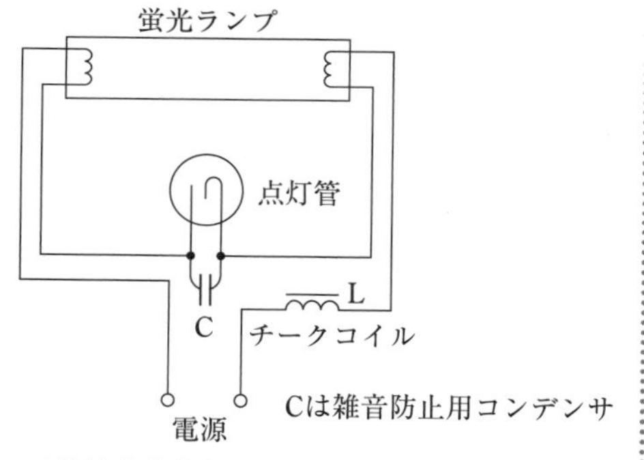

予熱始動式蛍光灯点灯回路

(ア)はアルゴンで，電源電圧を加えるとグロー放電が起こり，その熱でバイメタルがオンします．次に，バイメタルがオンからオフ(温度が低下すると)するとチョークコイルによって高電圧(スパイク電圧)が発生し，蛍光灯が点灯します．(イ)はグロー放電で，(ウ)はスパイク電圧となります．

蛍光灯の発光原理および点灯原理だよ．

問題 3

次の文章は，照明用 LED(発光ダイオード)に関する記述である．

効率の良い照明用光源として LED が普及してきた．LED に順電流を流すと，LED の pn 接合部において電子とホールの［ア］が起こり，光が発生する．LED からの光は基本的に単色光なので，LED を使って照明用の白色光をつくるにはいくつかの方法が用いられている．代表的な方法として，［イ］色 LED からの［イ］色光の一部を［ウ］色を発光する蛍光体に照射し，そこから得られる［ウ］色光に LED からの［イ］色光が混ざることによって疑似白色光を発生させる方法がある．この疑似白色光のスペクトルのイメージをよく表わしているのは図［エ］ある．

(p.153～155 の解答) 問題 1 →(3) 問題 2 →(5)

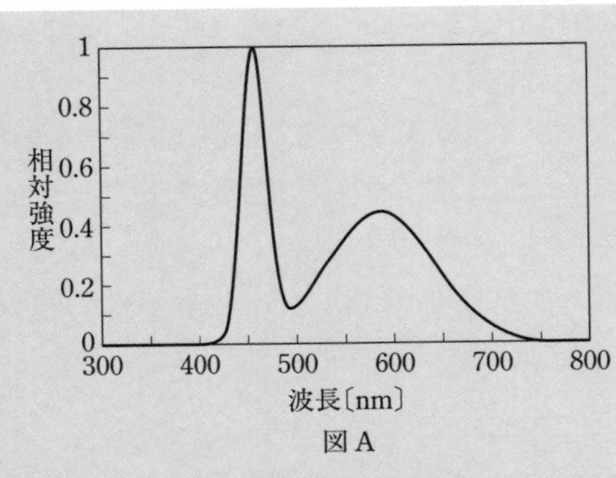

図A

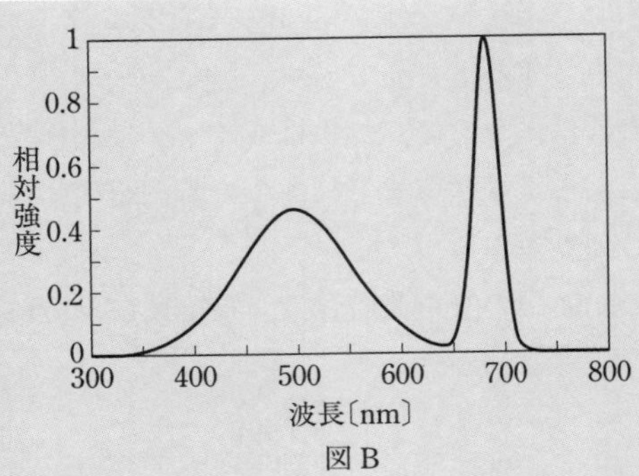

図B

上記の記述中の空白箇所(ア)，(イ)，(ウ)及び(エ)に当てはまる組合せとして，正しいものを次の(1)〜(5)のうちから一つ選べ．

	(ア)	(イ)	(ウ)	(エ)
(1)	分　離	青	青緑	A
(2)	再結合	赤	黄	A
(3)	分　離	青	黄	B
(4)	再結合	青	黄	A
(5)	分　離	赤	青緑	B

《H25-11》

解説

PN接合された発光ダイオード(LED)に順方向電圧（アノード(A)には＋の電圧，カソード(K)には－の電圧）を加えると，接合部でホールと電子が再結合することで発光します．

(ア)は再結合です．白色(発光色)を作る方法には，光の3原色法と疑似白色光があります．ここでは後者である青色に黄色(赤色と緑色を混ぜる)を混ぜることで発光させます．(イ)は青色で，(ウ)は黄色となります．また，波長に対する相対強度のグラフより500〜450〔nm〕が青色であるから，(エ)の解答は図Aとなります．

発光ダイオード(LED)の発光原理と可視光線を作る方法だよ．

問題4

円形テーブルの中心点の直上に全光束3 600〔lm〕で均等放射する白熱電球を取り付けた．この円形テーブル面の平均照度〔lx〕の値として，最も近いのは次のうちどれか．

ただし，電球から円形テーブル面までの距離に比べ電球の大きさは無視できるものとし，電球から円形テーブル面を見た立体角は2.36〔sr〕，円形テーブルの面積は20〔m^2〕とする．

(1)　14　　(2)　34　　(3)　68　　(4)　76　　(5)　135

《基本問題》

解説

点光源である白熱電球が円形テーブルを照らす平均照度E〔lx〕を求めるものです．均等放射からすべての方向に等しく光が放射されながら

立体角 1〔sr〕当たりの光束を求めると，

$$\frac{全光束}{\omega}=\frac{3\,600}{4\cdot\pi}=286.5〔lm〕$$

テーブル$(20\ m^2)$上の光束Fを求めると(なお立体角は2.36〔sr〕です)，

$$F=286.5\cdot 2.36=676〔lm〕$$

平均照度E〔lx〕は，

$$E=\frac{光束}{面積}=\frac{676}{20}=33.8\fallingdotseq 34〔lx〕$$

問題 5

発光現象に関する記述として，正しいのは次のうちどれか.

(1) タングステン電球からの放射は，線スペクトルである.

(2) ルミネセンスとは黒体からの放射をいう.

(3) 低圧ナトリウムランプは，放射の波長が最大視感度に近く，その発光効率は蛍光ランプに比べて低い.

(4) 可視放射(可視光)に比べ，紫外放射(紫外線)は長波長の，また，赤外放射(赤外線)は短波長の電磁波である.

(5) 蛍光ランプでは，管の内部で発生した紫外放射(紫外線)を，管の内壁の蛍光物質にあてることによって，可視放射(可視光)を発生させている.

《基本問題》

解 説

発光原理に関するもので，

(1) タングステン電球(白熱電球)は熱放射による発光で連続スペクトルなので，この部分が間違いです．なお，線スペクトルは放電による発光を利用した光源に見られる現象です.

(2) ルミネセンスの発光原理で物質が熱·光·X線などによって電気的刺激を受けて発光する現象であり，黒体の放射は温度放射ですから，これは間違いです.

(3) 放射の波長が555 nm(発光色は黄緑色)のとき最大視感度を示し，低圧ナトリウムランプはその光の98 %までが波長589 nmおよび589.6 nmであり，発光効率は175〔lm/W〕(180 W)という人工光源の中では最高の効率です．したがって，蛍光ランプより発光効率が低いのは間違いです(電球の効率は白熱電球15〔lm/W〕，高圧水銀ランプ60〔lm/W〕，蛍光灯80〔lm/W〕，高圧ナトリウムランプ130〔lm/W〕).

(4) 可視光線の波長は380～760 nmで，紫外線は200～380 nm，赤外線は760～100 000 nmであり，紫外線は長波長で，赤外線は短波長の説明は反対から，間違いです(波長を短い順から並べると次のようになります．宇宙線－ガンマ線－X線－紫外線－可視光線－赤外線－レーダ波－テレビ波－ラジオ波).

(5) 蛍光ランプで低圧蒸気中でのアーク放電により紫外線が発生させ，管壁の蛍光物質で当たることで可視光線を得る発光であるから，この説明は正しいです．

(p.155～158 の解答)　問題3 →(4)　問題4 →(2)　問題5 →(5)

7·2 照明の計算

重要知識

出題項目 CHECK!

□ 距離の逆 2 乗の法則
□ 入射角余弦の法則
□ 法線照度，水平面照度および鉛直面照度

7·2·1　点光源による照度計算

(1) 距離の逆 2 乗の法則

図 7.2 の示すように，点光源の光度を I〔cd〕として，すべての方向に対して一定の光度をもつものとすれば，点光源からすべての方向に放射される全光束は次式のようになります．

$$F=\omega\cdot I=4\cdot\pi\cdot I\,〔\mathrm{lm}〕$$

点光源から r〔m〕離れた球面の照度 E〔lx〕は，次式で表されます．

$$E=\frac{F}{S}=4\cdot\pi\cdot\frac{I}{4\cdot\pi\cdot r^2}=\frac{I}{r^2}\,〔\mathrm{lx}〕 \quad\cdots\cdots (7.9)$$

照度は光源が照射する面の明るさを表わすよ．

上式は，照度が距離 r〔m〕の 2 乗に反比例することから，**距離の逆 2 乗の法則**といいます．また，この照度 E は入射光束に垂直な面に対する照度から**法線照度**といいます．

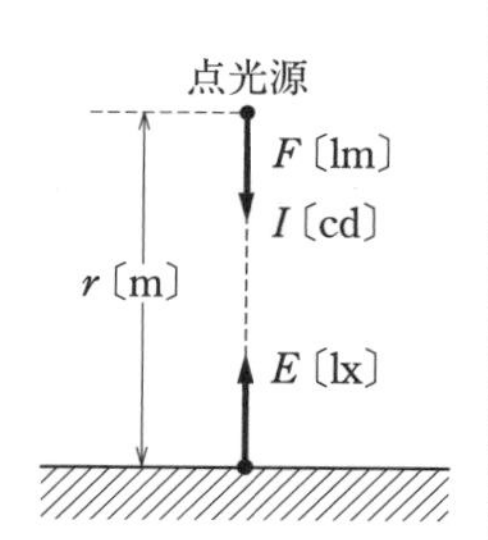

図 7.2　法線照度

(2) 入射角余弦の法則(水平面照度)

図に示すように，I〔cd〕の点光源から r〔m〕離れた点では，入射角が θ の水平面上の照度 E_h は〔lx〕は，次式で表されます．

$$水平面照度\quad E_h=\frac{I}{r^2}\cdot\cos\theta\,〔\mathrm{lx}〕 \quad\cdots\cdots (7.10)$$

式(7.10)を**入射角余弦の法則**といい，E_h を**水平面照度**といいます．図 7.4 において，被照射面上の点 P における法線照度 E_n〔lx〕，水平面照度 E_h〔lx〕，**鉛直面照度** E_v〔lx〕は，次式のようになります．

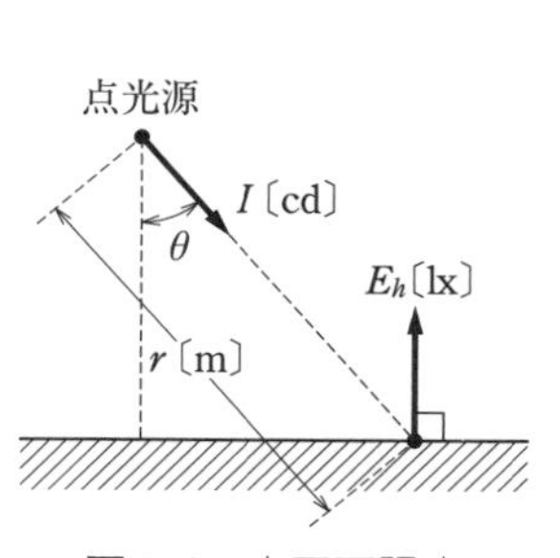

図 7.3　水平面照度

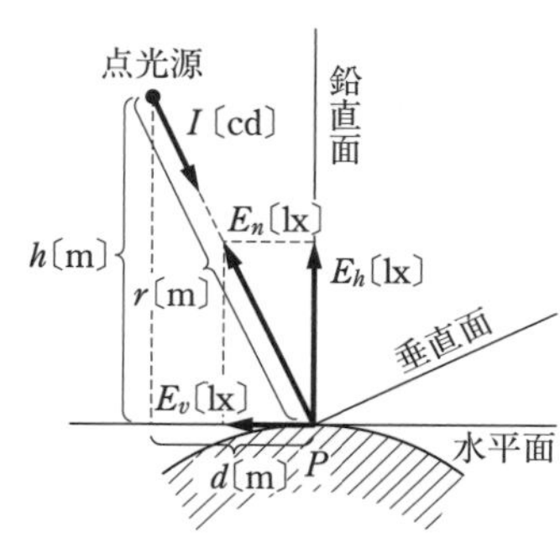

図 7.4　各面の照度

第7章　照明・電気加熱

法線照度　$E_n = \dfrac{I}{r^2} = \dfrac{I}{h^2 + d^2}$〔lx〕 ……………………………(7.11)

水平面照度　$E_h = E_n \cdot \cos\theta = \dfrac{I}{r^2} \cdot \cos\theta$ ……………………………(7.12)

鉛直面照度　$E_v = E_n \cdot \sin\theta = \dfrac{I}{r^2} \cdot \sin\theta$ ……………………………(7.13)

(3) 照明設計

(a) 作業面上の平均照度(屋内照明)

積 S〔m^2〕，照明器具1台当たりの光束を F〔lm〕，照明器具の灯数を N，照明率を U，保守率を M とすると，室内の平均照度 E〔lx〕は，次式で表されます．

$E = F \cdot N \cdot U \cdot \dfrac{M}{S}$〔lx〕 ……………………………………………………(7.14)

S：　面積(間口×奥行き〔m^2〕)
F：　照明器具1台当たりの光束
N：　照明器具の台数
M：　保守率　一定期間後の照度低下の度合いを表す係数($M = 1/D$)
U：　照明率　被照面に到達する光束と照明器具から放射される光束の比

● 試験の直前 ● CHECK!

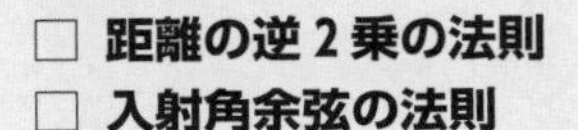

□ **距離の逆2乗の法則**
□ **入射角余弦の法則**
□ **照度>>**　$E = \dfrac{F}{S} = \dfrac{I}{r^2}$
□ **法線照度・水平面照度>>**　$E_h = E_n \cdot \cos\theta$
□ **平均照度>>**　$E = \dfrac{F \cdot N \cdot U \cdot M}{S}$

国家試験問題

問題1

図に示すように，LED 1個が，床面から高さ2.4 mの位置で下向きに取り付けられ，点灯している．このLEDの直下方向となす角(鉛直角)を θ とすると，このLEDの配光特性(θ 方向の光度 $I(\theta)$ は，LED直下方向光度 $I(0)$ を用いて $I(\theta) = I(0)\cos\theta$ で表されるものとする．次の(a)及び(b)の問に答えよ．

(a) 床面A点における照度が20 lxであるとき，A点がつくる鉛直角 θ_A の方向の光度 $I(\theta_A)$ の値〔cd〕として，最も近いものを次の(1)～(5)のうちから一つ選べ．

ただし，このLED以外に光源はなく，天井や壁など，周囲からの反射光の影響もないものとする．

(1)　60　　(2)　119　　(3)　144　　(4)　160

(5)　319

(b) このLED直下の床面B点の照度の値〔lx〕として，最も近いものを次の(1)～(5)のうちから一つ選べ．

(1)　25　　(2)　28　　(3)　31　　(4)　49

(5)　61

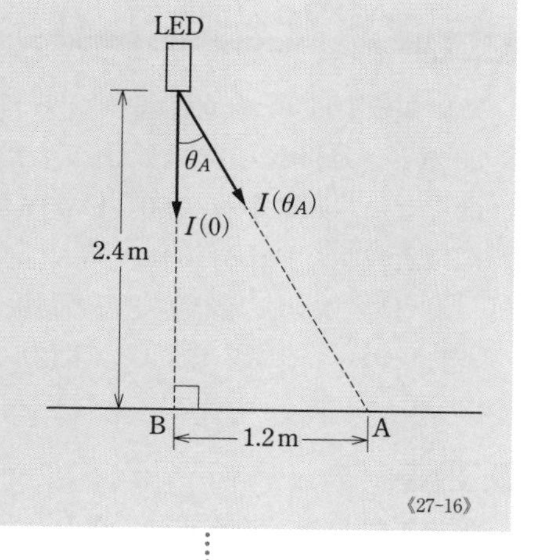

《27-16》

解説

点光源による照度計算(放線照度，水平面照度)で用いる式は，次のとおりです．

$I(\theta)=I(0)\cos\theta$

$l=\sqrt{h^2+d^2}=\sqrt{2.4^2+1.2^2}=\sqrt{7.2}$〔m〕

$\cos\theta_A=\dfrac{h}{l}$

$h=2.4$〔m〕，$d=1.2$〔m〕，$E_{h_A}=20$〔lx〕

法線照度　$E_n=\dfrac{I(\theta)}{l^2}$〔lx〕

水平面照度　$E_h=E_n\cdot\cos\theta$

$=\dfrac{I(\theta)}{l^2}\cdot\cos\theta$〔lx〕

水平面照度　$E_h=20$〔lx〕，

距離l〔m〕は，三方の定理により　$\sqrt{7.2}$〔m〕

光度は入射角の余弦の法則(角θ_Aにより光度が変化します)

光度　$I_{\theta_A}=E_h\cdot\dfrac{l^2}{\cos\theta}=E_h\cdot\dfrac{l^2}{h/l}$

$=E_h\cdot\dfrac{l^3}{h}=20\cdot\dfrac{(\sqrt{7.2})^3}{2.4}=161.0\fallingdotseq160$〔cd〕

光源の光度(光源の明るさ)には均等光源と方向によって変わる光度があるよ．

(b) 光源には，均等光源(すべての方向に対して光度は一定の光源)と入射角余弦の法則(方向によって光度が余弦法則にしたがって変化する光源)があり，ここでは，後者です．光度$I(0)$は真下方向の光度で，真下からθだけ鉛直方向の光度$I(\theta)$とすると，

$I(\theta_A)=I(0)\cos\theta_A$　となります．

なお，$I(\theta)$は問題(a)で求めた値を用います．

$$I(0)=\frac{I(\theta_A)}{\cos\theta}=\frac{I(\theta_A)}{\frac{h}{l}}=161\cdot\frac{\sqrt{7.2}}{2.4}=180.0\text{〔cd〕}$$

光源の真下の水平面照度E_hは，

$$E_h=\frac{I(0)}{h^2}=\frac{180}{2.4^2}=31.25\fallingdotseq31\text{〔lx〕}$$ となります．

光源の取り付け位置によって照度が影響されるよ．

問題 2

床面積 20〔m〕× 60〔m〕の工場に，定格電力 400〔W〕，総合効率 55〔lm/W〕の高圧水銀ランプ 20 個と，定格電力 220〔W〕，総合効率 120〔lm/W〕の高圧ナトリウムランプ 25 個を取り付ける設計をした．照明率を 0.60，保守率を 0.70 としたときの床面の平均照度〔lx〕の値として，正しいのは次のうちどれか．

ただし，総合効率は安定器の損失を含むものとする．

(1) 154　　(2) 231　　(3) 385　　(4) 786　　(5) 1 069

《基本問題》

解 説

平均照度 E を求める式は，次のとおりです．

平均照度　$E=N\cdot F\cdot U\cdot\dfrac{M}{S}$

F：照明器具 1 台当たりの光束〔lm〕

N：照明器具の設置台数〔個〕

U：照明率は，光束が机や作業面などに発する割合を表したもの．

M：保守率は，照明器具をある期間使用した後の作業面を照らす照度と初期照度との比をいう．

S：床面積〔m^2〕

高圧水銀ランプの全光束は F_{Hg}〔lm〕は，

$F_{Hg}=P_{Hg}\cdot\eta_{Hg}\cdot N_1=400\cdot55\cdot20=440\,000$〔lm〕

高圧ナトリウムランプの全光束は F_{Na}〔lm〕は，

$F_{Na}=P_{Na}\cdot\eta_{Na}\cdot N_2=220\cdot120\cdot25=660\,000$〔lm〕

平均照度　$E=\dfrac{440\,000+660\,000\cdot0..6\cdot0.7}{20\cdot60}=385$〔lx〕

平均照度だよ．

問題3

光束 5 000〔lm〕の均等放射光源がある．その全光束の 60〔%〕で面積 4〔m^2〕の完全拡散性白色紙の片方の面(A 面)を一様に照射して，その透過光により照明を行った．これについて，次の(a)および(b)に答えよ．

ただし，白色紙は平面で，その透過率は 0.40 とする．

(a) 透過して白色紙の他の面(B 面)から出る面積 1〔m^2〕当たりの光束(光束発散度)〔lm/m^2〕の値として，正しいのは次のうちどれか．

(1) 150　(2) 300　(3) 500　(4) 750　(5) 1 200

(b) 白色紙の B 面の輝度〔cd/m^2〕の値として，正しいのは次のうちどれか．

(1) 23.9　(2) 47.8　(3) 95.5　(4) 190　(5) 942

《基本問題》

解 説

(a) 光束発散度 M は，B 面(透過率 τ が関係するころから)　$M=\tau\cdot\dfrac{F}{S}$〔lm/m^2〕

紙面を照らす有効な光束 F' は

$$F'=k\cdot F=0.6\cdot 5\,000=3\,000\ \text{〔lm〕}$$

$$M=\tau\cdot\frac{F'}{S}=0.4\cdot\frac{3\,000}{4}=300\ \text{〔lm/m}^2\text{〕}$$

光源にグローブ等をかぶせとき，裏面から放射される単位面積あたりの光束発散度を求めるよ．

(b) 輝度 L(光束発散度の関係)は

B 面の輝度 L は　式：$M=\pi L$ より，(なお，π の値は 3.14 でよい)

$$L=\frac{M}{\pi}=\frac{300}{3.14}=95.54\fallingdotseq 95.5\ \text{〔cd/m}^2\text{〕}$$

グローブの輝度を求めるよ．

(p.160～163 の解答)　問題1→(a)-(4)，(b)-(3)　問題2→(3)　問題3→(a)-(2)，(b)-(3)

7・3 電気加熱

重要知識

出題項目 CHECK!

- □ 比熱と熱量の求め方
- □ 熱回路のオームの法則
- □ 熱の移動（伝導，対流および放射）
- □ 加熱方法（誘導加熱および誘電加熱）

7・3・1 電熱の概要

(1) 熱量

物体に熱量 Q〔J または kJ〕を加えると，物体の温度は加えた熱量に比例して上昇します．なお温度 θ〔℃〕は，次のように表されます．

$$\theta=\frac{1}{c}Q \text{〔℃〕}$$

温度には摂氏温度と絶対温度があるよ．単位は℃とK（ケルビン）だよ．

c は，その物体の質量1〔g または kg〕を温度1〔℃〕上昇させるために必要な熱量で比熱 c（J/(g·K) または kJ/(kg·K)）といいます．熱量は物質の性質により異なり，物質を1℃上昇するのに必要な熱量を熱容量 C〔J/℃〕といいます．

m〔kg〕の水を θ_1〔℃〕から θ_2〔℃〕まで加熱するために必要な熱量 Q〔kJ〕は，次式で表されます．

$$Q=mc(\theta_2-\theta_1)=4.186\,m\theta \text{〔J または kJ〕} \quad \cdots\cdots (7.15)$$

ただし，水の比熱は4.186〔kJ/(kg·K)〕です．

電力 P〔kW〕の加熱器を時間 T〔h〕通電したときに発生する熱量 H〔kJ〕は，次式で表されます．なお，電熱器が発生した熱量のうち有効に使用された熱量を熱効率 η〔%〕といいます．

熱量の公式は $Cm\theta$（シーエムシータ）だよ．

$$H=PT\eta=3\,600\,PT\eta \text{〔kJ〕} \quad \cdots\cdots (7.16)$$

なお，電気エネルギーで発生する熱量 H は物体を温めるために必要な熱量に等しいです．

(2) 熱の移動（伝導・対流）と熱のオームの法則

熱の伝達には，放射・伝導および対流があります．太陽の熱エネルギーを放射現象によって地球に到達することで四季があります．エアコンで室内を冷房または暖房することができるのは対流現象が関係しています．また，金属の片側を温めると反対側も熱くなるのは熱の伝導現象です．

熱の移動は物質の形態によって変わるよ．

・熱回路のオームの法則

熱抵抗 R_h〔K/W〕は，金属（固体中）体の内部を移動する断面積 S〔m^2〕，金属等の厚み l〔m〕，熱の伝導率 λ〔W/m·K〕を用いて，次式で表されます．

$$R_h=\frac{l}{\lambda\cdot S} \text{〔K/W〕} \quad \cdots\cdots (7.17)$$

熱回路において，断熱材の内外部の温度差 θ〔℃〕，熱抵抗 R_h〔K/W〕の物体中を流れる熱量(熱流)q〔W〕は，次式で表されます．

$$q=\frac{\theta}{R_h}\text{〔W〕}=\lambda\cdot S\cdot\frac{\theta}{l}\text{〔W〕} \quad \cdots\cdots(7.18)$$

電気回路と熱回路の関係は下記の表のようになります．

表 7.2 電気回路と熱回路の比較

起電力 E〔V〕	温度差 θ〔K〕
電流 I〔A〕	熱流 q〔W〕
電気抵抗 R〔Ω〕	熱抵抗 R_h〔K/W〕

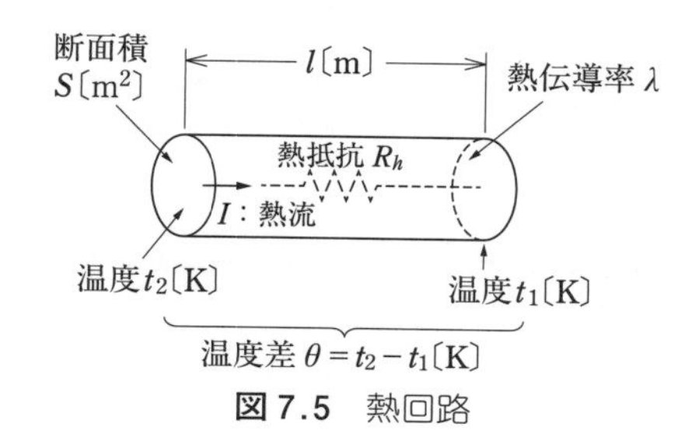

図 7.5 熱回路

体中や気体内部での熱の移動は対流により起こります．α は熱の伝達係数〔W/m^2・K〕，S は断熱材等が接触する断面積〔m^2〕で，次式で表されます．

$$q=\alpha S\theta\text{〔W〕} \quad \cdots\cdots(7.19)$$

(3) 電気加熱の方式と原理

物体(または被熱物)を加熱するための方法には，電熱を発生させる方式によって直接式と間接式に分けることができます．

(a) **抵抗加熱方式** 被熱物または抵抗体(ヒータ等)に電流を流すことでジュール熱が発生し，被熱物を加熱する方式

(b) **アーク加熱方式** 一方に被熱物を電極または専用の電極間を用い，その電極間でアーク放電させることで加熱する方式

(c) **誘導加熱** 交流磁界(低周波又は高周波)を発生させ，加熱した金属にうず電流損(ヒステリシス損)による発熱を利用する方式

(d) **誘電加熱方式** 交流電界で，誘電体損を利用する方式

発熱量 $P=k\cdot\varepsilon\cdot f\cdot E^2\cdot\tan\delta$〔W/m^3〕

E：電界の大きさ〔V/m〕

ε：比誘電率

$\tan\delta$：誘電体の誘電正接(損失)

(e) **放射加熱**(赤外線加熱) 赤外線を被熱物に放射することで加熱する方式

物質を加熱する方法には直接および間接方式があるよ．

試験の直前 ● CHECK!

☐ **比熱**≫物質１gを温度１℃上昇させるために必要な熱量.

☐ **熱量**≫　$Q=C\cdot m\cdot\theta=C\cdot m\cdot(t_2-t_1)$

☐ **潜熱**≫物体を相変換(固体から液体および液体から気体に)に必要な熱.

☐ **熱の移動**≫伝導，対流および放射

☐ **熱抵抗**≫　$R_h=\dfrac{l}{\lambda\cdot S}$

☐ **熱のオームの法則**≫　$q=\dfrac{\theta}{R_h}=\dfrac{\theta}{\dfrac{l}{\lambda\cdot S}}=\dfrac{\lambda\cdot S\cdot\theta}{l}$

国家試験問題

問題１

20〔℃〕において含水量70〔kg〕を含む木材100〔kg〕がある．これを100〔℃〕に設定した乾燥器によって含水量が5〔kg〕となるまで乾燥したい．

次の(a)及び(b)に答えよ．

ただし，木材の完全乾燥状態での比熱を1.25〔kJ/(kg･K)〕，水の比熱と蒸発潜熱をそれぞれ4.19〔kJ/(kg･K)〕，2.26×10^3〔kJ/kg〕とする．

(a) この乾燥に要する全熱量〔kJ〕の値として，最も近いのは次のうちどれか．

(1) 14.3×10^3　(2) 23.0×10^3　(3) 147×10^3　(4) 16×10^3　(5) 173×10^3

(b) 乾燥器の容量(消費電力)を22〔kW〕，総合効率を55〔%〕とするとき，乾燥に要する時間〔h〕の値として，最も近いのは次のうちどれか．

(1) 1.2　(2) 4.0　(3) 5.0　(4) 14.0　(5) 17.0

《基本問題》

解説

(a) それぞれの熱量を計算し，和で求められます．

木材の全熱量 Q_1〔kJ〕を求めると，

木材の質量 m_2〔kg〕は，　$m_2=100-70=30$〔kg〕

木材の比熱 c_1 は，1.25〔kJ/(kg･K)〕

木材の温度差 θ は，上昇分(木材および水分)$\theta=100-20=80$〔℃〕で

$Q_1=c_1\cdot m_2\cdot\theta=1.25\cdot30\cdot80=3000$〔kJ〕

水の熱量(木材に含まれている水)Q_2〔kJ〕は，

水の質量 m_1〔kg〕は，$m_1=70$〔kg〕

水の比熱 c_2 は，4.19〔kJ/(kg･K)〕

$Q_2=c_2\cdot m_1\cdot\theta=4.19\cdot70\cdot80=23464$〔kJ〕

木材に含まれる水分を蒸気(気化潜熱)させるために必要な熱量 Q_3〔kJ〕

物質を温めるために必要な熱量だよ.

は,

水を蒸発させる質量 m_3〔kg〕は, m_1 から5〔kg〕少なく, $m_3=65$〔kg〕

水の気化潜熱 C_3 は, 2.26×10^3〔kJ/kg〕

$Q_3=C_3\cdot m_3=2.26\times10^3\cdot65=146{,}900$〔kJ〕

求めた熱量の和が, 全熱量 Q_0 となります.

$Q_0=Q_1+Q_2+Q_3=3\,000+23\,464+146\,900=173\,364\fallingdotseq173\times10^3$〔kJ〕

(b) 乾燥器が発生する熱量を計算すると,

乾燥器の電力(消費電力) $P=22$〔kW〕を用いて, 乾燥させる時間 t〔h〕を求めます.

なお, 乾燥器の効率(熱効率) $\eta=55$〔%〕から,

乾燥器の熱量の式は　$H=3\,600\cdot P\cdot t\cdot\eta$〔kJ〕

$H=3\,600\cdot22\cdot t\cdot0.55=43\,560\cdot t$〔kJ〕

この値は, 前問(a)に等しいことから,

$173\,364=43\,560\cdot t$

$t=\dfrac{173\,364}{43\,560}=3.980$〔h〕$\fallingdotseq4.0$〔h〕

電気するエネルギーと物質を温めるために使用されるエネルギーは等しいよ.

問題 2

電気炉により, 質量500〔kg〕の鋳鋼を加熱し, 時間20〔min〕で完全に溶解させるのに必要な電力〔kW〕の値として, 最も近いのは次のうちどれか.

ただし, 鋳鋼の加熱前の温度は15〔℃〕, 溶解の潜熱は314〔kJ/kg〕, 比熱は0.67〔kJ/(kg·K)〕および融点は1 535〔℃〕であり, 電気炉の効率は80〔%〕とする.

(1) 444　(2) 530　(3) 555　(4) 694　(5) 2,900

《基本問題》

解 説

熱量の公式より

熱量　$Q_1=c\cdot M\cdot\theta$〔kJ〕, 供給する電気エネルギー　$H=3\,600\cdot P\cdot\eta\cdot t$〔kJ〕

溶解潜熱　$Q_2=c_2'\cdot M$〔kJ〕

題意より　比熱　$c=0.67$〔kJ/(kg·K)〕,　溶解潜熱　$c'=314$〔kJ/kg〕

効率　$\eta=80$〔%〕,　温度　$t_1=15$〔℃〕,　$t_2=1\,535$〔℃〕

質量　$M=500$〔kg〕,　$t=20$〔min〕$=\dfrac{20}{60}$〔h〕

全熱量　$Q_0=Q_1+Q_2=0.67\cdot500\cdot(1535-15)+314\cdot500$

$=509\,200+157\,000=666\,200$〔kJ〕

電気エネルギー　$H=3\,600\cdot P\cdot\dfrac{1}{3}\cdot0.8=960\cdot P$〔kJ〕

$Q_0=H$ より　$666\,200=960\cdot P$

$P=\dfrac{666\,200}{960}=693.96\fallingdotseq694$〔kW〕

比熱は温度が関係するけど, 溶解潜熱(温度)は一定だよ.

問題3

伝熱に関する次の(a)及び(b)の問に答えよ．

(a) 直径1〔m〕，高さ0.5〔m〕の円柱がある．円柱の下面温度が600〔K〕，上面温度が330〔K〕に保たれているとき，伝導によって円柱の高さ方向に流れる熱流〔W〕の値として，最も近いものを次の(1)～(5)のうちから一つ選べ．

ただし，円柱の熱伝導率は0.26〔W/(m·K)〕とする．また，円柱側面からの放射および対流による損失はないものとする．

(1) 45　(2) 110　(3) 441　(4) 661　(5) 1 630

(b) 次の文章は，放射伝熱に関する記述である．

すべての物体はその物体の温度に応じた強さのエネルギーを［ア］として放出している．その量は物体表面の温度と放射率とから求めることができる．

いま，図に示すように，面積A_1〔m^2〕，温度T_1〔［イ］〕の面S_1と面積A_2〔m^2〕，温度T_2〔［イ］〕の面S_2とが向き合っている．両面の温度$T_1 > T_2$の関係があるとき，エネルギーはS_1から面S_2に放射によって伝わる．そのエネルギー流量(1秒当たりに面S_1から面S_2に伝わるエネルギー)Φ〔W〕は$\Phi = \varepsilon\sigma A_1 F_{12} \times$［ウ］で与えられる．

ここで，εは放射率，σは［エ］，及びF_{12}は形態係数である．ただし，εに波長依存性はなく，両面において等しいとする．また，F_{12}は面S_1，面S_2の大きさ，形状，相対位置などの幾何学的な関係で決まる値である．

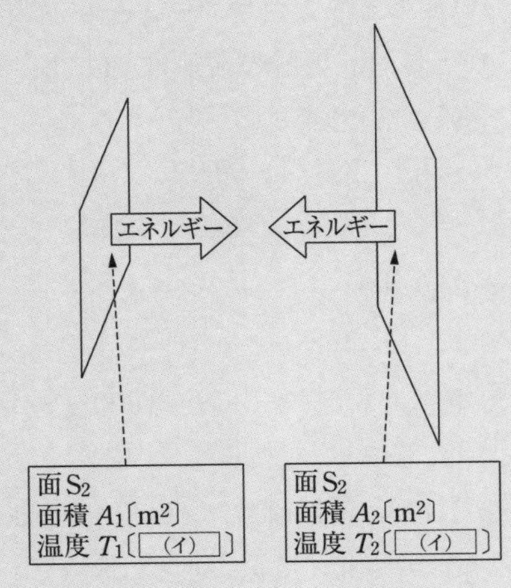

上記の記述中の空白箇所(ア)，(イ)，(ウ)，及び(エ)に当てはまる組合せとして，正しいものを次の(1)～(5)のうちから一つ選べ．

	(ア)	(イ)	(ウ)	(エ)
(1)	電磁波	K	$(T_1 - T_2)$	プランク定数
(2)	熱	K	$(T_1^4 - T_2^4)$	ステファン·ボルツマン定数
(3)	電磁波	K	$(T_1^4 - T_2^4)$	ステファン·ボルツマン定数
(4)	熱	℃	$(T_1 - T_2)$	ステファン·ボルツマン定数
(5)	電磁波	℃	$(T_1^4 - T_2^4)$	プランク定数

《H25-17》

解説

(a) 熱抵抗 R_h〔K/W〕を求める式は次のとおりです．

熱伝導率　$\lambda=0.26$〔W/(m·K)〕，　円柱の高さ　$l=0.5$〔m〕，

断面積 $S=\pi\cdot\frac{D^2}{4}$〔m²〕$=\frac{\pi}{4}$〔m²〕　直径 D は 1〔m〕(なお，π は 3.14 で計算)，

$$R_h=\frac{1}{\lambda}\cdot\frac{l}{S}=\frac{1}{0.26}\cdot\frac{0.5}{\frac{\pi}{4}}=2.450\text{〔K/W〕}$$

熱回路のオームの法則より，

$$q=\frac{\theta(\text{温度差})}{R_h}=\frac{(600-330)}{2.45}=110.2\fallingdotseq110\text{〔W〕}$$

熱量のオームの法則だよ．

(b) 物体が持つ温度に応じて表面から熱エネルギーを放出しており，そのエネルギーを電磁波の形態で他の物体などに熱を伝搬します．この現象は放射伝熱といい，媒体(空気など)がなくても熱が伝わるのが特徴です．したがって，(ア)は電磁波です．

温度 T_1 および T_2 の単位は絶対温度であるから，単位は K(ケルビン)であるので，(イ)は K が正しいです．

物体から単位時間，単位面積当たりに放射されるエネルギー E は，物体の絶対温度を T とすると次式で表せる．これをステファン·ボルツマンの法則といいます．

$$E=\varepsilon\cdot\sigma\cdot T^4\text{〔W/m}^2\text{〕}$$

ステファン·ボルツマン定数　$\sigma=5.67\times10^{-8}$〔W/(m²·T⁴)〕

放射率 ε(黒体は 1)から，(ウ)は温度差$({T_1}^4-{T_2}^4)$で，(エ)はステファン·ボルツマン定数です．

放射エネルギーは絶対温度の 4 乗に比例するよ．

問題 4

物体とその周囲の外界(気体または液体)との間の熱の移動は，対流と［ ア ］によって行われる．そのうち，表面と周囲の温度差が比較的小さいときは対流が主になる．

いま，物体の表面積を S〔m²〕，周囲との温度差を t〔K〕とすると，物体から対流によって伝達される熱流 I〔W〕は次式となる．

$$I=\alpha St\text{〔W〕}$$

この式で，α は［ イ ］と呼ばれ，単位は〔W/(m²·K)〕で表される．この値は主として，物体の周囲の流体及び流体の流速によって大きく変わる．また，α の逆数 $\frac{1}{\alpha}$ は［ ウ ］と呼ばれる．

上記の記述中の空白箇所(ア)，(イ)及び(ウ)に当てはまる語句として，正しいものを組み合わせたのは次のうちどれか．

	(ア)	(イ)	(ウ)
(1)	放　射	熱伝達係数	表面熱抵抗率
(2)	伝　導	熱伝達係数	表面熱抵抗率
(3)	伝　導	熱伝導率	体積熱抵抗率
(4)	放　射	熱伝達係数	体積熱抵抗率
(5)	放　射	熱伝導率	表面熱抵抗率

《基本問題》

解説

熱の移動および熱流に関するもので，基本的な性質を理解しておくことが大切です．熱の移動は，放射，伝導および対流があり，液体や気体では放射と対流が中心です．なお，表面と周囲の温度差が小さいときは対流が主となり，(ア)は放射です．

熱の移動には，媒体の伝達係数(熱の伝わり方)に依存することから，(イ)は熱伝達係数です．熱伝達係数の逆数は，伝達の意味を考えてみると熱の伝わりやすさの逆数は伝わりにくさとなります．したがって，(ウ)は表面熱抵抗率となります．

熱の移動は同時に起こるよ．例えば，空気は放射と対流が関係することを我々は日常生活で経験するよ．

問題5

次の文章は，電気加熱に関する記述である．導電性の被加熱物を交番磁束内におくと，被加熱物内に起電力が生じ，渦電流が流れる．

［ア］加熱はこの渦電流によって生じるジュール熱によって被加熱物自体が昇温する加熱方式である．抵抗率の［イ］被加熱物は相対的に加熱されにくい．

また，交番磁束は［ウ］効果によって被加熱物の表面近くに集まるため，渦電流も被加熱物の表面付近に集中する．この電流の表面集中度を示す指標として電流浸透深さが用いられる．電流浸透深さは，交番磁束の周波数が［エ］ほど浅くなる．したがって，被加熱物の深部まで加熱したい場合には，交番磁束の周波数は［オ］方が適している．

上記の記述中の空白箇所(ア)，(イ)，(ウ)，(エ)及び(オ)に当てはまる組合せとして，正しいものを次の(1)～(5)のうちから一つ選べ．

	(ア)	(イ)	(ウ)	(エ)	(オ)
(1)	誘　導	低　い	表　皮	低　い	高　い
(2)	誘　電	高　い	近　接	低　い	高　い
(3)	誘　導	低　い	表　皮	高　い	低　い
(4)	誘　電	高　い	表　皮	低　い	高　い
(5)	誘　導	高　い	近　接	高　い	低　い

《H24-12》

解説

加熱方式に関するもので，導電性の被加熱物を交番磁束内におくと，起電力(渦電流)が生じるのは誘導加熱となります．

(ア)は誘導加熱が入ります．抵抗率が小さいと抵抗も小さくなり，発生する

誘導加熱と誘電加熱の違いだよ．

熱量は抵抗に比例するから熱量も小さくなるから(イ)は低くなります.

周波数を高くすると表皮効果により熱が表面付近に集中するので,(ウ)は表皮効果となります.電流の集中度の指標として電流浸透深さ $\delta=503\sqrt{\dfrac{\rho}{f\cdot\mu_r}}$ で表し,周波数が高いほど浅くなるので,(エ)は周波数が高いほど浅く,(オ)は周波数が低いと深くなります.

(p.166~171 の解答) 問題1→(a)−(5), (b)−(2) 問題2→(4) 問題3→(a)−(2), (b)−(3) 問題4→(1) 問題5→(3)

第 8 章　電動機応用・電気化学

8·1　電動機応用の概要 …………………… 174
8·2　電気分解 …………………………… 180
8·3　電池 ………………………………… 186

8・1 電動機応用の概要

重要知識

出題項目 CHECK!

- □ 揚水ポンプの所要出力の求め方
- □ 送風機の所要出力の求め方
- □ 荷役機械（巻上機など）の所要出力の求め方
- □ 慣性モーメントとはずみ車効果

8・1・1 揚水ポンプおよび送風機の所要出力

(1) 揚水ポンプ

毎秒 q〔m^3/s〕の水を全揚程 H_o〔m〕まで汲み上げるのに要する理論出力 P〔kW〕は，

$$P=9.8\cdot H_o\cdot q\ \text{〔kW〕} \quad \cdots\cdots (8.1)$$

です．

ポンプの流量 Q〔m^3/min〕で，ポンプ効率 η〔%〕とすると，ポンプ用電動機の所要出力 P〔kW〕は，次式となります．

$$P=9.8\cdot H_o\cdot k\cdot\frac{Q}{60\cdot\eta}=Q\cdot\frac{H_o\cdot k}{6.12\cdot\eta}\ \text{〔kW〕} \quad \cdots\cdots (8.2)$$

k：電動機の余裕係数　η：電動機およびポンプ効率〔%〕

H_o：全揚程（実揚程 H ＋損失水頭 h）〔m〕　Q：流量〔m^3/min〕

出力は流量と全揚程の積に比例するよ．

(2) 送風機

風圧 H〔Pa〕で，毎秒 q〔m^3/s〕の風量を送出するために必要な理論出力 P〔kW〕は，

$$P=H\cdot q\cdot 10^{-3}\ \text{〔kW〕} \quad \cdots\cdots (8.3)$$

風量 Q〔m^3/min〕で，送風機効率 η〔%〕とすると，送風機用電動機の所要出力 P〔kW〕は次式となります．

$$P=H\cdot\frac{Q}{60\cdot 1\,000\cdot\eta}\ \text{〔kW〕} \quad \cdots\cdots (8.4)$$

H：風圧〔Pa または N/m^2〕　Q：風量〔m^3/min〕

η：電動機および送風機効率〔%〕

8・1・2 荷役用電動機の所要出力

(1) 巻上げ機

巻上げ機の巻上げ荷重 W〔kg〕，巻上げ速度 v〔m/min〕，効率（電動機および機械）η〔%〕とすると，巻上げ機用電動機の所要出力 P〔kW〕は

$$P=9.8\cdot W\cdot\frac{v}{60\cdot\eta}=W\cdot\frac{v}{6.12\cdot\eta}\ \text{〔kW〕} \quad \cdots\cdots (8.5)$$

W：巻上げ荷重〔kg〕　v：巻上げ速度〔m/min〕

η：電動機および巻上げ機効率〔%〕

(2) 慣性モーメント

質量 m〔kg〕の物体が回転半径 r〔m〕で回転しているとき，回転軸に対する慣性モーメント J〔kg·m^2〕は，次式となります．

$$J=m\cdot r^2\text{〔kg·m}^2\text{〕} \quad \cdots\cdots (8.6)$$

速度 v〔m/s〕で運動しているときの運動エネルギー W〔J〕は，

$$W=\frac{1}{2}\cdot m\cdot v^2=\frac{1}{2}\cdot m\cdot(r\cdot\omega)^2=\frac{1}{2}\cdot J\cdot\omega^2\text{〔J〕} \quad \cdots\cdots (8.7)$$

m：回転体の質量〔kg〕　v：回転体の周速度〔m/s〕

ω：角速度　$\omega=2\cdot\pi\cdot\frac{N}{60}$〔rad/s〕

r：回転体の半径〔m〕，　D：回転体の直径〔m〕

運動エネルギーは角速度の2乗に比例するよ．

周風速は次式で決まるよ．

$$v=2\pi r\frac{N}{60}=\omega\cdot r\text{〔m/s〕}$$

(3) はずみ車効果

回転体の回転部分の慣性モーメントを増やす目的で，軸に取り付ける金属の輪をはずみ車といいます．

$$W_T=\frac{1}{2}\cdot m\cdot\frac{D^2}{4}\cdot\left(\frac{\omega}{60}\right)^2=\frac{1}{8}\cdot m\cdot D^2\cdot\frac{(2\cdot\pi\cdot N)^2}{60^2}$$

$$\fallingdotseq G\cdot m^2\cdot\frac{N^2}{730}\text{〔J〕} \quad \cdots\cdots (8.8)$$

$m\cdot D^2$〔kg·m^2〕をはずみ車効果といいます．

● 試験の直前 ● CHECK!

- □ **揚水ポンプの出力≫**　$P=\frac{9.8\cdot k\cdot H_o\cdot Q}{60\cdot\eta}$
- □ **送風機の出力≫**　$P=\frac{H\cdot Q}{60\,000\cdot\eta}$
- □ **運動エネルギー≫**　$W=\frac{1}{2}\cdot J\cdot\omega^2$

国家試験問題

問題 1

毎分5 m^{3}の水を実揚程10 mのところにある貯水槽に揚水する場合，ポンプを駆動するのに十分と計算される電動機出力 P の値〔kW〕として，最も近いものを次の(1)～(5)のうちから一つ選べ．

ただし，ポンプの効率は80%，ポンプの設計，工作上の誤差を見込んで余裕をもたせる余裕係数は1.1とし，さらに全揚程は実揚程の1.05倍とする．また，重力加速度は9.8 m/s^{2}とする．

(1) 1.15　(2) 1.20　(3) 9.43　(4) 9.74　(5) 11.8

《H27-12》

解説

ポンプに用いる電動機の出力 P〔kW〕は，題意より，毎分の揚水量を Q〔m^3/min〕，ポンプの効率 η_p，ポンプの余裕係数を $k'=1+k=1.1$ 倍とします．また，全揚程は実揚程の1.05倍である．なお，求めるのは電動機の出力から電動機効率は関与しません．

$$P=\frac{9.8\cdot\frac{Q}{60}H}{\eta p}\cdot(1+k)\text{〔kW〕より}$$

$$=\left(\frac{9.8\cdot 5}{60}\cdot\frac{(10\cdot 1.05)}{0.8}\right)\cdot 1.1=11.791\fallingdotseq 11.8\text{〔kW〕}$$

運動エネルギーを求める式だよ．また，流量の単位に注意するよ．

問題2

電動機で駆動するポンプを用いて，毎時100〔m^3〕の水を揚程50〔m〕の高さに持ち上げる．ポンプの効率は74〔%〕，電動機の効率は92〔%〕で，パイプの損失水頭は0.5〔m〕であり，他の損失水頭は無視できるものとする．

このとき必要な電動機入力〔kW〕の値として，最も近いのは次のうちどれか．

(1) 18.4　(2) 18.6　(3) 20.2　(4) 72.7　(5) 74.1

《基本問題》

解説

電動機入力を求める式は，次のとおりです．

$$P=9.8\cdot H_o\cdot\frac{Q}{\eta}\cdot k=9.8\cdot Q\cdot\frac{H}{(\eta_p\cdot\eta_m)}\cdot k\text{〔kW〕}$$

流量は毎時100〔m^3〕から毎秒に変換すると，

$$Q=\frac{100}{3\,600}=\frac{1}{36}\text{〔}m^3/s\text{〕}$$

全揚程　$H_o=$ 揚程 ＋ 損失水頭 $=50+0.5=50.5$〔m〕

総合効率 $\eta=\eta_p\cdot\eta_m=\frac{74}{100}\cdot\frac{92}{100}=0.6808\fallingdotseq 0.681$

余裕率 α はないものとすると，

$$P=9.8\cdot Q\cdot\frac{H}{\eta}=9.8\cdot\frac{1}{36}\cdot\frac{50.5}{0.681}=20.186\fallingdotseq 20.2\text{〔kW〕}$$

全揚程は，揚程（水等を汲み上げる高さ）に損失水頭（摩擦等による損失）を加えるよ．

問題3

図に示すように，電動機が減速機と組み合わせて負荷を駆動している．このときの電動機の回転速度 n_m が1 150〔min^{-1}〕，トルク T_m が100〔N·m〕であった．減速機の減速比が8，効率が0.95のとき，負荷の回転速度 n_L〔min^{-1}〕，軸トルク T_L〔N·m〕，及び軸入力 P_L〔kW〕の値として，最も近いものを組み合わせたのは次のうちどれか．

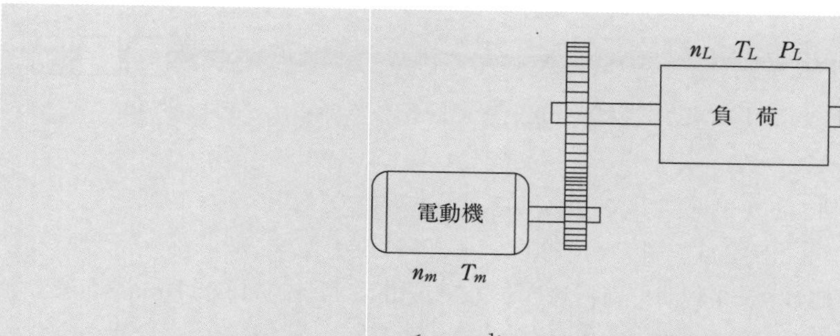

	n_L〔min^{-1}〕	T_L〔N·m〕	P_L〔kW〕
(1)	136.6	11.9	11.4
(2)	143.8	760	11.4
(3)	9 200	760	6 992
(4)	143.8	11.9	11.4
(5)	9 200	11.9	6 992

《H20-11》

解 説

減速機の減速比（ギヤー比）a は題意より，

$$a=\frac{電動機の回転速度}{負荷の回転速度}=\frac{N_m}{N_L}=8$$

負荷の回転速度 $N_L=\dfrac{N_m}{a}=\dfrac{1\,150}{8}=143.75\fallingdotseq143.8$〔min^{-1}〕

電動機が発生するトルク T_m と負荷トルク T_L は，機械損失 η がないときは $T_m=T_L$ であるが，問題文より機械損失 η があるから，

$T_m\cdot\eta=T_L$ より，$\dfrac{\omega_m}{60}\cdot T_m\cdot\eta=\dfrac{\omega_L}{60}\cdot T_L$

$$T_L=\frac{\frac{\omega_m}{60}}{\frac{\omega_L}{60}}\cdot T_m\cdot\eta=\frac{\omega_m}{\omega_L}\cdot T_m\cdot\eta$$

$$=a\cdot T_m\cdot\eta=8\cdot100\cdot0.95=760〔\mathrm{N\cdot m}〕$$

軸入力 P_L は，

$$P_L=\frac{\omega_L}{60}\cdot T_L=\frac{2\cdot\pi\cdot143.75}{60\cdot760}=11\,434.8〔\mathrm{W}〕\fallingdotseq11.4〔\mathrm{kW}〕$$

電動機が発生するトルクと負荷トルクは等しいよ．また，電動機の出力はギヤ比が大きいと小さくなるよ．

（p.175～177 の解答）　問題 1 →(5)　問題 2 →(3)　問題 3 →(2)

問題 4

慣性モーメント 100〔kg·m²〕のはずみ車が 1 200〔min⁻¹〕で回転している．このはずみ車について，次の(a)及び(b)に答えよ．

(a) このはずみ車が持つ運動エネルギー〔kJ〕の値として，最も近いのは次のうちどれか．

(1) 6.28　(2) 20.0　(3) 395　(4) 790　(5) 1 580

(b) このはずみ車に負荷が加わり，4 秒間で回転速度が 1 200〔min⁻¹〕から 1 000〔min⁻¹〕まで減速した．この間にはずみ車が放出する平均出力〔kW〕の値として，最も近いのは次のうちどれか．

(1) 1.53　(2) 30.2　(3) 60.3　(4) 121　(5) 242

《基本問題》

解説

慣性モーメントに関するもので，次の次式を用います．

(a) 運動エネルギー(回転体)　$W_1=\frac{1}{2}\cdot J\cdot\omega^2$〔J〕

慣性モーメント　$J=100$〔kg〕，角速度　$\omega=2\cdot\pi\cdot\frac{N}{60}$〔rad/s〕，定数 π は 3.14 を用います．

$$W_1=\frac{1}{2}\cdot100\cdot2\cdot\pi\cdot\frac{1\,200}{60}=788\,768〔J〕\fallingdotseq790〔kJ〕$$

(b) 回転体が失った平均出力は，

回転速度が 1000〔min⁻¹〕まで低下したときの運動エネルギー W_2 は

$$W_2=\frac{1}{2}\cdot100\cdot2\cdot\pi\cdot\frac{1\,000}{60}=547\,756〔J〕$$

失うエネルギー　$W_0=W_1-W_2=788\,768-547\,756=241\,012〔J〕\fallingdotseq241〔kJ〕$

時間は 4 秒間で失うので，

$$平均出力\ P=\frac{失ったエネルギー〔kJ〕}{時間〔s〕}=\frac{241}{4}=60.25\fallingdotseq60.3〔kW〕$$

回転体の運動エネルギーは $J\cdot\omega^2$ に $\frac{1}{2}$ の積だよ．

問題 5

かごの質量が 250 kg，定格積載質量が 1500 kg のロープ式エレベータにおいて，釣合いおもりの質量は，かごの質量に定格積載質量の 50% を加えた値とした．このエレベータの電動機出力を 22 kW とした場合，一定速度でかごが上昇しているときの速度の値〔m/min〕はいくらになるか，最も近いものを次の(1)～(5)のうちから一つ選べ．ただし，エレベータの機械効率は 70%，積載量は定格積載質量とし，ロープの質量は無視するものとする．

(1) 54　(2) 94　(3) 126　(4) 180　(5) 377

《R1-11》

解説

かごの質量　$W_1 = 250$〔kg〕，　定格積載質量　$W_2 = 1\,500$〔kg〕

おもり　$W_3 = W_1 + 0.5 \cdot W_2 = 250 + 0.5 \cdot 1\,500 = 1\,000$〔kg〕

全質量　$W_0 = W_1 + W_2 - W_3 = 250 + 1\,500 - 1\,000 = 750$〔kg〕

速度　v〔m/min〕，　出力 P〔kW〕，　重力加速度 $g = 9.80$〔m/s²〕，

機械効率 $\eta_m = 70$〔%〕

出力

$$P = F \cdot v \cdot \frac{10^{-3}}{60 \cdot \eta_m} = W_0 \cdot g \cdot \frac{v}{60\,000 \cdot \eta_m}$$

$$= 9.80 \cdot W_0 \cdot \frac{v}{60\,000 \cdot \eta_m} = W_0 \cdot \frac{v}{\dfrac{60\,000 \cdot \eta_m}{9.80}}$$

$$= W_0 \cdot \frac{v}{6\,122 \cdot \eta_m} \fallingdotseq W_0 \cdot \frac{v}{6\,120 \cdot \eta_m}$$

$$v = P \cdot 6\,120 \cdot \frac{\eta_m}{W_0} = 22 \cdot 6\,120 \cdot \frac{0.7}{750} = 125.66 \text{〔m/min〕}$$

$$\fallingdotseq 126 \text{〔m/min〕}$$

電動機が働く動力はかごの質量とつりあい，おもりの差になるよ．

（p.178～179 の解答）　**問題 4** →(a)－(4)，(b)－(3)　**問題 5** →(3)

8・2 電気分解

重要知識

出題項目 CHECK!

- □ 電気分解(酸化・還元反応)
- □ ファラデーの法則
- □ 水溶液電解と融解塩電解
- □ 食塩電解と水電解
- □ 金属精製と採取
- □ 界面電解

8・2・1 電気分解

(1) 電気分解

電解質の水溶液に直流電流を流すと電極で化学反応が起きます．電気エネルギーを利用して化学反応を起こすことを電気分解といいます．電気分解を行うと，負極(－極)では電源から供給される電子(e^-)を受け取る還元反応が起こり，正極(＋極)では電子を放出する酸化反応が同時に起こります．電気分解では，＋極から電解液(イオンの移動)を通り，－極に電流が流れます．この電解液に存在する正イオンが－極面で電子を受け取り，金属イオンが還元されて金属が析出します．還元反応によって析出された物質量 m〔g〕と，通過した電気量との間には，ファラデーの法則が成り立ち，次式で表されます．

酸化反応と還元反応は電子の授受が関係するよ．

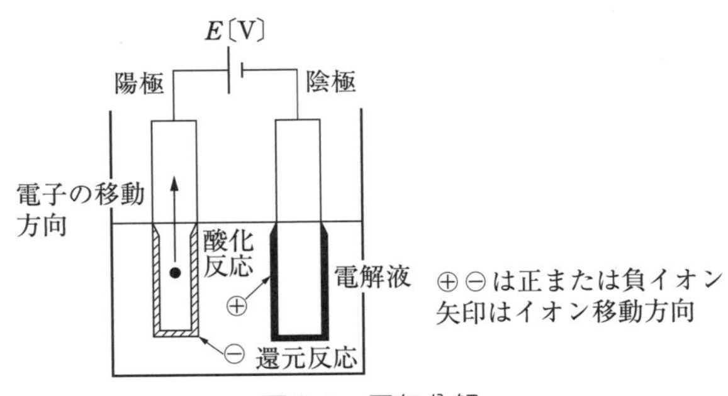

図 8.1　電気分解

析出量 $m=KQ=KIt$〔g〕 ……………………………… (8.9)

電気化学当量　K〔g/C〕$=\dfrac{M}{Z\cdot F}$〔g/C〕

ファラデー定数：$F=96\,500$〔C〕

原子量：M〔g/mol〕

原子価：Z

電流 I〔A〕

時間 t〔s〕

電気分解の電気回路は電極と電解液で構成されるよ．

(2) 電流効率

実際の電気分解では電解液の濃度や温度等により，理論析出量は少なくなります．これが電流効率ηで，供給された電気量に対して有効に使用された電気量の比で表します．

$$\eta=\frac{\text{実際に使用された理論電気量〔C〕}}{\text{実際に供給された全電気量〔C〕}}$$

$$=\frac{\text{実際に析出された物質量〔g〕}}{\text{実際に供給された電気量による析出される物質量〔g〕}}$$

8·2·2 電解質とイオン伝導

塩化ナトリウム(食塩)や苛性ソーダ(水酸化ナトリウム)などのように，水溶液中でイオン(帯電)になることを電離といいます．水溶液の中で電離する物質を電解質といいます．電解質には，電解度が大きい強電解質と小さい弱電解質があり，電解度は液中の濃度や液温によって異なります．

たとえば，食塩(NaCl)は水により電離し，Na^+イオン(ナトリウムイオン)とCl^-イオン(塩素イオン)とに分かれます．一方，砂糖のように電離しない物質を非電解質といいます．

電解液の伝導(電気伝導)は電極の電圧によりイオンの持つ電荷の反対方向に移動します．電解液の導電率(電気の通りやすさ)は，電解質の濃度差やイオンの移動度(温度が高くなると大きくなります)に比例します．

電気回路(電流が流れる経路)は電解液と電極およびリード線で構成されるよ．

8·2·3 化学電解と界面電解

電気分解を応用した化学工業には，水や食塩などの水溶液電解があります．また，金属(銅，亜鉛など)の電解精製，電気めっき，電解研磨および陽極皮膜処理などの金属の電解析出等があり，イオン化傾向が大きい金属(アルミニウムやアルカリ金属)に対しては融解塩の電気分解があります．

水を電気分解すると，酸素と水素が取り出せるよ．

(1) 水溶液電解

(a) 水電解　水を電気分解して水素(H_2)と酸素(O_2)を製造し，各種工業の原料に用いられます．これが水の電気分解で化学反応式は次のとおりです．

化学反応式

負極(ステンレス　還元反応)：$2H^+ + 2e^- \rightarrow H_2$

正極(炭素　　　　酸化反応)：$2OH^- \rightarrow \frac{1}{2}O_2 + H_2O + 2e^-$

(b) 食塩水の電解　食塩を電気分解すると正極には塩素(Cl_2)，負極には苛性ソーダ(NaOH)と水素(H_2)が生成されます．食塩を電気分解するための電解法には，石綿でできた隔膜を用いた隔膜法と，隔膜にイオン交換膜を用いるイオン交換膜法があります．その他に正極に金属電極，負極に水銀(合金)を用いる水銀法がありますが，水銀法(公害問題から)は現在使用されていません．

食塩水を電気分解すると，塩素と水素および苛性ソーダができるよ．

［隔膜法の化学反応］

陰極（鉄　還元反応）：$2H^{+} + 2e^{-} \rightarrow H_2 \uparrow$

陽極（炭素　酸化反応）：$2Cl^{-} \rightarrow Cl_2 \uparrow + 2e^{-}$

負極の付近では，苛性ソーダ（水酸化ナトリウム）が生成されます．

(2) 電気めっきと電解研磨

(a) **電気めっき**：電気分解を利用して，金属の表面に他の金属の薄い金属膜をめっき（電着）させます．使われる金属は銅，ニッケル，クロムなどの金属が使用され，表面処理したい金属は負極です．めっきの目的は，装飾や耐食性及び耐摩耗性などを与えることです．また，原型と同じもの複製したものが電鋳です．

(b) **電解研磨**：金属の表面の光沢を持たせるために陽極に被研磨物に電気分解すると，金属の凹凸が酸化反応によって溶解し，表面仕上げができます．

(3) 溶解塩電解

イオン化傾向が大きい金属を取り出すことは難しく（酸化されやすいため），アルミニウムのような金属は融解塩電解で製造します．アルミニウムの製造方法は，アルミナ（Al_2O_3）に氷晶石（Na_3AlF_6）を加え，1 000 ℃の溶解塩とし，これをアルミニウム電解炉で電解し，アルミニウムイオンと酸素イオンを電離させ，負極にアルミニウムを液体で析出させます．なお，反応は次の反応が起こります．

負極（炭素　還元反応）：$2Al^{3+} + 6e^{-} \rightarrow 3Al$

正極（炭素　酸化反応）：$6O^{2-} \rightarrow 3(O_2) + 6e^{-}$

陽極の酸素 O は，酸素同士が結合する前に電極の C と反応して CO，CO_2 となり，陽極で酸化されます．

(4) 界面電解

(a) **電気泳動**：粘土粒子や，コロイド（非常に小さい粒子）などが帯電した微粒子に直流電圧を加えたとき，加えた電極の電圧とは反対の方向に移動する現象をいいます．

(b) **電気浸透**：多孔質隔膜でコロイド溶液を二分し，それぞれに電極を入れて直流電圧を加えると，液が隔膜板を通して移動（水位に差を生じる）する現象です．

(c) **電気透析**：電解質溶液を隔膜で3室に分け，両端に直流電圧を加えると，イオンが両側に移動（正イオンは陰極に，負イオンは陽極に移動する）し，中央の室にはイオンを含まれない現象です．

試験の直前 ● CHECK!

□ **酸化反応**≫≫陽極でイオン化傾向の大きい金属が電解液に溶けて(電子を放出)，金属イオンとなる反応.

□ **還元反応**≫≫陰極では電解液の中にある金属イオンが電極面で電子を受け取って金属が析出する反応.

□ **電解質**≫≫水溶液の中でイオンに電離する(イオンのなりやすさによって電荷液の性質が決まります).

□ **ファラデーの法則**≫≫　$m=\frac{M}{Z}\cdot\frac{I\cdot t}{F}\cdot\eta$

□ **食塩電解**≫≫塩化ナトリウムの水溶液を電気分解すると，水酸化ナトリウム，塩素および水素を取り出す.

□ **界面電解**≫≫電気泳動，電気浸透，電気透析.

国家試験問題

問題1

硫酸亜鉛($ZnSO_4$)/硫酸系の電解液の中で陽極に亜鉛を，陰極に鋼帯の原板を用いた電気めっき法はトタンの製造法として広く知られている．今，両電極間に2〔A〕の電流を5〔h〕通じたとき，原板に析出する亜鉛の量〔g〕の値として，最も近いの次のうちどれか.

ただし，亜鉛の原子価(反応電子数)は2，原子量は65.4，電流効率は65〔%〕，ファラデー定数$F=9.65\times10^4$〔C/mol〕とする.

(1) 0.0022　(2) 0.13　(3) 0.31　(4) 7.9　(5) 16

《基本問題》

解説

電気分解に関する問題で陰極では還元反応によって亜鉛が析出されます．その量を求める法則がファラデーの法則であり，式は次のとおりです.

$$m=\frac{M}{Z}\cdot\frac{3\,600\cdot I\cdot t}{F}\cdot\eta\text{〔g〕より}$$

物質1モル当たりの金属原子の質量が原子量M，その物質に必要な電子の数が原子価Z，電荷量は$3600\cdot I\cdot t$〔C〕およびFがファラデー定数($F=96\,500$〔C/mol〕)となります.

$$m=\frac{65.4}{2}\cdot\frac{3\,600\cdot2\cdot5}{96\,500}\cdot0.65=7.929\fallingdotseq7.9\text{〔g〕}$$

ファラデーの法則だよ.

問題2

食塩水を電気分解して，水酸化ナトリウム(NaOH，か性ソーダ)と塩素(Cl_2)を得るプロセスは食塩電解と呼ばれる．食塩電解の工業プロセスとして，現在，わが国で採用されているものは，［ア］である.

この食塩電解法では，陽極側と陰極側を仕切る膜に［イ］イオンだけを選択的に透過する密隔膜が用いられている．外部電源から電流を流すと，陽極側にある食塩水と陰極側にある水との間で電気分解が生じてイオンの移動が起こる．陽極側で生じた［ウ］イオンが密隔膜を通して陰極側に入り，［エ］となる．

上記の記述中の空白箇所(ア)，(イ)，(ウ)及び(エ)に当てはまる語句として，正しいものを組み合わせたのは次のうちどれか．

	(ア)	(イ)	(ウ)	(エ)
(1)	隔膜法	陽	塩　素	Cl_2
(2)	イオン交換膜法	陽	ナトリウム	NaOH
(3)	イオン交換膜法	陰	塩　素	Cl_2
(4)	イオン交換膜法	陰	ナトリウム	NaOH
(5)	隔膜法	陰	塩　素	NaOH

《H21-12》

解説

食塩の電気分解には，隔膜法と水銀法およびイオン交換膜法があり，現在我が国で利用されているのはイオン交換膜法から，(ア)はイオン交換膜法となります．

電極間をイオン交換膜で仕切り，陽極(正極)に食塩を入れ，陽イオンを選択して陰極側に移動させるために密隔膜を用いるから，(イ)は陽となります．なお，ナトリウムイオン(Na^+)は陽イオンであり，(ウ)はナトリウムとなります．移動後，Na^+ と水酸化イオン(OH^-)が結合して水酸化ナトリウム(苛性ソーダ)となることから，(エ)は NaOH となります．

食塩電解だよ．

問題3

次の文章は，電気めっきに関する記述である．

金属塩の溶液を電気分解すると［ア］に純度の高い金属が析出する．この現象を電着と呼び，めっきなどに利用されている．ニッケルめっきでは硫酸ニッケルの溶液にニッケル板(［イ］)とめっきを施す金属板(［ア］)とを入れて通電する．硫酸ニッケルの溶液は，ニッケルイオン(［ウ］)と硫酸イオン(［エ］)とに電離し，ニッケルイオンがめっきを施す金属板表面で電子を［オ］金属ニッケルとなり，金属板表面に析出する．めっきは金属製品の装飾のほか，金属材料の耐食性や耐摩耗性を高める目的で利用されている．

上記の記述中の空白箇所(ア)，(イ)，(ウ)，(エ)及び(オ)に当てはまる組合せとして，正しいものを次の(1)～(5)のうちから一つ選べ．

	(ア)	(イ)	(ウ)	(エ)	(オ)
(1)	陽　極	陰　極	負イオン	正イオン	放出して
(2)	陰　極	陽　極	正イオン	負イオン	受け取って
(3)	陽　極	陰　極	正イオン	負イオン	受け取って
(4)	陰　極	陽　極	負イオン	正イオン	受け取って
(5)	陽　極	陰　極	正イオン	負イオン	放出して

《H25-12》

解説

電気分解に関するもので，物質が析出(生成)されるのは還元反応で，陰極(負極)で起こり，陽極(正極)では酸化反応が起こります．(ア)は陰極で，メッキを施す金属(イオン化傾向が大きいもの)を陽極となるので(イ)は陽極です．金属ニッケルイオン(Ni^{2+})は正イオン(ウ)で，硫酸イオン($SO_4{}^{2-}$)は負イオン(エ)となります．ニッケルイオンは陰極で電子を受け取って，(オ)は受け取って金属ニッケル金属として析出します．

電気めっきだよ．

問題 4

水溶液中に固体の微粒子が分散している場合，微粒子は溶液中の［ア］を吸着して帯電することがある．この溶液中に電極を挿入して直流電圧を加えると，微粒子は自身の電荷と［イ］の電極に向かって移動する．この現象を［ウ］という．
この現象を利用して，陶土や粘土の精製，たんぱく質や核酸，酵素などの分離精製や分析などが行われている．

また，良い導電性の［エ］合成樹脂塗料又はエマルジョン塗料を含む溶液を用い，被塗装物を一方の電極として電気を通じると，塗料が［ウ］によって被塗装物表面に析出する．この塗装は電着塗装と呼ばれ，自動車や電気製品などの大量生産物の下地塗装に利用されている．

上記の記述中の空白箇所(ア)，(イ)，(ウ)及び(エ)に記入する語句として，正しいものを組み合わせたのは次のうちどれか．

	(ア)	(イ)	(ウ)	(エ)
(1)	水分	同符号	電気析出	油　性
(2)	イオン	逆符号	電気泳動	水溶性
(3)	イオン	同符号	電気析出	水溶性
(4)	イオン	逆符号	電気泳動	揮発性
(5)	水分	逆符号	電解透析	油　性

《基本問題》

解説

水溶液の中にはイオン(正および負イオン)があり，微粒子の中で吸着し電荷(正または負の電気)を持つことで帯電します．

水溶液中に電極を二枚挿入し，直流の電圧を加えると帯電した微粒子は，微粒子のもつ電荷とは逆方向(逆符号)に移動します．この現象を電気泳動といいます．また，よい導電性は水溶液です．

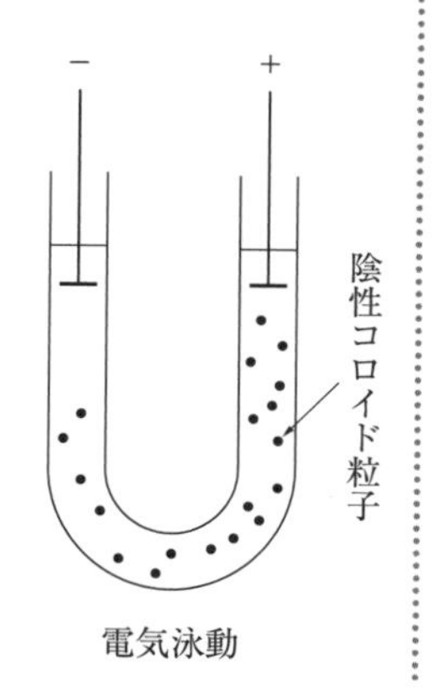

電気泳動

界面電解だよ．

(p.183〜185 の解答) 問題1→(4) 問題2→(2) 問題3→(2) 問題4→(2)

8・3 電池

重要知識

出題項目 CHECK!

- □ 電池(一次電池・二次電池)
- □ 化学反応式
- □ 分極作用
- □ 活物質(＋極および－極)

8・3・1　化学電池

電池は，物質の化学反応の際に放出される化学エネルギーを直接電気エネルギーに変えられるものです．化学反応が非可逆的な電池を**一次電池**，可逆的な電池が**二次電池**です．その他に，燃料電池も化学反応を用いた電池です．

一次電池と二次電池の違いだよ．

(1) 化学電池

一次電池とは，一度放電すると再使用できない電池です．電池は正極，負極の電極と電解質(電解液)および正極・負極活物質(各電極で酸化または還元される物質を**活物質**という)から構成されます．電池は，放電に伴い正極の表面に水素ガスが発生し，再びイオン化して逆起電力が生じ，端子電圧が低下する現象を**分極作用**といいます．この分極作用を消滅させるために用いる物質が**減極剤**です．なお，一次電池にはマンガン乾電池等があります．

二次電池は，充・放電(繰り返し使用できる電池)が可能な電池です．

蓄電池の容量〔V・A〕は，完全充電状態から放電終止電圧まで取り出すことができる電気量(電流 I〔A〕× 時間〔h〕)で表されます．

充電する方式には，**浮動充電**(整流器および蓄電池を並列に接続し，負荷を使いながら充電する方式)および**トリクル充電**(自己放電電流に近い状態で絶えず充電する方式である)があります．

(a) 鉛蓄電池：**鉛蓄電池**が充・放電する化学反応式は，次の通りです．

電極名等	陽極		電解液		陰極	放電	陽極		電解液		陰極
	PbO_2	＋	$2H_2SO_4$	＋	Pb	$\rightleftarrows$	$PbSO_4$	＋	$2H_2O$	＋	$PbSO_4$
活物質等	二酸化鉛		希硫酸		鉛	充電	硫酸鉛		水		硫酸鉛

起電力は2〔V〕で，電解液の比重は1.3～1.2の希硫酸を使用します．なお，放電すると希硫酸が薄められることで起電力は低下し，放電終止電圧(1.8 V)に到達すると急速に電圧が低下します．

(b) アルカリ蓄電池：**アルカリ蓄電池**(ニッケル・カドミウム蓄電池)が充・放電するときの化学反応式は，次のとおりです．

電極名等	陽極		陰極	放電	陽極		陰極
	$NiOOH$	+	Cd	⇄	$2Ni(OH)_2$	+	$Cd(OH)_2$
活物質等	オキシ水酸化ニッケル		カドミウム	放電	水酸化ニッケル		水酸化カドミウム

電解液は，水酸化カリウム(KOH)が使用される(化学反応に直接関与しない)ので濃度は一定で，周囲環境の変化にも耐えることができます．起電力は1.3〔V〕です．

(c) リチウムイオン二次電池：正極と負極との間にリチウムイオンを移動することで充・放電が行える電池です．代表的な構成は，正極にはリチウム酸化物，負極に炭素材料，電解液には有機溶媒などを用います．

リチウムイオン二次電池が充・放電するときの化学反応は，次のとおりです．

正極		負極	放電→ ←充電	正極		負極
CoO_2	+	LiC	⇄	$LiCoO_2$	+	C
コバルト酸		炭素リチウム		コバルト酸リチウム		炭素

表 8.1 一次および二次電池の種類

電池名		正極活物質	負極活物質	電解質(電解液)	超電力〔V〕(公称電圧)	特徴・用途
一次電池	マンガン乾電池	MnO_2	Zn	$ZnCl_2$	1.5	安価，安定した放電特性 懐中電灯，電動玩具
	アルカリ・マンガン電池	MnO_2	Zn	KOH	1.5	連続放電可能，重負荷向き，ボタン形は軽負荷向き ストロボ，ボタン形はカメラ，電卓
	酸化銀電池	Ag_2O	Zn	KOH	1.55	作動電圧安定，軽負荷向き 電卓，ラジオ
	二酸化マンガンリチウム一次電池	MnO_2	Li	有機電解液	3.0	作動電圧安定，軽負荷向き，長期信頼性 メモリーバックアップ用，ICカード，カメラ
	塩化チオニルリチウム電池	$SOCl_2$	Li	無機排水電解液	3.6	高エネルギー密度，高電圧，電圧安定 パソコン，電力量計，水道メータ
	空気亜鉛電池	O_2	Zn	KOH	1.4	軽負荷無機，高容量，電圧安定 補聴器
二次電池	鉛蓄電池	PbO_2	Pb	H_2SO_4	2.0/セル	大電流取出，安価 自動車，オートバイ

二次電池	アルカリ蓄電池(ニッケル・カドミウム蓄電池)	NiO(OH)	Cd	KOH	1.2/セル	重負荷向き，長寿命，急速充電可能 電気カミソリ，非常灯
	ニッケル・水素蓄電池	NiO(OH)	MH	KOH	1.2/セル	高エネルギー密度，重負荷用，急速充電可能 携帯電話，電気カミソリ，パソコン
	リチウムイオン二次電池	$LiMn_2O_4$ $LiCoO_2$	CLi	有機電解質	3.7/セル 3.6/セル	高エネルギー密度，高作動電圧，長寿命 パソコン，携帯電話，コンパクトカメラ
燃料電池	りん酸形燃料電池	O_2	H_2	りん酸水溶液	1.0/セル	エネルギー変換効率が良い 分散形発電用
	固体高分子形燃料電池	O_2	H_2	高分子イオン交換膜	1.0/セル	常温動作，触媒高価 移動用・家庭用発電施設

(2) 燃料電池

燃料電池は，電気分解の逆反応(水電解)の逆反応利用した電池です．図8.2のように，外部から陰極(－極)に送り込む水素を燃料とし，陽極(＋極)には酸素を酸化剤として反応させ，直接電気エネルギーを得るものです．陽極と陰極の間で化学反応が起こり，陽極では水(H_2O)が生成されます．

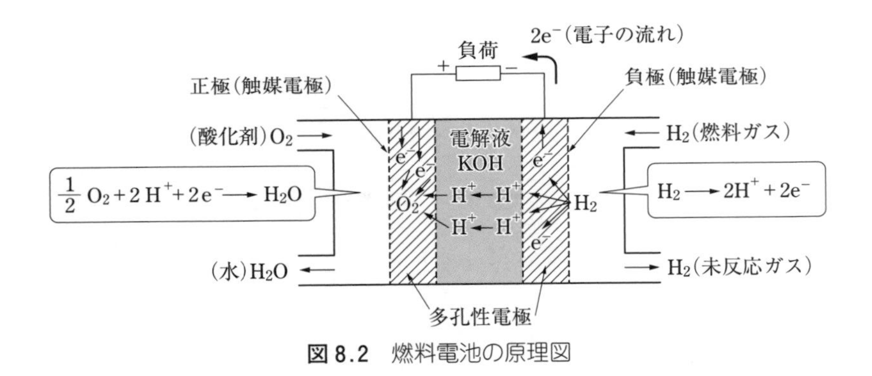

図8.2　燃料電池の原理図

燃料電池の化学反応

正極では　$\frac{1}{2}\cdot O_2+2H^++4e^- \rightarrow H_2O$

負極では　$H_2 \rightarrow 2H^++2e^-$

燃料電池の名称は，電解質の種類によって決まります．電解質が炭酸塩のものが溶融炭酸塩形(MCFC)，ジルコニア系セラミックスが固体酸化物形(SOFC)，固体高分子形(PEFC)，リン酸溶解塩(PAFC)の4種類あります．

なお，燃料電池の特徴をまとめたものが表 8.2 です．

表 8.2 燃料電池の特徴

型名	溶融炭酸塩形（MCFC）	固体酸化物形（SOFC）	固体高分子形（PEFC）	リン酸溶解塩（PAFC）
燃料	天然ガス ナフサ 石炭ガス	天然ガス ナフサ 石炭ガス	天然ガス メタノール ナフサ	天然ガス メタノール ナフサ
電解質	炭酸塩	ジルコニア系セラミックス	スルホン酸基高分子膜	リン酸溶解液
運転温度	600〔℃〕	1 000〔℃〕	80〔℃〕	200〔℃〕
発電効率	45～60〔%〕	45～65〔%〕	30～40〔%〕	40～45〔%〕

(3) 太陽電池

太陽から放射される光エネルギーを直接電気エネルギーに変換する素子が太陽電池です．半導体の接合部分に太陽光を照射すると，正孔と電子を生じます．その正孔と電子が移動する（光電効果）ことで起電力が発生します．

試験の直前 ● CHECK!

- □ **一次電池**≫≫一度放電すると使用することができない電池（化学反応によって電気エネルギーを取り出す）．
- □ **二次電池**≫≫放電と充電で繰り返し使用することができる電池（電気エネルギーを加えることで化学反応が起こる前の状態に戻します）．
- □ **活物質**≫≫陽極と陰極で化学反応する金属元素．

国家試験問題

問題 1

鉛蓄電池の放電反応は次のとおりである．

$$\underset{(負極)}{\underline{Pb}} + 2H_2SO_4 + \underset{(正極)}{\underline{PbO_2}} \rightarrow \underset{(負極)}{\underline{PbSO_4}} + 2H_2O + \underset{(正極)}{\underline{PbSO_4}}$$

この電池を一定の電流で 2 時間放電したところ，鉛の消費量は 42〔g〕であった．このとき流した電流〔A〕の値として，最も近いのは次のうちどれか．

ただし，鉛の原子量は 210，ファラデー定数は 27〔A·h/mol〕とする．

(1) 1.8　(2) 2.7　(3) 5.4　(4) 11　(5) 16

《基本問題》

解説

鉛蓄電池（二次電池）から電気エネルギーを取り出す（放電）ことによって鉛が

消費されます．したがって，電気分解と同様に計算することができ，式は次のとおりです．

$$m=\frac{M}{Z}\cdot\frac{I\cdot t}{F}\cdot\eta\ \text{〔g〕}$$

ただし，ファラデー定数 F は ≒27〔A·h/mol〕となり，題意より，

電気量 $I\cdot t$〔A·h〕を求めると（ただし，電流効率 η は 100〔%〕で考えます），

$$I\cdot t=\frac{m}{M}\cdot Z\cdot F=\frac{42}{210}\cdot 2\cdot 27=10.8\ \text{〔A·h〕}$$

取り出す電流 I〔A〕を求めるので，

$$I=\frac{\text{電気量〔A·h〕}}{\text{時間}t\text{〔h〕}}=\frac{10.8}{2}=5.4\ \text{〔A〕}$$

問題2

二次電池は，電気エネルギーを化学エネルギーに変えて電池内に蓄え（充電という），貯蔵　した化学エネルギーを必要に応じて電気エネルギーに変えて外部負荷に供給できる（放電という）電池である．この電池は充放電を反復して使用できる．

二次電池としてよく知られている鉛蓄電池の充電時における正・負両電極の化学反応（酸化・還元反応）に関する記述として，正しいのは次のうちどれか．

なお，鉛蓄電池の充放電反応全体をまとめた化学反応式は次のとおりである．

$$2PbS0_4+2H_2O \rightleftarrows Pb+PbO_2+2H_2SO_4$$

(1) 充電時には正極で酸化反応が起き，正極活物質は電子を放出する．

(2) 充電時には負極で還元反応が起き，$PbSO_4$ が生成する．

(3) 充電時には正極で還元反応が起き，正極活物質は電子を受け取る．

(4) 充電時には正極で還元反応が起き，$PbSO_4$ が生成する．

(5) 充電時には負極で酸化反応が起き，負極活物質は電子を受け取る．

《H20-13》

解説

二次電池（鉛蓄電池）の化学反応は，

(1) 放電時では負極で酸化反応が起き，充電時では正極で酸化反応が起きます．また，酸化反応では電子を放出されますから，正しいです．

(2) 充電時は負極の反応は還元反応が起きます．放電時は両電極で活物質は硫酸鉛（$PbSO_4$）に変化し，充電時，正極では活物質が二酸化鉛（PbO_2），負極では鉛（Pb）が生成されますから，間違いです．

(3) 充電時では，正極の反応は酸化反応が起き，正極の活物質は電子を放出するから，間違いです．

(4) 充電時では，正極の反応は酸化反応が起き，$PbSO_4$（硫酸鉛）が生成されるのは放電時から，間違いです．

(5) の説明の充電時では，負極の反応は還元反応が起き，正極の活物質は電

子を受け取るから，間違いです．

問題 3

ニッケル・水素蓄電池※は，電解液として［ア］水溶液を用い，［イ］にオキシ水酸化ニッケル，［ウ］に水素吸蔵合金をそれぞれ活物質として用いている．公称電圧は［エ］〔V〕である．この電池は，形状，電圧特性などはニッケル・カドミウム蓄電池に類似し，さらに，ニッケル・カドミウム蓄電池に比べ，［オ］が高く，カドミウムの環境問題が回避できる点が優れているので，デジタルカメラ，*MD* プレーヤ，ノートパソコンなど携帯形電子機器用の電源として使用されてきたが，近年，携帯用電動工具用やハイブリッド車用の電池としても使用されるようになってきている．

(注)※の「ニッケル・水素蓄電池」は，「ニッケル・金属水素化物電池」と呼ぶこともある．

上記の記述中の空白箇所(ア)，(イ)，(ウ)，(エ)および(オ)に当てはまる語句又は数値として，正しいものを組み合わせたのは次のうちどれか．

	(ア)	(イ)	(ウ)	(エ)	(オ)
(1)	H_2SO_4	正　極	負　極	1.5	耐過放電性能
(2)	KOH	負　極	正　極	1.2	体積エネルギー密度
(3)	KOH	正　極	負　極	1.5	耐過放電性能
(4)	KOH	正　極	負　極	1.2	体積エネルギー密度
(5)	H_2SO_4	負　極	正　極	1.2	耐過放電性能

《基本問題》

解 説

ニッケル·水素電池が充放電する場合の化学反応は，次のとおりである．

$$\underset{\text{オキシ水酸化ニッケル}}{\overset{\text{陽極}}{NiOOH}} + \underset{\text{水素吸蔵合金}}{\overset{\text{陰極}}{MH}} \underset{\text{充電}}{\overset{\text{放電}}{\rightleftarrows}} \underset{\text{水酸化第一ニッケル}}{\overset{\text{陽極}}{Ni(OH)_2}} + \overset{\text{陰極}}{M}$$

電解液は水酸化カリウム水溶液を用いるが，充放電の反応には電解液は関与しないために，電解液の濃度は変化しません．また，電圧変動が少ない(電気的特性が優れている．)などの特徴を持ちます．したがって，(ア)の電解液は水酸化カリウム(KOH)が用いられます．正極の活物質はオキシ水酸化ニッケルで(イ)は正極であり，陰極には水素吸蔵合金が活物質となります．

また，この電池の起電力は1.2 V で，体積エネルギー密度が大きいのが特徴です．

ニッケル水素蓄電池だよ．

(p.189～191 の解答)　問題 1 →(3)　問題 2 →(1)　問題 3 →(4)

問題4

3種類の二次電池をそれぞれの容量〔A·h〕に応じた一定の電流で放電したとき，放電特性は図のA，B及びCのようになった．A，B及びCに相当する電池の種類として，正しいものを組み合わせたのは次のうちどれか．

ただし，電池電圧は単セル(単電池)の電圧である．

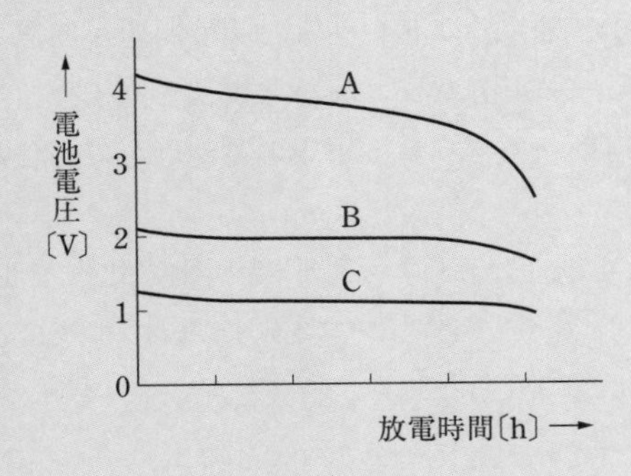

	(A)	(B)	(C)
(1)	リチウムイオン二次電池	鉛蓄電池	ニッケル・水素蓄電池
(2)	リチウムイオン二次電池	ニッケル・水素蓄電池	鉛蓄電池
(3)	鉛蓄電池	リチウムイオン	ニッケル・水素蓄電池
(4)	鉛蓄電池	ニッケル・水素蓄電池	リチウムイオン二次電池
(5)	ニッケル・水素蓄電池※	鉛蓄電池	リチウムイオン二次電池

(注)※の「ニッケル·水素蓄電池」は，「ニッケル·金属水素化物電池」と呼ぶこともある．

《基本問題》

解説

電池によって起電力は異なります．グラフより鉛蓄電池の起電力(公称電圧)は2〔V〕で，リチウムイオン二次電池の起電力は4〔V〕です．また，ニッケル·水素蓄電池の起電力は1.2〔V〕です．なお，電極に用いられる金属の平衡電位の差で起電力は決まります．

起電力だよ．

問題 5

次の文章は，リチウムイオン二次電池に関する記述である．

リチウムイオン二次電池は携帯用電子機器や電動工具などの電源として使われているほか，電気自動車の電源としても使われている．

リチウムイオン二次電池の正極には［ア］が用いられ，負極には［イ］が用いられている．また，電解液には［ウ］が用いられている．放電時には電解液中をリチウムイオンが［エ］へ移動する．リチウムイオン二次電池のセル当たりの電圧は［オ］V 程度である．

上記の記述中の空白箇所(ア)，(イ)，(ウ)，(エ)及び(オ)に当てはまる組合せとして，正しいものを次の(1)～(5)のうちから一つ選べ．

	(ア)	(イ)	(ウ)	(エ)	(オ)
(1)	リチウムを含む金属酸化物	主に黒鉛	有機電解液	負極から正極	3～4
(2)	リチウムを含む金属酸化物	主に黒鉛	無機電解液	負極から正極	1～2
(3)	リチウムを含む金属酸化物	主に黒鉛	有機電解液	正極から負極	1～2
(4)	主に黒鉛	リチウムを含む金属酸化物	有機電解液	負極から正極	3～4
(5)	主に黒鉛	リチウムを含む金属酸化物	無機電解液	正極から負極	1～2

《H30-12》

解 説

リチウムイオン電池の正極の材料としてはリチウムイオンを含む金属酸化物が用いられ，負極の材料としては主に黒鉛が用いられます．また，電解液は有機電解液が用いられます．放電時には，電解液中のリチウムイオンが負極から正極へ移動し，セル当たりの電圧は3～4 V 程度です．

リチウムイオン二次電池だよ．

(p.192～193 の解答) 問題 4 →(1) 問題 5 →(1)

索 引

英数字

1の補数 …… 117
2の補数 …… 117
16進数 …… 116
I 動作 …… 137
LEDランプ …… 151
NAND変換 …… 118
Y(スター)結線 …… 36
Y−Δ結線 …… 36
Y−Δ始動法 …… 57
Δ(デルタ)結線 …… 36

あ 行

アルカリ蓄電池 …… 186
アルゴリズム …… 123

イオン交換膜 …… 181
一次電池 …… 186
イルグナ方式 …… 17
陰極ルミネセンス …… 150
インターロック回路 …… 142
インバータ …… 102
インバータ制御 …… 58

渦電流損 …… 20,31

演色性 …… 150
鉛直面照度 …… 159
鉛直面配光曲線 …… 152

遅れ要素 …… 137
折れ点角周波数 …… 140

か 行

界磁 …… 2,75
界磁制御法 …… 17
回生制動 …… 17,58
回転子 …… 52
外部負荷特性曲線 …… 7
界面電解 …… 182
外乱 …… 136
加極性 …… 33
隔膜法 …… 181
かご形誘導電動機 …… 52
重ね巻 …… 4
加算器 …… 117
可視光線 …… 150
ガス入り白熱電球 …… 151
活物質 …… 186
角変位 …… 38
可変速電動機 …… 19
簡易等価回路 …… 30
還元反応 …… 180
慣性モーメント …… 175

疑似白色光 …… 151
輝度 …… 153
逆起電力 …… 15
逆相制動 …… 58
逆転 …… 16,58
逆変換 …… 100
逆変換装置 …… 102
吸収率 …… 153
強電解質 …… 181
極性 …… 33
距離の逆2乗の法則 …… 159
均圧結線 …… 4
均圧巻線 …… 4

計器用変圧器 …… 40
蛍光 …… 151
継鉄 …… 3
ゲイン特性曲線 …… 140
減極剤 …… 186
減極性 …… 33
検索 …… 124
減磁作用 …… 75,89

光源 …… 152
交さ磁化作用 …… 6,75
光束 …… 150
光束発散度 …… 152
光度 …… 152
効率 …… 20
交流変換 …… 100
固定子 …… 52
固定損 …… 20

さ 行

サイクロコンバータ制御 …… 58
差動複巻発動機 …… 5
酸化反応 …… 180
三相全波整流回路 …… 101

三相誘導電動機……52
残留磁気……5

シーケンス制御……141
紫外線……150
磁化電流……29
磁気飽和現象……7
自己始動法……90
自己保持回路……141
自己誘導作用……28
時定数……137
始動抵抗器……16
始動電動機法……90
始動電流……15
弱電解質……181
周波数伝達関数……138
周波数変換装置……103
純2進数……116
順変換……100
順変換装置……101
照度……152
自励式発電機……4
真理値表……118

水平面照度……159
水平面配光曲線……152
水溶液電解……181
ステップ応答……138
ステップ入力……138
ステファン･ボルツマン定数……150
直巻発電機……5
滑り……53
スリップリング……52

静止型ワードレオナード方式……17
制動……16,58
整流作用……2
整流子片……2
赤外線……150
積分要素……137
線間電圧……36

相互誘導作用……28
増磁作用……75,89
相電圧……36
相電流……36
送風機……174
速度制御……57
速度変動率……19
損失……20

た　行

対流……164
脱出トルク……89
他励式発電機……4
単相整流回路……101
単相誘導電動機……52
短絡環……52

直流機……2
直流降圧チョッパ……102
直流昇圧チョッパ……102
直流チョッパ回路……102
直流変換……100
直列巻線……40

定格電圧……8
抵抗制御法……17
定速度電動機……19
鉄損……20,31
鉄損電流……29
電圧制御法……17
電圧の確立……5
電圧変動率……8,31
電解研磨……181,182
電解質……181
電解精製……181
電界ルミネセンス……150
電気泳動……182
電機子……2
電機子反作用……6
電気浸透……182
電気透析……182
電気分解……180
電気めっき……181,182
電気ルミネセンス……150
伝導……164
電離……181

透過率……153
同期はずれ……89
銅損……20,32
通流率……103
特殊かご形誘導電動機……53
トリクル充電……186
トルク……15
トルク特性……19

な　行

流れ図……123
鉛蓄電池……186
波巻……4
並び替え……123

二次遅れ要素……137
二次周波数……54
二次抵抗……58
二次電池……186

二重かご形……69
入射角余弦の法則……159

熱回路のオームの法則……164
熱効率……164
熱の伝達係数……165
熱の伝導率……164
熱放射……150
熱容量……164
熱量……164
燃料電池……188

は　行

配光……152
配光曲線……152
排他的論理和回路……118
バイト……116
はずみ車効果……175
発光(ランプ)効率……151
発電制動……17,58
発電制動法……58
ハロゲンサイクル……151
ハロゲン電球……151
反射率……153

光の3原色……151
ヒステリシス現象……7
ヒステリシス損……20,31
ビット……116
否定回路……117
否定論理積回路……117
否定論理和回路……117
非電解質……181
比熱……164
微分要素……137
平複巻発電機……5
比例推移……56
比例要素……137

ファラデーの法則……180
フィードバック制御系……136
フィードフォワード制御……136
ブール代数……119
負荷損……20,31
深溝かご形……69
複巻発電機……5
浮動充電……186
ブラシ……2
プラッキング……17,58
ブレーク接点……141
フレミングの右手の法則……3
分巻発電機……5
分極作用……186
分路巻線……40

並行運転……34
並列回路数……4
偏磁作用……6
変流器……40

放射……150,164
放射束……150
放射ルミネセンス……150
法線照度……159
補極……6
補償巻線……6
補数……117

ま　行

巻上げ機……174
巻線形誘導電動機……52
巻線形誘導電動機の始動法……57

脈動……2

無負荷損……20,31
無負荷電圧……8
無負荷飽和特性曲線……7

メーク接点……141

や　行

融解塩……181
誘導起電力……2

溶解塩電解……182
陽極皮膜処理……181
揚水ポンプ……174

ら　行

リチウムイオン二次電池……187
利用率……39

ルミネセンス……150

励磁……4
励磁電流……5,29
レンツの法則……28

論理積回路……117
論理和回路……117

わ　行

ワードレオナード方式……17
和動複巻発電機……5

【監　修】

石原　昭（いしはら・あきら）
　名古屋工学院専門学校テクノロジー学部電気設備学科　科長

【著　者】

相崎正寿（あいざき・まさとし）
　名古屋工学院専門学校　非常勤講師

電験三種　機械　集中ゼミ

2022 年 4 月 20 日　第 1 版 1 刷発行　　ISBN 978-4-501-21660-3 C3054

監　修　石原　昭
著　者　相崎正寿

発行所　学校法人 東京電機大学
東京電機大学出版局
〒 120-8551　東京都足立区千住旭町 5 番
Tel. 03-5284-5386（営業）03-5284-5385（編集）
Fax. 03-5284-5387　振替口座 00160-5-71715
https://www.tdupress.jp/

印刷・製本：大日本法令印刷（株）　　キャラクターデザイン：いちはらまなみ
装丁：齋藤由美子
落丁・乱丁本はお取り替えいたします。　　Printed in Japan